青岛中化新材料实验室

石油和化学工业新材料与制品质量监督检验中心
工业（橡塑材料与制品）产品质量控制和技术评价实验室

青岛中化新材料实验室（简称中化检测）成立于2005年，是一家集橡胶材料与制品、塑料材料与制品和农药等领域的产品检测和质量评价服务于一体的国内知名专业型检验检测机构。广泛服务于汽车制造、石油化工、农机农资、建筑建材、港口码头、健康医疗、包装材料、煤炭电力、航天航空、矿山冶金等行业。

中化检测先后通过了中国国家认证认可监督管理委员会资质认定（CMA）与中国合格评定认可委员会（CNAS）实验室认可。经工业信息化部批准，建立了工业橡塑与制品产品质量控制和技术评价实验室，由中国石油和化学工业联合会授权成立了石油和化学工业新材料制品质量监督检验中心，成为全国橡塑材料与制品检验检测专业技术服务平台。

中化检测用于检验检测工作面积约1500平方米，恒温恒湿实验室15间，仪器设备约246台套，设备原值1200余万元。中化检测现建设有化学分析实验室、仪器分析实验室、机械性能实验室、物理性能实验室、材料寿命评价实验室等多个专业实验室。各领域引进国内外先进的配套检测仪器设备达200余台（套）。

中化检测作为具有国际水准的第三方检验检测机构，秉承"专业、专心、专注"的服务理念，坚持"诚信、成长、专业、责任、服务"的核心价值观，为社会各行业提供"精准、时效、体贴、权威"的第三方检验检测服务，欢迎致电详询！

单位地址：青岛市市北区舞阳路 51-2 号 1 号楼南楼 209 室
服务热线：400-085-8988

双箭沟通天地
胶带联通世界

股票代码：002381

浙江双箭橡胶股份有限公司，是一家专业生产橡胶输送带的上市股份公司，中国橡胶协会副会长单位，输送带国际、国家标准、行业标准主要起草者。公司专业生产"双箭"牌橡胶输送带系列产品，下设多家子公司，具备年产各类橡胶输送带9000万平方米生产能力。产品广泛应用于冶金、煤炭、化工、建材、电力、轻工、粮食、矿山、港口等行业，畅销全国各地，并远销五大洲，年外销量达30%以上。经过30多年发展，双箭股份已成为国内橡胶输送带行业的龙头企业，连续12年输送带行业综合排名均名列前茅。

关于我们

- 2015年承接乌兹别克斯坦国家"一带一路"项目
- 工信部单项冠军示范企业
- 全国工业品牌培育示范企业
- 中国输送带行业智能制造先进企业
- 行业节能环保输送带技术中心
- 省重点企业研究院
- 省级博士后工作站
- 省级高新技术企业
- 省级专利示范企业

体系保障

- ISO9001质量管理体系
- ISO14001环境管理体系
- ISO45001职业健康安全管理体系
- ISO50001能源管理体系
- 两化融合管理体系
- 知识产权管理体系
- 测量管理体系
- 国家标准化良好行为企业认证

研发创新

- 发明专利17项（其中国际发明专利4项），实用新型专利104项
- 主导起草国家标准、行业标准39项，参与起草国际标准2项
- 拥有输送带强度ST15000的现代化接头动态实验室
- 与多所高校积极推进"产学研"战略合作
- "钢丝绳芯管状输送带"获得"浙江制造"的国际、国内双认证
- 配套豫北煤炭储配物流基地管状输送带输送系统获"上海大世界吉尼斯之最"（单线长15公里）
- 湖州南方物流水泥熟料输送带项目(耐高温输送带总长22公里)

联系我们

浙江双箭橡胶股份有限公司
地址：中国浙江省桐乡市洲泉镇工业区
邮编（P.C.）：314513
电话（Tel）：0573-88531999 88532999
88531233 88531567 88531568
电子邮件（E-mail）：
yingxiao@doublearrow.net
全国免费电话：400-733-9999

三维控股集团股份有限公司
SANWEI HOLDING GROUP CO.,LTD

浙江出口名牌

授予：三维控股集团股份有限公司
输送带行业十强企业
中国橡胶工业协会胶管胶带分会
2000-2003年度

授予：三维控股集团股份有限公司
传动带行业八强企业
中国橡胶工业协会胶管胶带分会
2019-2021年度

2019年度"狠抓产业项目·大抓实体经济"活动
突出贡献上市企业
中共台州市委 台州市人民政府
二〇二〇年二月

浙江三维橡胶制品股份有限公司荣获
2020年省级制造业与互联网
融合发展试点示范企业

集团简介

三维控股集团股份有限公司创建于1990年，于2016年12月登陆上海证券交易所，股票简称"三维股份"，股票代码603033。公司现有注册资本59665.95万元人民币，总资产逾50亿元，年营收规模超30亿元。

三维股份历经多年发展，坚定立足实体经济，锚定中国智造带来的新机遇，稳步推进多元化业务布局，业务涵盖石化橡胶、轨道交通、精细化工及热电多个领域，产品布局包括聚酯切片、涤纶工业丝、橡胶胶带、轨道交通预制品，以及电力蒸汽和BDO、PBAT等精细化工产品。公司在浙江、广东、广西、四川、云南及内蒙古共布局生产基地十多个，营销网络更遍及全球。

公司是我国输送带及橡胶V带领域的龙头企业，拥有年产5000万㎡橡胶输送带、2亿Am橡胶普通V带、500万条汽车切边带、25万吨聚酯切片、10万吨涤纶工业丝等产能。公司的橡胶胶带多年稳居全国十强，位列中国橡胶工业百强企业并挤身同行前三。集团在该领域积极完善产业链一体化经营模式，提升产业综合竞争优势。

公司是我国专业化轨道交通预制品领域的龙头企业，主营各型预应力混凝土轨枕、混凝土桥枕、岔枕、电容枕和地铁管片等产品，产品通过国家铁科院质检中心鉴定，是铁总公司指定的轨枕生产企业之一。集团先后在广西、广东、云南、四川、浙江等建立了多个生产基地，致力于高铁建设和城市地铁等项目的开拓发展。

未来，公司也将成为全球规模领先的BDO及可降解塑料一体化龙头企业，公司在内蒙乌海低碳园区投资建设年产90万吨BDO及可降解塑料一体化项目，目前一期已开工建设，并将于2023年内投产。

三维股份坚持以多元布局、产业协同、绿色发展为战略导向，已形成集团化发展格局。未来，三维股份以打造百年集团化航母企业为目标，更好地为社会承担责任，为股东创造价值，与相关方共享成果，合作共赢、共同前进！

HQL® 青岛中化新材料实验室检测技术有限公司

公司坐落于青岛科技大学园区，毗邻橡胶谷，是具有独立法人资格，专业开展检验检测设备计量、校准服务的第三方校准机构。

公司自有标准器60余件。自2019年通过CNAS实验室认可后，不断扩大能力范围，目前能力范围共计24项，涉及橡胶专用设备、力学测量仪器、热学测量仪器三个大类。主要校准设备有橡胶测厚仪、硫化仪、门尼粘度计、轮胎强度及脱圈试验机、轮胎耐久及高速转鼓试验机、疲劳试验机等多项橡胶、轮胎专用设备、以及环境实验设备、高低温箱、电热恒温水浴锅、一般压力表等通用仪器。

公司秉承"公正、科学、准确、高效"的质量方针，确保校准工作的独立性、公正性，确保校准工作的独立性、公正性，切实保证校准服务专业、准确。欢迎前来洽谈合作！

单位地址：青岛市市北区舞阳路51-2号1号楼南楼209
联系电话：400-085-8988

橡胶物理试验方法
中日标准比较及应用

Physical Test Methods for Rubber
Comparison and Application of Chinese and Japanese Standards

李 健 主编

化学工业出版社

· 北京 ·

内容简介

本书介绍了橡胶物理试验的方法和一些物理试验对提高橡胶制品的质量以及在实际应用中所起到的作用。对与这些试验方法相关的中国国家标准和日本标准的内容与现状以及采用的国际标准的版本作了说明。本书通过分析、比对，列举了中国国家标准和日本标准在技术上的不同之处，并且详细介绍了日本标准中列入而我国国家标准所没有涉及的内容。

本书可供从事橡胶物理试验的技术人员参考。

图书在版编目（CIP）数据

橡胶物理试验方法：中日标准比较及应用/李健主编.
—北京：化学工业出版社，2023.2
ISBN 978-7-122-42636-9

Ⅰ.①橡… Ⅱ.①李… Ⅲ.①橡胶-物理性质试验-标准-对比研究-中国、日本 Ⅳ.①TQ330.7-65

中国版本图书馆 CIP 数据核字（2022）第 234187 号

责任编辑：赵卫娟 仇志刚
文字编辑：刘 璐
责任校对：王鹏飞
装帧设计：刘丽华

出版发行：化学工业出版社
　　　　　（北京市东城区青年湖南街 13 号　邮政编码 100011）
印　　装：北京建宏印刷有限公司
710mm×1000mm　1/16　印张 19　字数 351 千字
2023 年 4 月北京第 1 版第 1 次印刷

购书咨询：010-64518888
售后服务：010-64518899
网　　址：http://www.cip.com.cn
凡购买本书，如有缺损质量问题，本社销售中心负责调换。

定　　价：98.00 元　　　　　　　　　　　　版权所有　违者必究

京化广临字 2023——01

编委会名单

主　　编　李　健

副主编　沈会民　孙　涛　齐　彬

编写人员　叶继跃　王　鑫　李　平　文　吉　赵继刚

　　　　　杜　杰　郑　旭　高志强　李欢欢　吴　康

　　　　　张　倩　纪禄文　吴香迪　田新月　李宗洋

　　　　　盛晓磊

前·言

橡胶物理试验方法是检验橡胶制品以及胶料性能的主要手段。尽管橡胶制品的综合性能最终由专门的成品检验方法判定，但橡胶的拉伸强度、伸长率、磨耗、应力、应变等力学性能和热老化、耐油耐药性等耐环境性能以及其他物理性能，都要通过物理试验的方法进行检验；并且，通过对胶料门尼黏度、焦烧时间以及可塑度的测定，对其硫化特性进行分析，还可以得知胶料加工性能的优劣。因此，物理试验对于所有橡胶制品生产过程控制方面的重要性不言而喻。

橡胶与金属等其他弹性材料不同，是一种黏弹性的物质。由于黏性的影响，在载荷的作用下所对应的屈挠、位移等变形要相对滞后，此外温度和湿度对胶料性能的影响也很大。橡胶的这一系列特殊的性能，增加了物理试验结果的不确定性。为使橡胶物理试验结果更加准确、可靠，国际标准化组织和各个国家都制定了大量各种不同的关于橡胶物理试验方法的标准。每一种试验方法，都对试样的制备、状态调节以及试验程序做了严格规定。而且这些标准经过不断更新和完善，使橡胶物理试验结果的重复性和再现性得到进一步提高。尤其是近年来，为了能在试验中采用不断出现的新技术，橡胶物理试验方法国际标准的更新周期有所缩短。

青岛中化新材料实验室作为中华人民共和国工业和信息化部批准并授权的"工业橡塑材料与制品质量检测和技术评价实验室"，通过了中国国家认证认可监督管理委员会和中国实验室国家认可委员会的二合一（CMA、CNAS）实验室认证认可，具有独立为社会提供公正检测数据的第三方公正检验机构的法律地位。实验室拥有一支具有丰富经验的专业技术人员队伍，试验设备先进、齐全。实验室技术人员每天都要进行大量的橡胶物理试验和不同橡胶制品的成品试验，并参加过多项国家标准和行业标准的制定工作，因此不仅对各种试验方法的国家标准谙熟于心，自然也要对这方面的国际标准以及先进国家的标准加以关注、搜集和整理。

最近我们将搜集到的日本标准中的橡胶物理试验方法标准进行了翻译和整理，这些标准都是日本国内正在执行的最新版本。虽然我国国家标准和日本标准均采用国际标准，但采用的程度有所不同。按照 ISO/IEC Guide 21 的规定，采用国际标准的程度分为等同采用、修改采用和非等同采用三种，分别用符号 IDT、MOD 和 NEQ 表示。国标大部分是等同采用国际标准，而日本标准则全部是修改采用国际标准，并且有一些日本标准与国标相比采用的国际标准的版本更新，所以日本标准与国标多少有一定的差异。从内容方面来看，日本标准大都包括一些自己独特的、国际标准中所没有的内容，并且比较全面，具有一定的参考价值。为此我们与浙江双箭橡胶股份有限公司、三维控股集团有限公司、中国合格评定国家认可中心、北京中化联合认证有限公司等单位成立了一个编委会——这些单位都是国内橡胶行业著名的骨干企业，以及著名的检测认证公司，也是我们长期以来的合作伙伴。

在本书的编辑过程中还得到了山东龙立胶带有限公司、烟台润蚨祥油封有限公司、浙江尊华胶带股份有限公司、山东钢铁集团日照有限公司、青岛奥博森新材料科技有限公司和青岛北橡计量检测技术有限公司的大力支持，在此表示衷心的感谢。

《橡胶物理试验方法——中日标准比较及应用》将经常使用的通用橡胶物理试验方法作了介绍，将日本标准与我国国家标准的不同之处进行了比较并作了初步的应用分析，同时也介绍了日本标准中的一些国标所没有涉及的内容。

衷心希望本书能够给从事橡胶物理试验的技术人员提供一些帮助。由于水平有限，文中出现疏漏在所难免，敬请各位读者和专家批评指正。此外，若对日本标准的原文感兴趣，也可向本编委会咨询。

编者
2022 年 10 月

目　录

第 **1** 章 橡胶物理试验方法的分类

橡胶的物理试验有许多种，彼此之间差异很大，多数情况下，每一种试验主要测定试样的一种性能。如拉伸试验主要测定试样的拉伸强度和应力-应变性能，撕裂试验主要测定试样的撕裂强度，磨耗试验主要测定试样的耐磨耗性，老化试验主要通过测定试样老化前后的性能来判断其耐老化性能等。为确保试验能够按照规定进行，每一种试验都制定了相关的标准。但这些橡胶物理试验中有很多方法是通用的，如试样的保管、状态调节和试验条件（温度、湿度和时间），以及试样的确认、制备和尺寸测量的方法等。为此国际标准化组织制定了 ISO 23529《橡胶 物理试验方法试样制备和调节通用程序》，作为橡胶物理试验方法的基础性标准。与其相对应的我国标准是 GB/T 2941—2006《橡胶物理试验方法试样制备和调节通用程序》，等同采用 ISO 23529:2004；日本标准是 JIS K 6250:2006《橡胶物理试验方法通则》，修改采用 ISO 23529:2004。目前该国际标准最新版本是 ISO 23529:2016。

1.1 分类的方法

虽然橡胶物理试验方法的种类繁多，但国际标准和国标均未对橡胶物理试验方法进行过系统的分类。JIS K 6250:2006 在其附录 1 中根据橡胶的机械特性、机械耐久性、耐环境性、其他物理特性、加工性等 5 大类特性，将 27 种橡胶物理试验所评价的项目归纳汇总成表；并在其附录 2 中列出表格，将这 27 种橡胶物理试验做了概括说明，如表 1-1 和表 1-2 所示。

表 1-1 橡胶物理试验评价的项目和对应的试验名称

橡胶特性	评价的项目	试验名称
机械特性	硬度	硬度试验
	拉伸强度、断裂伸长率、屈服点伸长率 静态应力-应变 — 低变形压缩应力、低变形拉伸应力 — 静态剪切模量、拉伸应力	拉伸试验 低变形应力-应变试验

橡胶特性	评价的项目	试验名称
机械特性	动态应力-应变 — 复数模量、储能模量 — 损耗模量、损耗角正切	动态试验 回弹性试验
	变形和时间的关系 — 高温永久变形以及应力松弛 — 低温永久压缩变形	拉伸永久变形试验 应力松弛试验 压缩永久变形试验
	撕裂强度	撕裂试验
机械耐久性	磨耗	磨耗试验
	疲劳 — 屈挠裂纹的产生与扩展 — 发热、蠕变、动态永久变形 — 拉伸疲劳寿命	屈挠龟裂试验 屈挠试验 拉伸疲劳试验
耐环境性	耐油性、耐药性 — 各种液体浸泡后的拉伸强度、断裂伸长率 　　以及硬度、尺寸、质量和体积的变化	耐液体试验
	热老化 — 拉伸强度、断裂伸长率以及硬度等特性 　　在受热后的变化	热老化试验
	低温特性 — 低温下的扭转刚度、弹性回缩	低温试验
	老化 — 静态和动态的臭氧龟裂 — 日光或人工光源下性能的变化	臭氧老化试验 耐候性试验
其他物理特性	黏合 — 剥离强度（橡胶/布·硬质板） — 黏合强度（橡胶/金属）	黏合试验（剥离试验）
	密度	密度测定
	电性能	电阻率试验
	污染性 — 对被污染材料的污染程度	污染试验
	燃烧性 — 用氧指数法判断燃烧性能	燃烧性能试验
加工性	门尼黏度	门尼黏度试验
	焦烧特性	门尼焦烧试验
	硫化特性	硫化试验
	未硫化橡胶的可塑度	可塑度和可塑度残留指数试验

表 1-2 橡胶物理试验概述

试验名称	试验种类	试验概述	适用标准
硬度试验	橡胶国际硬度试验	将下端为球面形状的压针以一定的压力压在硫化橡胶或热塑性橡胶试样的表面上,根据压入深度换算成橡胶国际硬度 (IRHD) 值	JIS K 6253
	邵氏硬度试验	将压针压在硫化橡胶或热塑性橡胶试样的表面上,由弹簧施加压入力,根据压入深度求出硬度值	
	便携式橡胶国际硬度计硬度试验	将压针压在硫化橡胶或热塑性橡胶试样的表面上,由弹簧施加压入力,压入深度可直接显示为橡胶国际硬度 (IRHD) 值	
拉伸试验	—	将硫化橡胶或热塑性橡胶的哑铃状或环状试样通过拉伸试验机,以一定的速度拉伸至断裂。求出其拉伸强度、断裂伸长率、屈服点伸长率和拉伸应力	JIS K 6251
低变形应力-应变试验	低变形压缩试验	根据将圆柱状的硫化橡胶或热塑性橡胶试样压缩至规定变形时所需的力,求出压缩模量和压缩力-应变曲线	JIS K 6254
	低变形拉伸试验	根据将短条状的硫化橡胶或热塑性橡胶试样拉伸至规定变形时所需的力,求出拉伸应力和静态剪切模量	
动态试验	强迫振动非共振法	用强迫振动非共振法为硫化橡胶或热塑性橡胶试样施加正弦波振动载荷时,通过试样产生的应变 (位移)、应力 (载荷) 以及损耗角 (相位差) 判断其动态性能	JIS K 6394
	自由振动法	用自由振动的方法为硫化橡胶或热塑性橡胶试样施加振动载荷时,通过对数衰减率判断其动态性能	
回弹性试验	采用摆锤式测定仪	将规定的摆锤或摆动圆盘上的冲击块自由地冲击到硫化橡胶或热塑性橡胶试样表面,根据摆锤反弹的高度或圆盘反弹的角度计算试样的回弹性	JIS K 6255
	采用圆盘式测定仪		
拉伸永久变形试验	定伸长拉伸永久变形试验	将硫化橡胶或热可塑橡胶试样拉伸到规定的伸长后,根据试样自由收缩后残留的伸长测定其定拉伸永久变形	JIS K 6273
	定负荷拉伸永久变形试验	硫化橡胶或热可塑橡胶在规定的拉力下伸长后,根据试样自由收缩后的长度测定其定负荷拉伸永久变形。根据达到规定时间后伸长的变化测定其定负荷伸长率和蠕变	

试验名称	试验种类	试验概述	适用标准
应力松弛试验	压缩应力松弛试验	在规定的温度下给圆柱状的橡胶或热塑性橡胶试样施加压力使其产生规定的压缩变形，根据达到规定时间时压缩力的变化测定试样的压缩应力松弛	JIS K 6263
	拉伸应力松弛试验	在规定的温度下给短条状硫化橡胶或热塑性橡胶试样施加拉力使其产生规定的拉伸变形，根据达到规定时间时拉伸力的变化测定试样的拉伸应力松弛	
压缩永久变形试验	压缩永久变形试验	将圆柱状硫化橡胶或热塑性橡胶试样压缩使其产生一定的变形，在规定的温度下经过一定的时间除去压缩力，再经过规定的时间后测定试样的厚度，计算出压缩永久变形	JIS K 6262
	低温压缩永久变形试验	将圆柱状硫化橡胶或热塑性橡胶试样压缩使其产生一定的变形，在规定的温度下（低温）经过一定的时间除去压缩力，再经过规定的时间后测定试样的厚度，计算出压缩永久变形	
撕裂试验	—	将硫化橡胶或热塑性橡胶的新月形试样、割口和不割口的直角形试样、裤形试样以及条状小试样（德尔夫特试样），用拉伸试验机以规定的拉伸速度拉伸，测定其撕裂强度	JIS K 6252
磨耗试验	磨耗试验指南	测定硫化橡胶或热塑性橡胶磨耗性能的综合性指导	JIS K 6264-1
	DIN 磨耗试验	将圆盘状的硫化橡胶或热塑性橡胶试样压在包有砂布的旋转辊筒上进行磨耗，测定其体积磨耗量和磨耗指数	JIS K 6264-2
	格拉西里磨耗试验	将平板状的硫化橡胶或热塑性橡胶试样压在旋转的垂直布置的圆盘状砂轮上进行磨耗，测定其体积磨耗量和磨耗指数	
	阿克隆磨耗试验	将旋转的圆盘状硫化橡胶或热塑性橡胶试样，以规定的角度压在砂轮上进行磨耗，测定其体积磨耗量和磨耗指数	
	改良的兰伯恩磨耗试验	将旋转的圆盘状硫化橡胶或热塑性橡胶试样，压在可独立旋转的砂轮上进行磨耗，测定其体积磨耗量和磨耗指数	
	皮克磨耗试验	将金属刀压在可旋转的圆柱状硫化橡胶或热塑性橡胶试样上进行磨耗，测定其体积磨耗量和磨耗指数	
	泰伯磨耗试验	将一对砂轮垂直压在旋转的圆盘状硫化橡胶或热塑性橡胶试样上进行磨耗，测定其体积磨耗量	

试验名称	试验种类	试验概述	适用标准
屈挠龟裂试验	屈挠龟裂试验	使硫化橡胶或热塑性橡胶试样在规定的温度下反复产生屈挠变形，测定发生龟裂时的屈挠次数	JIS K 6260
	裂口增长试验	使带有规定割口的硫化橡胶或热塑性橡胶试样在规定温度下反复产生屈挠变形，测定裂口的增长速度	
屈挠试验	压缩屈挠试验	将圆柱状的硫化橡胶或热塑性橡胶试样反复进行压缩，测定试样的温升、蠕变和永久变形	JIS K 6265
拉伸疲劳试验	恒应变法	使哑铃状或环状的硫化橡胶或热塑性橡胶试样在规定的频率下反复产生拉伸变形，测定其疲劳寿命、永久变形、最大应变、最大应力和应变能密度	JIS K 6270
耐液体试验	全浸泡耐液体试验	使硫化橡胶或热塑性橡胶试样在规定的温度下浸泡到各种不同的液体中，达到规定的时间后测定其尺寸、质量、表面积以及拉伸强度等力学性能产生的变化	JIS K 6258
	单面耐液体试验	使硫化橡胶或热塑性橡胶试样的一个面在规定温度下与液体接触，达到规定的时间后测定其单位面积的质量变化和厚度的变化	
热老化试验	加速老化试验	把硫化橡胶或热塑性橡胶试样放置在恒温箱内，在比实际使用温度高的温度下加热到规定的时间后，测定其拉伸强度、断裂伸长率、拉伸应力和硬度的变化	JIS K 6257
	热性能试验	把硫化橡胶或热塑性橡胶试样放置在恒温箱内，在规定的温度下加热到规定的时间后，测定其拉伸强度、断裂伸长率、拉伸应力和硬度的变化	
低温试验	低温冲击脆化试验	使硫化橡胶或热塑性橡胶试样在规定条件下受冲击产生变形，根据试样是否发生破坏而测定其冲击脆化温度和50%冲击脆化温度	JIS K 6261
	低温扭转试验（吉门扭转试验）	将硫化橡胶或热塑性橡胶试样从规定的最低温度上升到室温的过程中，扭转钢丝使试样受到扭矩作用，根据试样的扭转角度测定其低温性能	
	低温回缩试验（TR 试验）	将硫化橡胶或热塑性橡胶试样拉伸到规定的伸长，并放到低温下保持该伸长一定时间后，放松试样使其自由回缩，在温度逐步上升过程中通过回缩率测定试样的低温特性	

试验名称	试验种类	试验概述	适用标准
臭氧老化试验	静态臭氧老化试验	在臭氧老化箱内使硫化橡胶或热塑性橡胶试样产生一定的静态拉伸变形并暴露在规定的温度和臭氧浓度条件下，经过规定时间后测定其龟裂发生的时间和龟裂等级	JIS K 6259
	动态臭氧老化试验	在臭氧老化箱内使硫化橡胶或热塑性橡胶试样连续反复产生动态拉伸变形，或交替产生静态和动态拉伸变形，并暴露在规定的温度和臭氧浓度条件下，经过规定时间后测定其龟裂发生的时间和龟裂等级	
耐候性试验	室外暴露试验	将硫化橡胶或热塑性橡胶试样放置到室外条件下（日光直接暴露、玻璃过滤间接日光暴露和反射日光强化暴露），在规定的时间和受光量下暴露后，测定其颜色、光泽、外观和物理性能的变化	JIS K 6266
	人工光源暴露试验	将硫化橡胶或热塑性橡胶试样放置到人工光源条件下（碳弧灯、氙弧灯、荧光紫外灯），在规定的时间和受光量下暴露后，测定其颜色、光泽、外观和物理性能的变化	
黏合试验（剥离试验）	橡胶与布剥离试验	硫化橡胶的黏合试验中，将两层布中间粘有橡胶的短条状试样或布和橡胶黏合在一起的短条状试样进行剥离，通过试样被剥离时力的大小测定剥离强度。该方法也适用于热塑性橡胶	JIS K 6256-1
	橡胶与钢板90°剥离试验	将粘有硫化橡胶的钢板，沿试样90°方向进行剥离，通过剥离时力的大小测定剥离强度。此方法也适用于热塑性橡胶	JIS K 6256-2
	橡胶在两块金属板之间的黏合试验	试样由中间粘有橡胶的两块平行的金属板构成，通过金属板与橡胶剥离时力的大小测定剥离强度，此方法也适用于热塑性橡胶	JIS K 6256-3
密度测定	—	用水中置换法和比重瓶法测定硫化橡胶试样的密度	JIS K 6268
电阻率试验	平行端子电极法	用平行端子电极测定硫化橡胶或热塑性橡胶的体积电阻率	JIS K 6271
	双层电极法	用双层电极（由一个环形电极和两个圆盘状电极组成）测定硫化橡胶或热塑性橡胶的表面电阻和体积电阻率	
污染试验	接触和迁移污染试验	用加热或光照的方法，使与硫化橡胶或热塑性橡胶试样直接接触的材料加速污染，测定这些材料被污染的程度	JIS K 6267

橡胶物理试验方法
——中日标准比较及应用

试验名称	试验种类	试验概述	适用标准
污染试验	抽出污染试验	与含有硫化橡胶或热塑性橡胶试样抽出成分的液体接触的材料表面会被污染,测定这些材料被污染的程度	JIS K 6267
	穿透污染试验	硫化橡胶或热塑性橡胶试样对其表面黏合层材料渗透而产生污染,测定这种材料表面被污染的程度	
燃烧试验	—	用氧指数法测定硫化橡胶或热塑性橡胶的燃烧性能	JIS K 6269
门尼试验	—	使未硫化橡胶充满加热到规定温度的圆柱形模腔,测定模腔中间旋转的转子所受到的扭矩,达到规定时间后,将扭矩换算成黏度值并显示	JIS K 6300-1
门尼焦烧试验	—	使胶料充满加热到规定温度的圆柱形模腔,测定模腔中间旋转的转子所受到的扭矩,达到规定扭矩时所需的时间即为门尼焦烧时间	
硫化试验	圆盘振荡硫化试验	使胶料充满加热到规定温度的圆柱形模腔,连续测定模腔中间作扭转振荡的转子所受到的扭矩,根据扭矩的上升曲线求出胶料的硫化性能	JIS K 6300-2
	无转子硫化试验 A 法	使胶料充满由平行的上、下模板构成的模腔,模腔加热到规定的温度,连续测定作扭转振荡的下模受到的扭矩,根据扭矩上升曲线求出胶料的硫化性能	
	无转子硫化试验 B 法	使胶料充满由上、下模构成的圆锥形模腔,模腔加热到规定的温度,连续测定作扭转振荡的下模受到的扭矩,根据扭矩上升曲线求出胶料的硫化性能	
	无转子硫化试验 C 法	使胶料充满由上、下模板构成的模腔,模腔加热到规定的温度,连续测定作往复线性振荡的下模受到的剪切力,根据剪切力上升曲线求出胶料的硫化性能	
可塑度和可塑度残留指数试验	快速塑性计可塑性试验	将未硫化橡胶放置在保持一定温度的两个圆形平板之间,施加规定的载荷后测定两个圆形平板的间隙,求出胶料的可塑性值	JIS K 6300-3
	天然橡胶的塑性保持率试验	根据天然橡胶在常温下和老化后可塑性值的变化,测定其可塑性保持率	

从这两个表中可以大体看出橡胶物理试验方法种类以及每种试验方法的基本内容。但日本标准中橡胶物理试验方法的名称与国标并不完全一致,而且有些试验方法是目前国标中没有的,因此在表 1-2 的"适用标准"一栏中按照日本标准的原文,仅列出了日本标准的序号。

1.2 橡胶物理试验调节通用程序简介

在橡胶物理试验中，试样的制备方法、试样的尺寸、试验条件以及试验温度的控制等因素几乎涉及所有的试验，并且对试验结果有很大的影响。GB/T 2941 和 JIS K 6250 两个标准中对这方面的内容都做了规定。

1.2.1 试样的制备

（1）试样厚度的调整

试样的厚度是试样所有尺寸中对试验结果影响最大的，不同的试验方法对试样厚度的规定并不一致。试验方法中未规定厚度的情况下，标准推荐了 5 种厚度可供选择：（1.0±0.1）mm、（2.0±0.2）mm、（4.0±0.2）mm、（6.3±0.3）mm、（12.5±0.5）mm。试样制备时，在冲裁之前先要调整试样的厚度使其达到标准的规定，根据试样的不同，调整的方法有以下 3 种：

① 将较厚的试样切成规定的厚度或切成多个薄的试片时，需要用旋转切片机。为了使切出的试片表面光滑，需要使用对试样没有影响的稀薄的中性洗液作为润滑剂。

② 对于粘有织物的试样，应先将试样切成适当的宽度，用刀片或其他工具将织物层切去，并得到平滑的橡胶表面，在切的过程中尽量使橡胶不受热和拉伸。如果不得已需要用溶剂将橡胶与织物分离时，可使用汽油、异辛烷等对橡胶影响小并且低沸点的溶剂。

③ 试样厚度需要微量调整，或橡胶与织物分离后表面凹凸不平时，就需要用磨削装置或打磨带将试样进行打磨，打磨时应尽量不要使试样表面发热。

（2）厚度调整装置

试样厚度调整装置主要有旋转切片机、切割机、砂轮以及砂带打磨机等，应根据试样的厚度以及需要调整的尺寸大小选择使用。旋转切片机和切割机应带有厚度微量调整机构，刀具应保持锋利。为了使试样在调整过程中不产生过多的热量，使用砂轮和砂带打磨机打磨试样时一次磨削量不得超过 0.2mm，推荐使用直径 150mm 的砂轮，磨削时砂轮线速度 10～12m/s。磨料为黑碳化硅，代号 C；硬度代号为 P；磨具组织代号为 4；陶瓷结合剂代号为 V。粗磨时粒度为 30，精磨时粒度为 60。砂轮型号分别为 C-30-P-4-V 和 C-60-P-4-V。砂带打磨机的线速度推荐为（20±5）m/s。厚度调整装置有两种方式：试样固定，切割刀具以及打磨的砂轮或砂带移动；切割刀具以及打磨的砂轮或砂带固定，试样移动。为操作安全，无论哪一种方式的设备均应带有防护罩。

（3）试样裁刀

裁刀的结构和形状根据试样的厚度和硬度不同而有许多种类。试样较薄的情况下，可采用固定裁刀、可更换刀刃的裁刀或旋转裁刀。对于 4mm 以上的试样，为减轻在冲裁过程中由于橡胶被压缩而在裁断的边缘出现的凹陷，应采用旋转裁刀。

① 固定裁刀（锻造裁刀）用优质钢材制造，其结构应能保证在冲裁试样时不产生变形，并设有试样顶出装置。在冲裁 4.2mm 以下的试样并且无顶出装置的情况下，进行取出试样的操作时注意不得损伤刀刃。刀刃应随时保持锐利、无损伤。

② 可更换刀刃的裁刀上可更换的刀片呈条状，用高碳素钢制造，牢固地镶嵌在刀座与压板之间，整个裁刀具有一定的弹性以满足冲裁的要求。刀片伸出的高度不超过 2.5mm，一般带有试样顶出装置。冲裁厚度不大于 2.2mm 的试样，在冲裁硬度高的试样时应特别注意刀片是否产生变形。

③ 旋转裁刀呈圆形或圆弧形，也有将刀条镶嵌在适当模板上的裁刀，一般安装到钻床上使用。在裁切过程中需要将橡胶固定，橡胶片可采用在中心位置设置定位柱、真空吸附和用金属压板压紧等固定方法，金属压板的中心孔应大于定位柱直径或试样裁切的中心孔。为使试样的裁切面圆滑过渡，应使用对试样没有影响的稀薄的中性洗液作为润滑剂。刀刃与钻床工作台之间的距离应根据试样的厚度仔细进行调节。为使裁刀能轻易切入橡胶，旋转裁刀刀刃应磨成一定的角度，并十分锐利。裁切的周围应设置透明的安全罩。也可采用使橡胶围绕固定裁刀或镶嵌式裁刀旋转的方法裁切试样。

由于冲裁试样的尺寸是由裁刀决定的，并且裁刀刀刃的缺陷会直接反映到试样上，因此刀刃不得有任何钝化或损伤。为防止腐蚀，裁刀使用后应涂防锈油并放置在干燥之处。裁切试样时为避免刀刃损伤，工作台面应铺上一层带有纤维的橡胶板或厚的纸板，也可铺一块橡胶输送带。固定裁刀的刀刃应定期研磨，研磨后的各个尺寸应采用读数显微镜进行检测并确认是否合格。

1.2.2 尺寸测量方法

几乎所有的试验都需要测量试样的尺寸，有些试验如应力松弛试验和耐液体试验要求准确测量试样的厚度，精确至 0.01mm。但橡胶这种有弹性、易变形的材料，准确地测量试样的尺寸并不太容易。因此 GB/T 2941—2006 和 JIS K 6250:2006 根据试样的大小规定了 A、B、C、D 四种测量方法。

A 法一般用厚度计测量，主要用于测量小于 30mm 的尺寸，适用于上下表面平整且平行的试样，测定时的压力不得使试样产生变形。测定装置的测头应有直径不大于 10mm 的平滑表面，装置本身带有平整的工作台，显示器应具有满足测量尺寸的 1%或 0.01mm 的精度。加压面的压力在试样硬度小于 35IRHD 时为（10±2）kPa，试样硬度大于等于 35IRHD 时为（22±5）kPa。不同的直径测头，对试样表面的压力分别为（10±2）kPa 和（22±5）kPa 时所需要的质量也不一致，厚度计应根据测头直径和测量压力按照标准的规定给测头施加必要的质量。

B 法用于测量 30～100mm 的尺寸，一般采用误差不大于 1%的游标卡尺或具有同等及以上精度的量具，沿着相对的两个测试面的垂直线方向进行测量。用游标卡尺测量时应注意不得使试样产生变形。每个尺寸至少取三处进行测量，取中间值作为测量结果。

C 法用于测量大于 100mm 的尺寸，测量时采用钢板尺、钢卷尺或具有同等及以上精度的量具，误差不大于 1mm。应沿着相对的两个测试面的垂直线方向进行测量。每个尺寸至少取三处进行测量，取中间值作为测量结果。

D 法为非接触法，用于所有尺寸的测量。适用于 O 形圈、胶管等具有特殊形状的橡胶制品。一般采用光学仪器（如读数显微镜、投影显微镜、投影仪等）进行测量。测量厚度时显示器的精度应满足测量尺寸的 1%或 0.01mm 这两者中精度较高的一个。每个尺寸至少取三处进行测量，取中间值作为测量结果。

1.2.3　试验条件

试验条件包括试验温度、试验湿度和试验时间。

标准对试验室标准温度和湿度的规定如下：试验室标准温度为(23±2)℃。对温度要求比较严格的情况下，极限偏差为±1℃。在热带或亚热带地区试验室标准温度为(27±2)℃。对环境湿度有要求的试验，试验室的标准湿度用相对湿度表示，为(50±10)%。对湿度要求比较严格的情况下，极限偏差为±5%。在热带或亚热带地区试验室标准湿度为(65±10)%。在对温度和湿度没有要求的情况下，试验室内实际的温度和湿度就是试验条件。

实现物理性能变化要求的试验时间可从表 1-3 中选择。

表 1-3　首选试验时间　　　　　　　　　　　单位：h

试验时间	公差
8，16	±0.25
24，48，72	0 -2
168，168 的倍数	±2

注：由于技术方面的原因需要采用更为严格的公差时，可与用户协商。

在标准试验温度以外的温度条件下进行试验时，可在表 1-4 中选择试验温度。

表 1-4　其他试验温度　　　　　　　　　　　　　　单位：℃

试验温度	公差
−85，−70，−55，−40，−25，−10，0	±2
40，55，70，85，100	±1
125，150，175，200，225，250，275，300	±2

1.2.4　恒温箱

非试验室标准温度下的试验需要在恒温箱中进行。恒温箱所用的介质不得对试样的性能有所影响，恒温箱应根据试验方法规定的极限偏差来控制箱内的温度，恒温箱应设有使介质在箱内循环和温度自动调节装置，装入试样后箱内温度应在 15min 之内恢复到试验温度。箱内介质为气体时要特别注意温度的波动。恒温箱应采用绝热材料保护，避免低温箱外侧结露和高温箱外侧温度过高产生烫伤。观察窗也应适度采取隔热和防结露措施。

恒温箱的结构根据介质的不同而异。

空气介质的情况下，箱门可横向开闭。箱体内壁应采用能够保证温度均匀、辐射小、隔热性能好的材料制造，如铝板或镀锡铜板等。恒温箱内应设置安装和取出试样的装置。需要手动操作的情况下，还应在箱壁上开设能够安装手套和隔热套的操作孔。

液体介质的情况下，应采用可以浸泡在液体中工作的温度控制装置，采用安装在箱体外的热交换器使介质循环。

1.3　国标与日本标准的主要差别

虽然 GB/T 2941—2006 与 JIS K 6250:2006 均采用 ISO 23529:2004，但国标是等同采用，日本标准是修改采用，两者还是有一些不同之处。

① 在去除与橡胶黏合的织物时，若不可避免需要使用溶剂浸润接触表面。国际标准和国标均规定允许使用的溶剂为异辛烷这样的低沸点无毒液体，日本标准则增加了 JIS K 2201 规定的 1 号工业汽油。

② 关于试样的裁刀，国际标准和国标规定了一种，日本标准则规定了 A 型和 B 型两种裁刀（如图 1-1 所示），A 型裁刀主要在日本国内使用，B 型裁刀的形状和尺寸与国标相同。对于可更换刀片的裁刀，国际标准和国标规定这类裁刀的刀片采用单刃刀片，也就是刀刃只能有一面带角度。而日本标准规定可更换刀片可以一面带有角度，也可两面均带有角度。

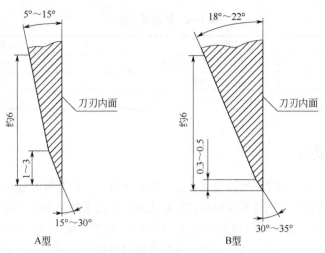

图 1-1 裁刀刀刃的形状和尺寸（单位：mm）

③ 日本标准增加了从制品上裁切圆形试样的方法。规定从制品上切取圆柱状试样时，先切下适当大小的一块，调整其厚度达到要求，并使上下表面平行。然后用旋转裁刀切出规定直径的圆柱状试样。若无旋转裁刀，可使用小刀等工具将胶块切成具有和试样直径近似的圆形。然后放到研磨机上打磨至规定尺寸，打磨时应注意尽量不要使试样发热。

④ 关于试样尺寸的测量，日本标准规定了测量工具的误差范围和标准序号，国际标准和国标仅规定了测量工具的误差范围。对于平板状试样的厚度，日本标准规定采用 A 法测量，取三处测量值的中间值作为试样的厚度。测量时测厚计的加压面必须全部接触试样而不得位于试样边缘之外的部分。如果试样的测量部位不能满足这个条件，可在试样裁切之前预先在该部位进行测量，将测量值作为该处的厚度。对于圆柱状试样，日本标准规定以中间部位的厚度作为试样的厚度。对于冲裁的试样，日本标准规定将试样裁刀的宽度（刀刃内侧的距离）视为冲裁试样的宽度。这些规定都是国际标准和国标中所没有的。

⑤ 关于打磨试样的方法和磨削机，日本标准要求机器上应设有砂轮微量进给装置，磨削时每一次进给量不得超过 0.2mm。为尽量减少磨削时产生的热量，应逐次减少砂轮的进给量，并且要在去除了试样表面的凹凸不平之后再开始调整试样的厚度。而国标的规定是打磨机上应装有慢速供料装置，可以进行极轻微的磨削以避免试样发热。第一次打磨时的打磨深度不应超过 0.2mm，连续打磨应逐渐减少打磨深度以减少试样的发热，除厚度不平整的位置打磨外，其他部位不打磨。在这方面两个标准的规定有一定差别。

第 2 章 拉伸试验

对橡胶试样进行拉伸试验所得到的应力-应变特性，是评价橡胶质量的主要指标。拉伸试验时将标准试样的两端装在拉伸试验机的上、下夹持器上，以一定的速度进行拉伸，以此来测定橡胶的拉伸强度、拉断伸长率、定伸应力、定应力伸长率、屈服点拉伸应力和屈服点伸长率等重要参数，各种不同配方胶料的性能几乎都要经过拉伸试验来判定。同时拉力试验机还可以在试样的拉伸过程中绘制出应力-应变曲线，以便试验人员对试样的力学性能进行分析。因此可以说拉伸试验是橡胶物理试验中应用最多的试验。JIS K 6251:2017《硫化橡胶或热塑性橡胶　拉伸性能的测定方法》修改采用了 ISO 37:2011《硫化橡胶或热塑性橡胶　拉伸应力-应变的测定》，与其相对应的国标是 GB/T 528—2009《硫化橡胶或热塑性橡胶　拉伸应力应变性能的测定》。但 GB/T 528—2009 等同采用 ISO 37:2005，目前 ISO 37 的最新版本是 ISO 37:2017。

2.1 拉伸试验简介

（1）试样的拉伸应力-应变曲线

拉伸试验的原理比较简单，就是在具有恒速移动的夹持器或拉伸轮的试验机上，将哑铃状试样或环形试样按照规定的速度进行拉伸时，测定拉伸力和伸长率的值，以此来判断试样的拉伸性能。试样受拉伸力的作用在截面上产生抵抗外力作用的应力，应力的大小等于拉伸力除以试样截面面积。橡胶弹性较大，在拉力作用下会发生较大的伸长同时截面有一定程度的收缩，所以严格来说在拉伸过程中试样的截面积是变化的。由于这个变化无法测出，所以标准规定要用试样拉伸之前的初始截面积来计算试样的应力和强度。试样的伸长与原长度之比称为伸长率。在直角坐标系中以伸长率为横轴，以应力为纵轴，根据不同应力下对应的伸长率即可绘制出试样的应力-应变曲线。不同材料的试样，这个曲线的形状也不同。即便是同一种材料的试样，在不同的温度和拉伸速度的条件下试验，应力-应变曲线的形状也不一致。标准给出了 3 种不同的拉伸应力-应变曲线，如图 2-1 所示。图中的 Y 为拉伸力不增加而伸长还继续增加的起始点，称为屈服点。

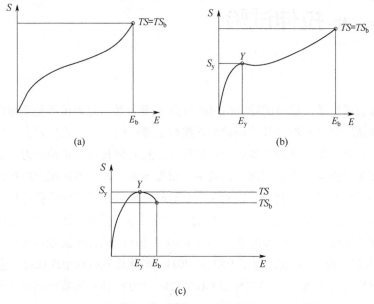

(a)

(b)

(c)

图 2-1 拉伸应力-应变曲线

图 2-1 (a) 是弹性较高、伸长率和拉伸强度大的试样的应力-应变曲线，随着拉力的增加，试样的伸长也不断加大，直至断裂，没有屈服点。这种试样的拉伸强度 TS 与断裂拉伸强度 TS_b 相等。图 2-1 (b) 是弹性模量和硬度较高、伸长率和拉伸强度比较大的试样的应力-应变曲线，试样在拉伸过程中经过屈服点后又会产生随着变形增加而抵抗外力的能力加大的现象。这种试样的拉伸强度 TS 与断裂拉伸强度 TS_b 也相等。图 2-1 (c) 是弹性模量和硬度高而伸长率较低的试样的应力-应变曲线，试样在拉伸过程中经过屈服点后即使不增加拉力也会继续伸长，拉伸力在屈服点达到最大值，之后由于试样的伸长而拉伸力会逐渐下降，最后试样的断裂拉伸强度 TS_b 低于拉伸强度 TS。

（2）哑铃状试样与环状试样

哑铃状试样由于压延效应的影响，其拉伸试验会根据试样的长度方向与压延方向平行还是垂直而得到不同的值，因此可以利用其研究压延方向对试验结果的影响。哑铃状试样最大的缺点是容易在试验过程中由于夹持器夹不紧而出现打滑现象，从前普遍采用的一种随着拉力增加夹持力自动加大的夹持器并不能彻底避免出现打滑现象。近年来为解决这个问题而出现的新型自动夹紧和气动以及液压夹持器，使得这个问题并不像以往那么突出。此外哑铃状试样具有受力和变形均匀、制作方便等优点，所以在拉伸试验中普遍采用，尤其是在研究压延效应对拉伸性能影响的试验中必须使用哑铃状试样。

国内的一些从事橡胶物理试验的专家和技术人员普遍认为环状试样在拉伸过程中会出现应变不均匀的现象。但环状试样也有其优点，即安装方便，不可能出现夹不紧的现象，因此多用于自动控制的试验中，此外该试样还适用于测定定伸应力的试验。

这两种试样一般从硫化好的胶片上裁切制作。GB/T 6038—2006《橡胶试验胶料　配料、混炼和硫化设备及操作程序》（修改采用 ISO 2393:1994）在第 8.2.2 条"模具"中对哑铃状试样和环状试样的硫化模具的结构和主要尺寸做了规定。哑铃状试样的模腔尺寸应满足试样裁切数量的需要，标准推荐的模腔尺寸为 150mm×150mm×2mm。模具还应使压出的胶片上带有明显的压延方向的标示。环状试样模具的模腔推荐为直径 65mm 的圆形，深度 4mm。

（3）尺寸的测量

① 哑铃状试样的长、宽以及厚度对试验结果有很大的影响，必须测量准确。试样的长度即标线间距，试验前应用适当的工具（如打标器）划上标线，标线的间距按照标准规定的数值选取。划线时试样不得受拉伸，标线应划在试样中间的狭窄部位，两条标线与试样的中心等距并且与试样狭窄部分两条平行的边线垂直。在试验机上测量标线间距时为防止试样松弛应对试样施加拉力以产生 0.1MPa 的初始应力。用厚度计测量试样中间狭窄部分的厚度，在两条标线附近和试样的中央选 3 个测量点，取中间值用于计算试样的截面积，所有试样的 3 个测量值都不得超出中间值的2%。试样的宽度由裁刀中间狭窄部分两个刀刃的距离确定，裁刀的尺寸按照 GB/T 2941 和 JIS K 6250 规定的方法测量，精确至 0.05mm。

② 环状试样测量内径、宽度和厚度，环状试样的内径用校准过的精度为 0.01mm 的锥形内径测量仪或其他适当的仪器测量，测量时应采用适当的方法支撑试样，使测得的尺寸准确。环状试样的厚度和宽度沿圆周分为 6 等份测量 6 处，取所有测量值的中间值用于计算试样的截面积。内径的测量精确至 0.1mm。内周长和平均周长按照公式（2-1）计算。

$$C_i = \pi \times H$$

$$C_m = \pi \times (H + W) \tag{2-1}$$

式中　C_i——内周长，mm；

　　　H——内径，mm；

　　　C_m——平均周长，mm；

　　　W——试样宽度，mm。

2.2 试样的形状和尺寸对试验结果的影响

由于拉伸试验的哑铃状试样和环状试样的形状和尺寸有很大差异，拉伸强度和伸长率的计算公式也不同，所以标准都规定这两种试样的试验结果不能进行比较。即使是哑铃状试样，各种型号试样的试验结果也不一致。与尺寸较大的试样相比采用尺寸小试样进行试验，拉伸强度和伸长率都可能得到较大的数值，这一点标准中也都做了说明。其原因是试样的断裂主要是由于试样内部存在某些缺陷，即胶料在加工和硫化过程中不可避免会产生气泡、杂质、空穴、裂缝，在力的作用下这些微观的缺陷就会成为应力集中点，导致试样被拉断。哑铃状试样中间狭窄平行部分的宽度越大，其工作部分的体积也就越大，缺陷出现的概率也就越大。此外试样在拉伸过程中，由于橡胶黏弹性的原因其截面产生不规则的收缩，试样截面上应力分布并不均匀，边缘应力要大于中间的应力。试样越宽，则边缘应力越大，也就越容易断裂。同样，试样厚度越大，其拉伸强度就越低，拉断伸长率越大，这一点也有研究资料可以证明[1]。因此需要打磨的试样应特别注意使打磨后的试样具有相同的厚度。

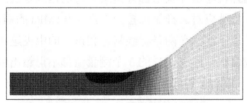

(a) 1型哑铃状试样（日本标准中的5号试样）

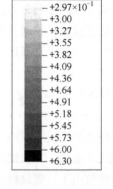

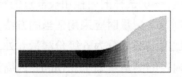

(b) 2型哑铃状试样（日本标准中的6号试样）

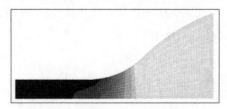

(c) 1A型哑铃状试样（日本标准的3号试样）

图2-2 不同试样拉伸时的应力集中现象

哑铃状试样两端夹持部分的宽度要比中间狭窄部分的宽度大得多，中间必须有一个过渡圆弧。夹持部分和中间狭窄部分宽度的比例以及过渡圆弧的大小如果设计合理，就可以使试样在拉伸过程中的应力集中现象降至最小。国际标准化组织在 2001 年按照 ISO/TR 9272 规定的程序实施的试验室间试验（interlaboratory test program，ITP）结果表明，1A 型哑铃状试样（日本标准规定的 3 号哑铃状试样）与其他试样相比具有更高的重复精密度。该种试样在标线外侧被拉断的现象也比较少，其原因可以从有限元分析的结果得出，因为 1A 型哑铃状试样中的应力分布要比其他型号的试样更为均匀，如图 2-2 所示。因此 GB/T 528—2009 比 GB/T 528—1998 增加了 1A 型哑铃状试样。1A 型哑铃状试样的全部尺寸与 1 型试样（日本标准中的 5 号哑铃状试样）近似，有替代 1 型试样的可能，但在我国和欧洲由于长期使用 1 型哑铃状试样，积累了大量数据，所以一直没有完全换成 1A 型试样。

2.3　环状试样的夹持器

虽然国标和日本标准都规定了 A 型和 B 型两种环状试样的尺寸，但日本标准规定了环状试样夹具为一对拉伸轮，一个拉伸轮可自由转动，另一个拉伸轮可在驱动装置的带动下旋转，如图 2-3 所示。推荐转速为 10～15r/min，并且通过图和表格详细规定了主、从动轮的形状、尺寸、环状试样的拉伸试验程序和拉伸前的中心距，国标对此未做规定。

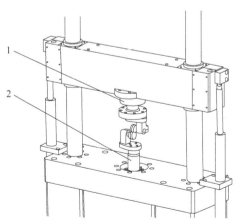

图 2-3　安装在试验机上的环状试样夹具

1—测力传感器；2—移动部分

为解决环状试样的拉伸应变不均匀这一问题，GB/T 17200—2008《橡胶塑料拉力、压力和弯曲试验机（恒速驱动）技术规范》早在许多年前就做了规定："对于试验环状试样，试验机应装备两个均可自由转动的滚轮，至少其中的一个轮能通过试验机以 3～15r/min 的速度自由地转动，以使被试的环形试样在试验过程中应变均匀。"但在 ISO 37:2005 和 GB/T 528—2009 中，并未规定环状试样的拉伸轮主动转动。虽然目前的机电一体化以及微型电机及其控制技术都发展到很高的水平，设计和制造符合标准要求的夹持器并不困难。但是夹持器上带有一套驱动装置毕竟显得过于复杂，价格也比较昂贵。而且试样主动旋转是否能完全解决拉伸应变不均匀的问题还并无结论，所以目前国内在橡胶的拉伸试验中很少采用环状试样。

ISO 37:2011 在表示环状试样拉伸轮的图中出现了错误：将两个拉伸轮的边缘靠在了一起，如图 2-4 所示。日本标准将其做了改正并修改了拉伸轮的部分尺寸和标注方法，向国际标准化组织提出了自己的提案。ISO 37:2017 部分采纳了日本的提案，将拉伸轮的图做了修改，同时也修改了拉伸轮的尺寸，如图 2-5 所示。现将 ISO 37:2011 和 ISO 37:2017 两个版本的标准中关于环状试样拉伸轮的规定列出如下，以便和 JIS K 6251:2017 第 7 章规定的拉伸轮（见图 2-6）比较。

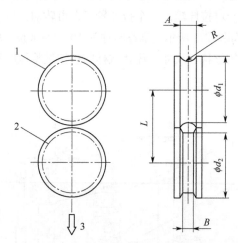

拉伸轮	L	ϕd_1	A	R	ϕd_2	B
A 型（标准拉伸轮）	$30_0^{+0.5}$	25±0.05	6.0	3.0	25±0.05	4.3
A 型（可以使用的拉伸轮）	$35_0^{+0.5}$	22.3	—	—	22.3	5.0
B 型（标准拉伸轮）	$5.3_0^{+0.2}$	4.50±0.02	1.5	0.75	4.50±0.02	1.0

图 2-4 ISO 37:2011 规定的环状试样拉伸轮形状和尺寸（单位：mm）

1—从动轮；2—主动轮；3—拉伸方向

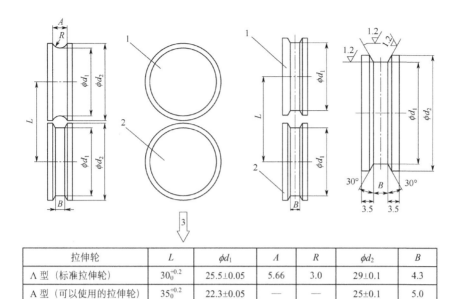

拉伸轮	L	ϕd_1	A	R	ϕd_2	B
A 型（标准拉伸轮）	$30_0^{+0.2}$	25.5 ± 0.05	5.66	3.0	29 ± 0.1	4.3
A 型（可以使用的拉伸轮）	$35_0^{+0.2}$	22.3 ± 0.05	—	—	25 ± 0.1	5.0
B 型（标准拉伸轮）	$5.3_0^{+0.2}$	4.50 ± 0.02	1.27	0.75	5.2 ± 0.05	1.2

图 2-5 ISO 37:2017 规定的环状试样拉伸轮形状和尺寸（单位：mm）

1—从动轮；2—主动轮；3—拉伸方向

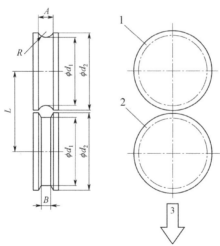

拉伸轮	规定值		推荐值			
	L	ϕd_1	A	R	ϕd_2	B
A 型（标准拉伸轮）	$30_0^{+0.5}$	25.00 ± 0.05	5.66	3.0	29 ± 0.1	4.3
A 型（可以使用的拉伸轮）	$35_0^{+0.5}$	21.8 ± 0.05	5.72	3.0	26 ± 0.1	5.0
B 型（标准拉伸轮）	$5.3_0^{+0.2}$	4.50 ± 0.02	1.27	0.75	5.2 ± 0.05	1.0

图 2-6 JIS K 6251:2017 规定的环状试样拉伸轮形状和尺寸（单位：mm）

1—拉伸轮（从动）；2—拉伸轮（主动）；3—拉伸方向

日本标准关于环状试样的规定是，A 型环状试样的内径为（44.6±0.2）mm，宽度和厚度的中间值为（4±0.2）mm。整个环状试样的宽度不得有超出中间值 0.2mm 的部分。整个试样的厚度不得有超出中间值 0.2mm 的部分。

B 型环状试样的内径为（8.0±0.1）mm，宽度和厚度的中间值为（1.0±0.1）mm。整个环状试样的宽度不得有超出中间值 0.1mm 的部分。

2.4 国标与日本标准的主要差别

由于 GB/T 528—2009 与 JIS K 6251:2017 采用国际标准的版本不同，此外日本标准又根据本国的情况增加了一些内容，因此两者有一定的差别。

① 日本标准哑铃状试样的型号与国标不同，日本标准的 5 号、3 号、6 号、8 号和 7 号哑铃状试样分别相对应国标的 1 型、1A 型、2 型、3 型和 4 型哑铃状试样。日本标准还规定，一般情况下推荐采用 3 号和 5 号哑铃状试样。1 号哑铃状试样用于伸长率小的胶料，2 号哑铃状试样用于拉伸强度小的胶料，6 号哑铃状试样用于制作宽度较小的试样。形状较小的 7 号和 8 号哑铃状试样以及 B 型环形试样仅用于制品的尺寸不足以制作较大试样的场合。

此外，日本标准将每一种试样的形状和尺寸都分别用图纸的方式表示，如图 2-7 所示。

② 关于试样的裁刀，日本标准规定了哑铃状试样和环状试样的裁刀尺寸和公差，哑铃状试样裁刀狭窄部分宽度的极限偏差除了 5 号试样为±0.2mm 之外，其余的均为±0.1mm，环状试样的裁刀尺寸如图 2-8 所示。国标仅对哑铃状试样裁刀的尺寸和公差做了规定。国标在"哑铃状试样用裁刀尺寸"中按照 ISO 37:2005 规定了试样狭窄部分宽度 D 的极限偏差，1 型试样的宽度为 $6.0_{0}^{+0.4}$mm，其余型号试样宽度的极限偏差均为±0.1mm，并且在标准的 7.1 条中规定"裁刀的狭窄平行部分任一点宽度的偏差应不大于 0.05mm"，比日本标准严格。

③ 关于拉力试验机，国标与 ISO 37:2005 和 ISO 37:2011 均规定拉力试验机应符合 ISO 5893 的规定，具有 2 级测力精度。但日本标准规定为 1 级测力精度，ISO 37:2017 也将试验机的测力精度提高为 1 级。从国标 GB/T 16825.1—2008《静力单轴试验机的检验 第 1 部分：拉力和（或）压力试验机测力系统的检验与校准》中规定的测力系统的特性值（如表 2-1 所示）来看，1 级测力精度和 2 级测力精度的差别还是较大的。

日本标准还规定：哑铃状试样进行拉伸试验时，为避免试样的松弛需要施加一定的初拉力，因此试验机应能满足施加初拉力的要求，以及试验机还必须能显示最大

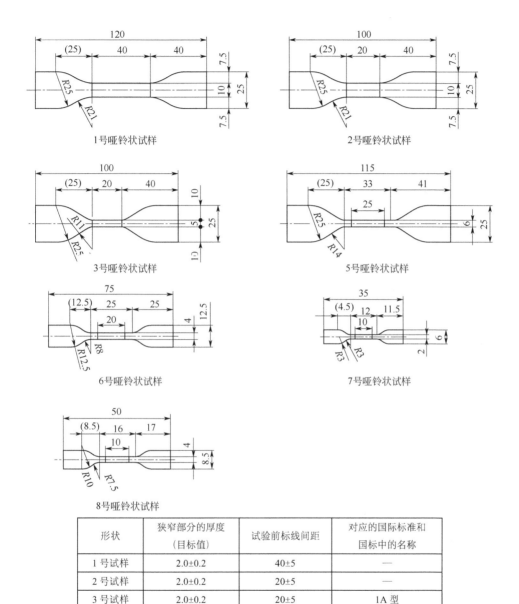

形状	狭窄部分的厚度（目标值）	试验前标线间距	对应的国际标准和国标中的名称
1 号试样	2.0±0.2	40±5	—
2 号试样	2.0±0.2	20±5	—
3 号试样	2.0±0.2	20±5	1A 型
5 号试样	2.0±0.2	25±5	1 型
6 号试样	2.0±0.2	20±5	2 型
7 号试样	1.0±0.2	10±5	4 型
8 号试样	2.0±0.2	10±5	3 型

图 2-7　哑铃状试样的形状和尺寸（单位：mm）

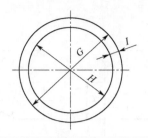

形状	尺 寸 代 号		
	G	H	I
A 型	52.6	44.6±0.2	4.0±0.2
B 型	10.0	8.0±0.1	1.0±0.1

图 2-8 JIS K 6251 规定的环状试样裁刀尺寸（单位：mm）

表 2-1 测力系统的特性值

试验机测量范围的级别	最大允许值/%				
	示值相对误差 q	重复性相对误差 b	进回程相对误差[①] v	零点相对误差 f_0	相对分辨力 a
0.5	±0.5	0.5	±0.75	±0.05	0.25
1	±1.0	1.0	±1.5	±0.1	0.5
2	±2.0	2.0	±3.0	±0.2	1.0
3	±3.0	3.0	±4.5	±0.3	1.5

① 按 GB/T 16825.1—2008 中 6.4.8 规定，示值进回程相对误差仅在需要时测定。

的拉伸力，哑铃状试样的夹具应能自动夹紧，环形试样在被拉伸的同时还应能转动。国标则没有这些规定。但 ISO 37 和国标中均规定了试验机中所使用的伸长计的精度，1 型、2 型和 1A 型哑铃状试样以及 A 型环状试样为 D 级，3 型和 4 型哑铃状试样以及 B 型环状试样为 E 级。日本标准对此却无规定。

④ 在试验步骤中，ISO 37 和国标都规定在整个试验过程中连续监测试样长度和力的变化，精度在±2%之内，日本标准把这个精度提高到±1%。此外日本标准规定：在试验前测量哑铃状试样标线间距时，为防止试样松弛应对试样施加拉力以产生 0.1MPa 的初始应力。国标则没有这些规定，这也是国标和日本标准采用国际标准 ISO 37 的版本不同所致。

⑤ 由于日本标准对环形试样以及拉伸轮的尺寸有详细的规定，因此将环形试样套在两个拉伸轮上拉直（不施加拉力）时，两个拉伸轮的中心距可以通过计算得出。JIS 6251 给出了环形试样拉伸之前拉伸轮的中心距：A 型试样的标准拉伸轮中心距为 $30^{+0.5}_{0}$ mm，B 型试样的标准拉伸轮中心距为 $5.3^{+0.2}_{0}$ mm。装到试验机上后在施加拉力之前，若两个拉伸轮的中心距小于这个值则说明试样处于松弛状态而弯曲，如果

大于这个值，则说明试样受到了一定的拉力，这两种情况都是错误的。国标对于拉伸轮在试验前的中心距未做规定。

⑥ 日本标准在第 13 章"试验步骤"中增加了第 13.3 条"拉伸强度、断裂拉伸强度和拉断伸长率的测定"、第 13.4 条"定伸应力的测定"和第 13.5 条"屈服点拉伸应力和屈服点伸长率的测定"。分别对这些性能参数的测定方法进行了如下的说明。

为测得拉伸强度 TS 和断裂拉伸强度 TS_b，可利用拉力试验机将试样在拉伸至断裂过程的最大拉力 F_m 和试样断裂时的拉力 F_b 记录下来。对于哑铃状试样，为了测得试样断裂时的伸长率 E_b，可采用适当的方法测量试样切断时的标线间距 L_b。对于环形试样，为了测得试样断裂时的伸长率 E_b，可通过测量夹具的移动距离计算出拉伸轮在试样断裂时的中心距 L_b。

对于哑铃状试样，在测量定伸应力 S_e 时，可采用适当的方法，当试样的标线间距达到预先设定的距离时，用试验机直接记录下此时的拉伸力 F_e。对于环形试样，为测量定伸应力 S_e，当试验机在夹具移动距离达到预先的设定值时直接记录下此时的拉伸力 F_e。

为了测定屈服点的拉伸应力和屈服点伸长率，可利用拉力试验机记录下拉伸力不增加但伸长率增加的初始点的拉伸力 F_y 和此时的标线间距 L_y。因此试验机必须设有拉力-伸长的曲线记录仪和自动测量拉力以及位移的装置。

⑦ 日本标准在第 15 章"试验结果的计算"的第 15.1 条"哑铃状试样"中，为试验方便，增加了一个在给定伸长率 E_e（%）的情况下计算试样应达到的标线间距 L_e（mm）的公式：

$$L_e = \frac{E_e \times L_0}{100} + L_0$$

式中，L_0 为试样的初始长度（标线间距）。

⑧ 日本标准在第 3.7 条"定伸应力"中规定，一般情况下采用的给定伸长率为 100% 或 300%。国标和国际标准中对此无规定。

第 **3** 章 硬度试验

橡胶术语中的"硬度",采用将压针压入的方法进行测定,是表示橡胶材料刚性程度的重要参数。按照压针压入试样的力的施加方法可将硬度试验分为定负荷式(利用砝码提供静载荷)和弹簧式(利用弹簧提供压入载荷)两种。橡胶的硬度试验由于操作方便并且不破坏制品而得到广泛应用。

3.1 硬度试验的标准

日本的橡胶硬度试验方法有 5 个标准:①JIS K 6253-1:2012《硫化橡胶或热塑性橡胶 硬度的测定方法 第 1 部分: 通则》;②JIS K 6253-2:2012《硫化橡胶或热塑性橡胶 硬度的测定方法 第 2 部分: 橡胶国际硬度 (10IRHD～100IRHD)》;③JIS K 6253-3:2012《硫化橡胶或热塑性橡胶 硬度的测定方法 第 3 部分: 邵尔硬度》;④JIS K 6253-4:2012《硫化橡胶或热塑性橡胶 硬度的测定方法 第 4 部分: 便携式橡胶国际硬度计法》;⑤JIS K 6253-5:2012《硫化橡胶或热塑性橡胶 硬度的测定方法 第 5 部分: 硬度计的校准和检验》。分别修改采用国际标准 ISO 18517:2005《硫化橡胶或热塑性橡胶 硬度试验 介绍与指南》; ISO 48:2010《硫化橡胶或热塑性橡胶 硬度测定 (硬度在 10IRHD～100IRHD 之间)》; ISO 7619-1:2010《硫化橡胶或热塑性橡胶 压痕硬度的测定 第 1 部分: 硬度计法 (邵尔硬度)》; ISO 7619-2:2010《硫化橡胶或热塑性橡胶 压痕硬度的测定 第 2 部分便携式 (IRHD) 硬度计法》; ISO 18898:2006《橡胶 硬度计的校准和检验》。

与以上这 5 个国际标准相对应的国家标准分别是: ①GB/T 23651—2009《硫化橡胶或热塑性橡胶 硬度测试 介绍与指南》; ②GB/T 6031—2017《硫化橡胶或热塑性橡胶 硬度的测定 (10IRHD～100IRHD)》; ③GB/T 531.1—2008《硫化橡胶或热塑性橡胶 压入硬度试验方法 第 1 部分: 邵氏硬度计法 (邵尔硬度)》; ④GB/T 531.2—2009《硫化橡胶或热塑性橡胶 压入硬度试验方法 第 2 部分: 便携式橡胶国际硬度计法》; ⑤GB/T 38243—2019《橡胶 硬度计的检验与校准》。

其中 GB/T 531.1—2008 和 GB/T 531.2—2009 分别等同采用了国际标准 ISO

7619-1:2004 和 ISO 7619-2:2004，比日本标准采用的版本旧。但 GB/T 38243—2019 等同采用了国际标准 ISO 18898:2016，比日本标准采用的版本新。几年前国际标准对橡胶硬度试验方法标准序列号的编排做了改动，将硬度试验方法分为 ISO 48-1:2018～ISO 48-9:2018 一共 9 个标准。ISO 48-1 为橡胶硬度试验方法的通则；ISO 48-2 规定了橡胶国际硬度（10IRHD～100IRHD）；ISO 48-3 规定了用超低硬度（VLRH）等级测定静负荷硬度的方法；ISO 48-4 规定了邵尔硬度；ISO 48-5 规定了便携式橡胶国际硬度计法；ISO 48-6 为胶辊表观硬度的测定第 1 部分：IRHD 法；ISO 48-7 为胶辊表观硬度的测定第 2 部分：邵尔硬度计法；ISO 48-8 为胶辊表观硬度的测定第 3 部分普西-琼斯法；ISO 48-9 规定了硬度计校准的方法。

3.2 硬度试验的分类

JIS K 6253-1 根据硬度试验的原理、测定范围以及硬度计的种类将硬度试验进行了分类（如表 3-1 和表 3-2）。国际标准和国标未对硬度试验进行过分类。

表 3-1 橡胶国际硬度（IRHD）试验的种类和试样

试验种类（测定原理）	硬度测定范围	硬度计种类	试验方法	根据标准硬度的定义满足标准硬度条件的试样		
				形状	厚度/mm	芯柱端部球面到试样边缘的距离/mm
橡胶国际硬度（定负荷）	中硬度（35～85IRHD）	标准型橡胶国际硬度计	N 法，CN 法	上、下表面平行并且平整光滑	≥8.0	9.0
					≤10.0	10.0
	高硬度（85～100IRHD）	标准型橡胶国际硬度计	H 法，CH 法		≥8.0	9.0
					≤10.0	10.0
	低硬度（10～35IRHD）	标准型橡胶国际硬度计	L 法，CL 法		≥10.0	10.0
					≤15.0	11.5
	中硬度（35～85IRHD）	微型橡胶国际硬度计	M 法，CM 法		2.0±0.5	2.0

表 3-2 橡胶国际硬度（IRHD）之外的试验种类和试样

试验种类（测定原理）	硬度测定范围	硬度计种类	试样		
			形状	厚度/mm	压针到试样边缘的距离/mm
邵尔硬度（弹簧加压式）	中硬度（A20～90）	邵尔硬度计（A 型）	上、下表面平行并且平整光滑	≥6.0	12.0
	高硬度（>A90）	邵尔硬度计（D 型）		≥6.0	12.0

试验种类 （测定原理）	硬度测定范围	硬度计种类	试样		
			形状	厚度/mm	压针到试样边缘的距离/mm
邵尔硬度 （弹簧加压式）	低硬度 （<A20）	邵尔硬度计 （E 型）	上、下表面平行并且平整光滑	≥10.0	15.0
	中硬度 （A20～90）	邵尔硬度计 （AM 型）		≥1.5	4.5
便携式橡胶国际硬度（IRHD）计 （定负荷弹簧式）	中硬度 （30～95IRHD）	便携式橡胶国际硬度（IRHD）计		≥6.0	12.0

注：邵尔硬度计（E 型），在 ISO 7619-1（参考文献[1]）中称为 AO 型硬度计（type AO durometer）。

3.3 橡胶国际硬度试验的原理

邵尔硬度和便携式橡胶国际硬度都是根据压针的压入深度而换算出的值。但橡胶国际硬度却与其他几种测定方法不同，而是先将下端为球形的压针以规定的微小接触力与试样表面接触，使试样表面产生少许凹陷，其深度称为接触深度（图 3-1）。再给压针施加规定的较大的压入力，产生的总凹陷深度称为压入深度（图 3-2）。根据压入深度和接触深度之差 D，并通过标准给定的表换算出橡胶国际硬度（IRHD）。

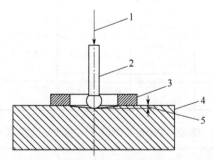

图 3-1 橡胶国际硬度测定原理（接触力产生的凹陷深度）
1—施加压力的砝码；2—压针；3—压足；4—试样；5—接触深度

对于各向同性的弹性体材料，橡胶国际硬度（IRHD）所表示的硬度值与压入深度之间有如公式（3-1）所示的关系。

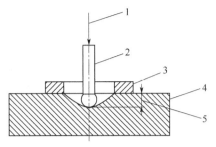

图 3-2 橡胶国际硬度测定原理（接触力和压入力之和产生的凹陷深度）

1—施加压力的砝码；2—压针；3—压足；4—试样；
5—压入深度（接触力和压入力之和产生的凹陷深度）

$$D = 0.615 \times R^{-0.48} \times \left[\left(\frac{F}{E} \right)^{0.74} - \left(\frac{f}{E} \right)^{0.74} \right] \tag{3-1}$$

式中　D——压入深度与接触深度之差，mm；

　　　R——球面的半径，mm；

　　　f——接触力，N；

　　　F——总压力，N；

　　　E——硫化橡胶的杨氏模量，MPa。

　　此外，以下两个关于 $\lg E$ 与橡胶国际硬度之间关系的结论，是根据图 3-3～图 3-5 所示正态分布的概率累积密度曲线得出的。

　　① 硬度 50IRHD 与杨氏模量 E=2.312MPa（$\lg E$=0.364）相对应。

　　② 硬度 57IRHD 左右时，与 $\lg E$ 对应的 IRHD 值变化最大。

　　确定上述结论时，应考虑 IRHD 值与邵尔 A 型硬度值基本一致。

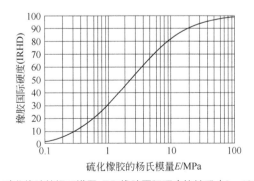

图 3-3 硫化橡胶的杨氏模量 E 和橡胶国际硬度的关系（3～100IRHD）

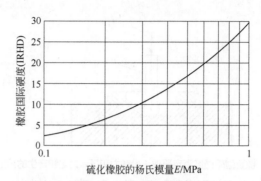

图 3-4 硫化橡胶的杨氏模量 *E* 和橡胶国际硬度的关系（3～30IRHD）

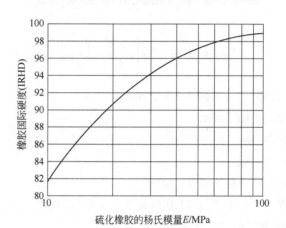

图 3-5 硫化橡胶的杨氏模量 *E* 和橡胶国际硬度的关系（80～100IRHD）

3.4 硬度的测量

应根据试样的厚度和大体的硬度范围选择适当的测量方法，测量硬度时应将试样放到平整、坚实的表面上，硬度计的压足与试样表面平行，压针与试样表面垂直，压足与试样接触时应平稳无冲击，压针的端部与试样的接触点距试样边缘的距离按照表 3-1 和表 3-2 的规定。

① 测量橡胶国际硬度（IRHD）时，应在试样上相距 6mm 以上的 3 个不同点进行测定，取中间值。若硬度计直接显示硬度值，则压针以接触力压到试样上，5s 后调整显示值为 100，给压针施加压入力并保持 30s 后，读取硬度值。硬度计的示值需要用压入深度换算时，则压针施加接触力 5s 后，读取接触深度 D_0，在压杆施加压入力 30s 后，读取在总压力下的压入深度 D_1，计算压入深度 D_1 与接触深度 D_0 的

差值 D，根据标准给出的换算表换算成 IRHD 值。

② 测量邵尔硬度时规定的测定点为 5 个，每个测定点的相隔距离：邵尔 A 型、D 型和 E 型不小于 6.0mm，邵尔 AM 型不小于 0.8mm。取 5 个测定点硬度值的中间值。压足与试样接触后读取硬度值的时间：硫化橡胶为 3s，热塑性橡胶为 15s。也可根据用户的要求采用其他的测定时间，但需要在试验报告中注明。

③ 用便携时橡胶国际硬度计测量硬度时，为得到较好的再现性，最好使用支座。选择 5 个测定点，每个测定点的相隔距离应不小于 6.0mm，取 5 个测定点硬度值的中间值。压足与试样接触后读取硬度值的时间，硫化橡胶为 3s，热塑性橡胶为 15s。也可根据用户的要求采用其他的测定时间，但需要在试验报告中注明。

为了使测量结果准确，硬度计应定期按照标准规定的方法进行校准和检验，对于邵尔硬度计和便携式橡胶国际硬度计还可以利用标准橡胶块对硬度计的测定值进行确认。该方法如下：将硬度计的压足压在平滑坚实的平面上，调整硬度计的显示值为 100。用橡胶国际硬度 30～90IRHD 的 6 种不同硬度的标准橡胶块对硬度计的显示值进行确认。为避免标准橡胶块受光、热、油以及润滑油的作用而变化，应将其放到适当的容器中保管并撒上少量的滑石粉。标准橡胶块应每年用橡胶国际硬度（IRHD）计对其硬度进行确认一次，测定精度精确到一个硬度单位。经常使用的邵尔硬度计应每周用标准橡胶块进行确认一次。

3.5 橡胶硬度试验的精密度

硬度试验是橡胶领域内应用十分频繁的试验，关于橡胶国际硬度的试验室间试验（ITP），从 1985 年至 2007 年实施过多次来确认其精密度，这也是对硬度试验实用性的重要评价。

2004 年实施了评价邵尔 AM 型硬度试验精密度的试验（ITP）。并且用橡胶国际硬度（IRHD）的 M 法在试验精密度方面与邵尔 AM 型硬度试验进行比较。经过试验得出结论，邵尔 AM 型硬度的试验室内重复精密度 r=0.88、相对重复精密度 (r) =1.47%，与橡胶国际硬度（IRHD）M 法的 r=1.14、相对重复精密度 (r) =2.04%，比较接近。但试验室间再现精密度却相差很远，邵尔 AM 型硬度的再现精密度为 R=5.08、相对再现精密度 (R) =8.98%。而橡胶国际硬度（IRHD）M 法的再现精密度却是 R=2.20、相对再现精密度 (R) =3.85%。由此可看出橡胶国际硬度（IRHD）M 法试验的试验室间误差要比邵尔 AM 型硬度试验小，前者的误差仅为后者的 43%。

2007 年对橡胶国际硬度（IRHD）的 N 法、M 法和 L 法以及邵尔 A 型、D 型的硬度试验实施了 ITP，目的就是将橡胶国际硬度试验与邵尔硬度试验的精密度进行比较。结果表明，N 法的精密度比 M 法高，L 法的精密度虽然与 N 法基本相同，但由于只有 4 个试验室参加试验，应予以注意。N 法的精密度与邵尔 A 型基本相同，在所有试验中邵尔 D 型的精密度最差。试验室间再现精密度为 R=5.52、相对再现精密度（R）=7.70%。

从这些试验数据中可以看出，橡胶硬度测定的试验室再现精密度数值较大，与人们所期望的结果相差甚远，也许试验人员的变化是影响硬度测定再现性的最大因素[2]。事实也的确如此，由于橡胶的变形有一定的滞后性，要求硬度测定时要在压针压入试样规定的时间后读取硬度值。读取时间对于测定结果的影响很大，因此标准对此有严格的规定。对于橡胶国际硬度，硬度计的示值为橡胶国际硬度（IRHD）时，压针以接触力压到试样上 5s 后调整显示值为 100，给压针施加压入力并保持 30s 后，读取硬度值。对于邵尔硬度，压足与试样接触后在规定的时间读取硬度值，硫化橡胶为 3s，热塑性橡胶为 15s。此外测定硬度时还有许多要求，如压针与试样垂直，试样表面应光滑平整，施加力的期间为减少摩擦力应给硬度计施加轻微的振动，为减少压针端部球面与试样之间的摩擦力预先在试样的表面撒上少许滑石粉，等等。这一切都向操作人员提出了较高的要求。为了在测定硬度时尽量减少人为因素的影响，目前在试验室广泛使用的硬度计一般都可以在规定的时间内自动显示硬度值。还有一种全自动橡胶硬度计，如图 3-6 所示。这种硬度计不仅能自动显示硬度，还可以快速更换测头进行橡胶国际硬度（IRHD）以及邵尔硬度等各种硬度的测定，并带有不同的定位装置，可以测定各种试样以及具有不同表面形状的橡胶制品的硬度。

图 3-6　全自动橡胶硬度计

3.6 国标与日本标准的主要差别

通过分析比对发现，国标与日本标准在橡胶硬度试验的 5 个标准中基本没有技术上的分歧，只有一些内容编排和叙述方法上的不同，差别较大的主要有以下几处。

（1）硬度试验结果的表示方法

① 国际标准和国标中邵尔 AO 型硬度，在日本标准中表示为邵尔 E 型硬度。

② 日本标准中各种类型硬度试验结果的表示方法　对于橡胶国际硬度：在硬度值后标注 IRHD，测量的硬度为标准硬度时，在后面标注 "/" 及 "S"，最后在后面标注 "/" 及试验方法代号 N、H、L 或 M。测量的硬度为表观硬度时，仅在 IRHD 后面的 "/" 后标注试验方法代号 N、H、L 或 M。试样表面为曲面时，在 IRHD 后面的 "/" 后标注试验方法代号 CN、CH、CL 或 CM。参见例 1、例 2 和例 3。

例 1：50IRHD/S/N，表示橡胶国际硬度，用 N 法试验，测定的试样为标准试样，标准硬度为 50IRHD。

例 2：50IRHD/M，表示橡胶国际硬度，用 M 法试验，表观硬度为 50IRHD。

例 3：50IRHD/CM，表示橡胶国际硬度，试样表面为曲面，用 M 法试验，曲面硬度为 50IRHD。

对于邵尔硬度：邵尔 A 型、邵尔 D 型、邵尔 E 型和邵尔 AM 型的测定值前面分别标记字母 A、D、E 和 AM。

例如，E60，表示邵尔 E 型硬度，试样的硬度值为 60。

对于便携式橡胶国际硬度计硬度：在硬度值后面标注 IRHD，再标注 "/" 和 "P"。

例如，50IRHD/P，表示采用便携式橡胶国际硬度计测定，硬度值为 50IRHD。

③ 国标的硬度表示方法　对于橡胶国际硬度：用 S 表示标准厚度，非标准试样则注明试样的实际厚度和最小横向尺寸（单位为 mm），结果为表观硬度。用字母代号表示测试方法，N、H、L、M 分别表示常规、高硬度、低硬度和微型试验。用字母 "C" 表示弯曲表面试验。见例 1、例 2 和例 3。

例 1：58°，SN，表示硬度为橡胶国际硬度 58（IRHD），标准试样，用 N 法试验。

例 2：16°，8mm×25mm，L，表示表观硬度为橡胶国际硬度 16（IRHD），非标准试样，厚 8mm，宽 25mm，用 L 法试验。

例 3：90°，CH，表示表观硬度为橡胶国际硬度 90（IRHD），试样表面为曲面，用 H 法试验。

对于邵尔硬度：试验结果用 shore A、shore D、shore AO 和 shore AM 表示。对于便携式橡胶国际硬度则没有相应的表示方法。

（2）关于支座和压足大小

国标和日本标准都规定，在使用手持式的邵尔 A 型、D 型和 AO 型（日本标准为 E 型）硬度计时最好将硬度计安装到支座上，邵尔 AM 型硬度计则必须安装在支座上使用。日本标准还在硬度计的压针和压足的形状和尺寸图中规定了没有支座的邵尔硬度计压足的大小，即压针到压足边缘的距离，A 型和 D 型应大于等于 6mm，E 型应大于等于 7mm。所以按照日本标准的规定，若邵尔 A 型、D 型和 E 型硬度计不使用支座手持测量，压足可以比带有支座时小一些。国标与国际标准没有规定带有支座和无支座的情况下压足大小的区别。

（3）关于测定圆柱面试样橡胶国际硬度的方法

国标与日本标准都规定在以下两种情况下就需要将 N 法、H 法、L 法和 M 法改为 CN 法、CH 法、CL 法和 CM 法进行测量：

a. 试片或制品试样很大，上面可以放置硬度计的场合；b. 试片或制品试样很小，与硬度计放置到同一个检验平台，包括将试样放到硬度计自带的检测平台上的场合。两者硬度计基本测定原理相同，但试样表面的曲率半径不同，所采用硬度计也略有差别。国标和日本标准均规定了半径 50mm 及以上的圆柱面、半径 50mm 及以上的复合曲面、半径 4~50mm 的圆柱面和复合曲面以及小型 O 形圈和半径 4mm 以下的圆柱面这 4 种试样的硬度测定方法。日本标准的优点是为便于理解，除了文字说明之外还增加了测定较大直径的圆柱形试样和测定小直径试样的两种硬度测定方法的示意图，如图 3-7 和图 3-8 所示。

（4）关于采用的 ISO 标准版本

GB/T 38243—2019 采用了最新版的 ISO 18898:2016，而日本标准采用的是 ISO 18898:2006。国标采用的国际标准更新一些。所以国标中关于超软橡胶硬度计校准的规定是日本标准中没有的,但目前国内还没有制定测定超软橡胶硬度的试验方法，这方面的试验还比较少。

（5）关于对硬度计弹簧的校准

JIS K 6253-5 在 5.2.5 条"弹簧提供的试验力"中采用图示的方法说明了利用化学天平对硬度计弹簧进行校准的方法，如图 3-9 所示。校准时先把硬度计安装到校准装置的支架上。将硬度计的压针通过垫块与化学天平的托盘接触，垫块与加压面保持垂直，在天平的另一托盘上预先加上砝码并调整天平抵消垫块的重量。增加砝

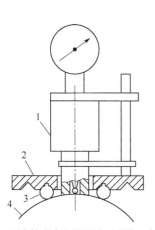

图 3-7 测定较大直径的圆柱形试样硬度的方法

1—硬度计；2—硬度计平台；3—两个
平行的圆柱；4—圆柱形试样

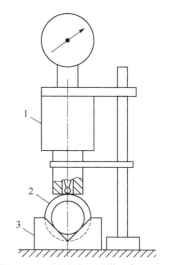

图 3-8 测定小直径试样硬度的方法

1—硬度计；2—圆柱形试样（套在芯棒上）；
3—V 形块

码使硬度计显示适当的值，并确认此时对应的砝码压力（mN）是否在规定的误差范围内。选择适当间隔的硬度值，逐次确认。

JIS K 6253-5 还规定，采用测力传感器和专用的支座及砝码，也可以将硬度计倒置而直接测出压针的作用力，但需要考虑硬度计内部零件的自重并加以修正。用这种方法进行校准，结果与图 3-9 所示的方法一致。以上内容都是国际标准和国标所没有的。

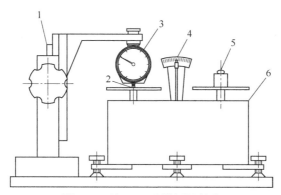

图 3-9 利用天平对弹簧进行校准

1—硬度计支座；2—垫块；3—硬度计；4—天平刻度；5—砝码；6—化学天平

第**4**章 低变形应力应变试验

橡胶可以产生较大的拉伸变形,但却基本上是不能被压缩的,所以橡胶的压缩试验中,试样的变形要比拉伸试验时小得多,因此可称为低变形应力应变试验。JIS K 6254:2016《硫化橡胶或热塑性橡胶 应力-应变性能的测定方法》,是在 2011 年第 4 次发布的 ISO 7743《硫化橡胶或热塑性橡胶 压缩应力-应变性能的测定》的基础上做了技术性修改之后而编制的日本工业标准。与此相对应的国家标准 GB/T 7757—2009《硫化橡胶或热塑性橡胶 压缩应力应变性能的测定》等同采用 ISO 7743:2007。ISO 7743:2011 与 ISO 7743:2007 相比在技术上有一定差别,并且 ISO 7743:2011 在附录中增加了一些内容,目前该国际标准的最新版本是 ISO 7743:2017。

与国际标准相同,在国家标准 GB/T 528 中规定了橡胶拉伸应力应变的测定方法,在 GB/T 7757 中规定了橡胶压缩应力应变的测定方法。而日本标准却与此不同,虽然在 JIS K 6251 中已经规定了橡胶的拉伸性能测定方法,但在 JIS K 6254 中除了规定橡胶的压缩试验方法之外又规定了一个国际标准中所没有的低变形拉伸试验方法。所以标准的名称中没有"压缩"两个字。低变形拉伸试验采用条形试样,以 1.5 倍伸长率预拉伸试样两次,然后用同样的拉伸速度测定第 3 次拉伸应力-变形曲线。

虽然标准中没有明确规定试样的伸长率为 25%,但标准中几次举例时采用的伸长率均是 25%,可以看出日本标准认为应该在试样伸长率达到 25%时测定拉力值。

4.1 关于低变形应力应变试验

在日本的橡胶试验领域中,一直有"低变形应力应变试验"的说法。JIS K 6254 的早期版本 JIS K 6254:2003 的标题就是"硫化橡胶或热可塑橡胶在低变形条件下应力-应变的测定方法",直到 2016 年的版本才改为"硫化橡胶或热塑性橡胶应力-应变的测定方法"。但日本标准对橡胶物理试验方法进行分类时仍将低变形应力应变试验作为一类试验单独列出。国际标准和国标没有这种分类方法。

橡胶作为一种高弹性体材料,其制品在使用过程中的变形以及拉伸试验中的断裂伸长率都比较大。定伸应力试验采用的伸长率一般为 100%以上,最高可达 300%。

相比之下，JIS K 6254 中规定的压缩和拉伸变形只有 25%，可以说是 "低变形" 了。

其实，JIS K 6254 规定了低变形的拉伸试验，并不仅仅是为了测定试样在低变形条件下的拉伸性能，而是用在低变形条件下测定出的应力值，通过公式计算出试样的静态剪切模量。众所周知，拉伸、压缩和剪切对于任何工程材料来说都是十分重要的变形方式。虽然剪切试验比拉伸试验和压缩试验要少，但即使在纯拉伸（或压缩）条件下，在试样与拉伸方向呈某个角度的截面上也会产生剪应力。经过推导可知，在与试样拉伸方向呈 45° 夹角的截面上产生的剪应力最大，约为该截面上正应力的二分之一。若材料的抗剪切强度远小于抗拉伸强度，同样会产生破坏。所以了解材料的剪切性能十分重要。由于在低变形条件下，材料的剪切模量 G、拉伸或压缩应力 σ 和伸长比 λ（试样伸长后的长度与原长度之比）之间有简单的近似函数关系，即 $\sigma = G(\lambda - \lambda^{-2})$。利用这个关系式就可以测出试样在达到预先设置的伸长比时产生的应力，然后计算出静态剪切模量。

4.2 压缩应力-应变试验简介

压缩应力-应变试验是通过测量施加于规定形状的试样、制品或部分制品的压缩力，测定硫化橡胶或热塑性橡胶应力-应变特性的方法。

（1）试验方法与试样

压缩试验是将圆柱状的标准试样放到两块金属板之间加压，测量试样的变形。国标规定有 A、B、C 三种试验方法和一种标准试样。试样的厚度为（12.5±0.5）mm、直径为（29.0±0.5）mm。A 法使用标准试样并且金属板经润滑剂润滑；B 法是将两块金属板与标准试样通过模具硫化或胶黏剂直接黏合在一起进行压缩；C 法的试样是整个制品或制品的一部分，或多个制品。对于异形制品，应使用 50~100mm 长的制品作为试样（如果有必要增加力的读数，也可采用两条同样的制品）。对于内径 50~100mm 的环形制品，可使用整个制品进行试验。对于小制品可将两个或多个制品并排放置，一起压缩，以增加力的读数。采用 C 法进行试验时金属板经润滑剂润滑。

日本标准采用 ISO 7743:2011 的规定将压缩试验分为 A、B、C、D 四种试验方法和两种标准试样，标准试样 1 的厚度为（12.5±0.5）mm、直径为（29.0±0.5）mm，标准试样 2 的厚度为（25.0±0.25）mm、直径为（17.8±0.15）mm。A 法和 B 法均采用标准试样 1，不同的是采用 A 法进行试验时在金属板与试样之间涂有润滑油，而 B 法是将两块金属板与试样黏合在一起进行试验。C 法采用标准试样 2，金属板与试样不黏合，涂或不涂润滑油均可。D 法是用制品进行试验，一般情况下金属板和制品之间应涂润滑油，压缩环形试样时，压缩板上应加工有排气孔，以便在压缩试样时排出空气。压缩如发动机底座一类的橡胶部件与金属牢固黏合的试样时，不需要涂润滑油。

试样的数量应不少于 3 个，对非标准试样进行试验时，其试验结果不能与标准试样的试验结果相比较。

试样上、下的金属板应具有均匀的厚度和足够的刚性，当受到试样压力时变形应不大于 0.01mm。涂润滑油部分的尺寸应比试样尺寸至少大 20mm，需要硫化黏合的情况下，黏合部分的面积应与试样面积相同。需要涂润滑油的情况下，金属板与橡胶接触的表面应光滑；需要金属板进行黏合的试样，在黏合之前应除去试样和金属板表面的污垢，进行有利于黏合的处理。

（2）压缩试验机

压缩试验一般在压缩机上进行，压缩机的测力系统应具有试验机等级分类的 1 级精度，并装有记录仪，可以连续记录压缩力和压缩变形。试验中将圆柱形试样放在两块金属板之间，以一定的速度压缩到规定的变形，测定压缩力。通过压缩力-变形曲线求出其压缩弹性模量。

应采用适当方法对包括力传感器在内的试验设备整体的刚度进行修正，使压缩变形的测量精确度应达到±0.02mm。用制品进行试验时，若制品厚度比标准试样小，对包括力传感器以及试验设备的刚度修正后，试样厚度变化的测量精度应达到±0.2%。

压缩试验机的两块压缩板应比金属板更大，若压缩板经过了必要的表面处理，A 法和采用制品作为试样的试验就可以不用金属板，直接用压缩板压缩试样。日本标准 C 法的试验，无论压缩板的表面粗糙度如何，均可用压缩板直接压缩试样。在使用润滑油的情况下，试验机还应设有防止试样变形后弹出的防护装置，以免造成伤害。

（3）应力-应变性能测定

将试样放到两块金属板的中央，装到压缩试验机上。对于 A 法、B 法和日本标准 C 法试验，用（10±2）mm/min 的速度压缩试样使其变形达到 25%后，立即以（10±2）mm/min 的速度给试样卸压，然后将上述操作重复 3 次，记录下 4 次压缩力与变形的关系（应力-应变）曲线。对于采用制品作为试样的试验，将制品或一部分制品放在涂有润滑油的压缩板中央。以同样的速度压缩试样其使变形达到 30%，记录下压缩力与变形的关系（应力-应变）曲线。一般情况下不需要反复压缩试样，但若需要像 A 法、B 法、日本标准的 C 法那样反复压缩试样，也应记录全部压缩力与变形的关系（应力-应变）曲线。

计算 A 法、B 法和日本标准 C 法的试验结果时，从压缩力-变形曲线中选择第 4 次的曲线，将其起始点定为原点。以第一次压缩前试样厚度为基准，分别求出压缩变形达到 10% 和 20% 时的压缩力。弹性模量用式（4-1）计算。

$$E_c = \frac{F}{A \times \varepsilon} \tag{4-1}$$

式中　E_c——压缩弹性模量，MPa；

　　　F——达到规定的压缩变形（10% 或 20%）时的压缩力，N；

　　　ε——对应于压缩前试样厚度的压缩变形，10% 压缩变形时 $\varepsilon=0.1$，20% 压缩变形时 $\varepsilon=0.2$；

　　　A——试样压缩前的横截面积，mm^2。

采用制品作为试样的试验，以第一次压缩前试样厚度为基准，从压缩-变形曲线中求出压缩变形达到 25% 时的压缩力。单位长度的试样 25% 压缩变形时的压缩力用式（4-2）计算。

$$S_{25} = \frac{F_{25}}{L} \tag{4-2}$$

式中　S_{25}——单位长度的试样 25% 压缩变形时压缩力，N/mm；

　　　F_{25}——25% 压缩变形时的压缩力，N；

　　　L——试样长度（试样为环形时，长度为平均圆周长，即内周长与外周长的平均值），m。

也可根据制品的用途选择 25% 之外的压缩变形。

- -

4.3　试样形状对压缩试验结果的影响

JIS K 6254 和 ISO 7743 规定的试样 1 与 JIS K 6262 和 GB/T 7759.1 规定的压缩永久变形试验（见本书第 7 章）中的大试样尺寸相同，试样 2 与 JIS K 6265 和 GB/T 1687.3 规定的恒应变屈挠试验（见本书第 11 章）的试样相同。该标准还根据橡胶试样上、下压缩板与试样不同的接触方式和所采用试样种类，规定了 A、B、C、D 四种试验方法，并在附录 A 中对试样的形状以及试验方法对试验结果的影响做了说明。

弹性材料受力之后，其内部会产生单轴应力、剪切应力以及二轴应力。所以压缩试验的试样应从形状上考虑，使其内部主要产生单轴应力，尽量消除剪切应力和二轴应力的影响。理想的压缩试验的试样应当是截面积较小的长圆柱形，即长度与直径的比（以下称为长径比 L/d）比较大的形状。但在实际使用中，这种试样常常会被压弯，对压缩试验并不适合。

ISO 7743 和 JIS K 6254 在附录 A 中给出了对各种不同长径比的试样做压缩试验的示例，将试验数据进行有限元分析的结果，发现长径比不小于 1 的试样在较大的变形范围内，其内部主要产生单轴应力。对于长径比太小的试样，在根据试验结果计算其压缩特性时还应采用修正因子进行修正。

采用丁苯橡胶（SBR）胶料（其中有 60 份的 HAF N330 炭黑）制成以下 4 种不同形状的圆柱形试样，分别进行试验。

① 试样 1：直径 8mm，长度 14mm（L/d=1.75）。

② 试样 2：直径 18mm，长度 25mm（L/d=1.56）。

③ 试样 3：直径 20mm，长度 20mm（L/d=1）。

④ 试样 4：直径 29mm，长度 12.5mm（L/d=0.43）。

每种形状用 3 个试样，试验结果取平均值，结果如图 4-1 和图 4-2 所示。

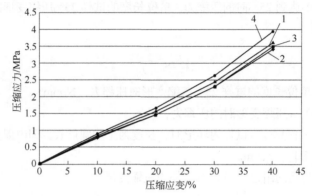

图 4-1 压缩静应力-应变特性曲线（涂润滑油，应力未加修正）

1～4—试样 1、2、3、4 的曲线

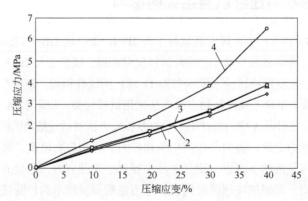

图 4-2 压缩静应力-应变特性曲线（金属板与试样黏合，应力未加修正）

1～4—试样 1、2、3、4 的曲线

通过以上试验可以证明，在采用压缩板被充分润滑情况下的 A 法进行试验时，试样变形产生的压缩应力-应变特性受试样形状的影响较小。采用金属板与橡胶黏合的 B 法进行试验时，若长径比（L/d）减小则刚性增大。采用压缩比（L/d）较小的 4 号试样，A 法和 B 法两种情况下的试验结果差别较大。因此用压缩试验测定橡胶的固有特性时应选择长径比大于 1 的试样，该试验中长径比（L/d）比较大的试样 2，既是 ISO 4666-3 规定的恒应变屈挠试验（见本书第 11 章）的试样，也是 JIS K 6254 中增加的标准试样 2。

ISO 7743 和 JIS K 6254 在附录 A 中还利用目前广泛应用于橡胶材料的 Mooney-Rivlin 模型分析方法对单向压缩和 2 轴压缩（压缩时的纯剪切）的力学特性进行了分析，所得到的单轴和二轴压缩性能曲线如图 4-3 所示。将压缩试验数据通过有限元方法进行计算，在图 4-3 中标出对应的点，计算数据是采用 4 种不同的方法进行压缩试验所得到的。

① 无摩擦（使用润滑油）的标准试样 1。
② 粘有金属板的标准试样 1。
③ 无摩擦（使用润滑油）的标准试样 2。
④ 粘有金属板的标准试样 2。

从图 4-3 可以看出，长径比比较大的标准试样 2 无论摩擦程度的大小如何均显示出了所期望的单向压缩的力学特性。而长径比比较小的标准试样 1 显示的力学特性随摩擦程度的大小变化而变化，有时显示单向压缩的力学特性，有时却又显示纯剪切的力学特性。并且标准试样 2 即使在变形比较大时仍显示单向压缩的力学特性。

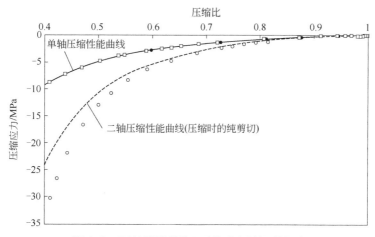

图 4-3　压缩试样的结构和形状对试验结果的影响
●—标准试样 1（无摩擦）；○—标准试样 1（黏合）；
■—标准试样 2（无摩擦）；□—标准试样 2（黏合）

4.4 低变形拉伸试验方法

低变形拉伸试验与一般的拉伸试验相同，也在拉伸试验机上进行，拉伸试验机的测力系统应具有 ISO 5893 规定的 1 级以上的精度。

试验机应具有拉力显示和记录装置、夹持试样的夹持器以及测量精度为 0.1mm 的伸长量测量装置。

试验机的最大载荷应比达到规定伸长所需的力大 20%～100%。试验机夹具的移动速度为（50±5）mm/min。

拉伸试验的试样形状为条状，分为 1 号试样和 2 号试样两种，尺寸如表 4-1 所示。

表 4-1 试样的尺寸 单位：mm

试样	主要部分尺寸			
	宽	长	厚	标线间距
1 号试样①	5.0±0.1	100	2.0±0.2	40.0±0.5
2 号试样	10.0±0.1	60	2.0±0.2	20.0±0.5

① 1 号试样为标准试样，试验应力小或从试验样品中难以裁切出 1 号试样的情况下，可选用 2 号试样。

试样的选取和制备按照标准规定的试样选取和制备的方法进行。

试样宽度和厚度按照 GB/T 2941 规定的尺寸测量方法测量。试样的截面积 A 等于试样厚度 t 和试样宽度 W 的乘积，试样宽度也可以用裁刀长边两个刀刃间距表示。

若试样不是采用裁刀制作时，为保证拉伸应力的准确，应分别测量试样上、下表面的宽度后取平均值作为试样宽度。应采用分度值为 0.01mm 的千分尺或游标卡尺在标线处测量。

测定条形试样伸长量的标线应明显、准确标记在试样上，标线间距应符合表 4-1 的规定，两条标线与试样的中心等距并且与试样两条平行的边线垂直。

试样的数量为 2 个，不得混有异物，不得有气泡和裂纹等缺陷，厚度和宽度误差超过 0.1mm 和超过平均值 10% 的试样应予以废弃。

若无特殊原因，硫化后不能立即进行试验的试样，应按照试样的保存规定，试验之前放在试验室标准温度下保存。

需要进行预处理的试验样品，在裁切试样之前应在符合试验室规定的试验室标准温度条件下至少放置 3h。如果需要，可以在试样上做识别标记，直接测量尺寸进行试验。试样预处理需要打磨抛光时，打磨抛光后应在 72h 之内进行试验。

硫化后的试样，在试验室标准温度下至少放置 3h 再测量尺寸进行试验。

非试验室标准温度条件下的试验，试样必须在试验温度条件下放置足够的时间以便使试样达到试验温度。

试验室的温度和湿度应符合标准试验温度和标准试验湿度的规定。在其他温度条件下的试验应选择标准规定的其他试验室温度。

试验时先把试样安装到夹持器上，试样在试验中不得出现歪斜和被夹持器夹断等现象，夹持器夹持试样后，两个夹持器到标线的距离应相等，夹持器的距离应等于标线间距的两倍左右。

若给定伸长率为 e，则以 1.5 倍伸长率（1.5e）拉伸试样两次，夹持器移动速度为（50±5）mm/min。例如，为测定试验给定伸长率为 25%时的拉伸应力，预拉伸如下：将试样的变形从 0%拉伸到 37.5%（1.5×25%），然后在这个拉伸应力下保持 30s，夹持器返回到初始位置，停留 30s。将这样的操作重复 2 次。测定第 3 次拉伸应力-变形曲线，拉伸速度与保持时间与预拉伸相同。测定拉伸应力时并不考虑永久变形，伸长率（e）以预拉伸之前的试样长度为基准计算，例如，将试样拉伸到伸长率为 25%时停留 30s 测定拉伸应力值。

试验结果的计算方法如下：

拉伸应力 σ_e 可以用伸长率为 e 时的拉伸力 F_e 除以试样初始截面积 A 计算，即 $\sigma_e = F_e/A$。将 2 个试样试验结果的平均值圆整到小数点后两位。

若试验结果有一个超出了平均值的 10%，应重新选取试样进行试验，将两个差别较小的试验结果取平均值。

由拉伸试验得到的静态剪切模量用式（4-3）计算。

$$G_e = \frac{\sigma_e}{\lambda - \dfrac{1}{\lambda^2}} \tag{4-3}$$

式中　G_e——伸长率为 e 时的剪切弹性模量，MPa；

　　　σ_e——伸长率为 e 时的拉伸应力，MPa；

　　　λ——伸长比，$\lambda = 1 + e$，例如 $e=25\%$时，$G_{25} = 1.639 \times \sigma_{25}$。

将 2 个试样试验结果的平均值圆整到小数点后两位。

若试验结果有一个超出了平均值的 10%，应重新选取 1 个试样进行试验，将两个差别较小的试验结果取平均值。

4.5　压缩试验 A 法和 D 法的试验精密度

由于国际标准化组织在 2008 年按照 ISO/TR 9272 的规定，对橡胶压缩试验的 A 法和 D 法的精密度实施了试验室间试验（ITP）。而国标 GB/T 7757—2009 采用的是 ISO 7743:2007，标准出版时还没有进行过这方面的试验，日本标准采用的国际标准是 2011 年的版本，其中已经有了关于压缩试验 A 法和 D 法的精密度试验结果。

此次 ITP 共有 9 个试验室参加，由一个试验室制备试样分配到各试验室，为 1 型试验，共有 9 种不同配方的试样。其中 A 法（圆柱试样）试验配方 1、2、3；D 法（制品）试验配方 4、5、6；D 法（O 形圈）试验配方 7、8、9。一周内间隔两天进行试验，在每种配方试验 3 次的数据中取中间值作为试验结果。在试验结果数据（每个试验的 3 个数据的中间值）的基础上进行全面的分析，并按照 ISO/TR 9272 规定的方法剔除了试验结果中的离群值。

试验的组织者还特别强调本次 ITP 对精密度的评价结果已经形成文件，由于未经全体参加者协商，不能用于判定材料和制品是否合格。

此次 ISO 7743:2011 给出的 ITP 评价结果摘录如表 4-2 所示。

表 4-2 压缩模量试验的精密度 A 法（圆柱试样）、D 法（制品）、D 法（O 形圈）

配方	平均/MPa	试验室内			试验室间			试验室数[2]
		S_r/MPa	r/MPa	(r)/%	S_R/MPa	R/MPa	(R)/%	
第一部分：A 法（圆柱试样）10%变形对应的模量								
1	0.315	0.0051	0.0143	4.53	0.0310	0.0869	27.58	6
2	0.489	0.0087	0.0242	4.96	0.500	0.1400	28.63	6
3	0.647	0.0203	0.0569	8.80	0.0874	0.2447	37.85	7
平均值[1]		0.0114	0.0318	6.10	0.1562	0.1572	31.35	
第二部分：A 法（圆柱试样）20%变形对应的模量								
1	0.641	0.0066	0.0464	7.25	0.0403	0.1128	17.60	6
2	0.952	0.0118	0.0331	3.48	0.0896	0.2509	26.35	5
3	1.348	0.0333	0.0923	6.91	0.2470	0.6917	51.32	7
平均值[1]		0.0153	0.0576	5.897	0.1256	0.3518	31.76	
第三部分：D 法（制品试样）25%变形[3]对应的模量								
4	2.76	0.0780	0.218	7.93	0.4152	1.163	42.20	3
5	9.61	0.1283	0.359	3.74	0.2243	0.628	6.54	3
6	3.00	0.0314	0.088	2.93	0.2322	0.650	21.66	3
平均值[1]		0.0449	0.222	4.864	0.2096	0.814	23.47	
第四部分：D 法（O 形圈试样）25%变形[3]对应的模量								
7	2.38	0.0700	0.1960	8.25	0.1008	0.2822	11.87	3
8	3.57	0.0918	0.2571	7.21	0.3981	1.1146	31.23	3
9	5.36	0.2957	0.8279	15.46	0.4222	1.1823	22.08	3
平均值[1]		0.1525	0.4270	10.304	0.3070	0.8597	21.73	

① 单纯的算术平均值。

② 最终参加数据分析的试验室个数，按照 ITP 的计划，试验室的个数为 A 法试验 8 个、D 法试验 4 个。

③ 第三部分和第四部分参加的试验室数量较少，所以本次评价结果仅为大体上的评价。

注：S_r—试验室内标准差；r—用测定单位表示的试验室内的重复精密度；(r)—用百分比表示的试验室内的重复精密度，即相对重复精密度；S_R—试验室间标准差；R—用测定单位表示的试验室间的再现精密度；(R)—用百分比表示的试验室间的再现精密度，即相对再现精密度。

4.6　国标与日本标准的主要差别

关于橡胶压缩应力应变的测定方法，GB/T 7757—2009 与 JIS K 6254:2016 的主要差别如下：

① 国标与日本标准规定的试验方法和试样的种类有所不同，详见 4.2 节的 (1)。日本标准规定 C 法采用尺寸与 A 法和 B 法不同的 2 号试样。试验时试样与金属板之间润滑油加与不加均可，由于这种方法采用的试样长径比大，所以一般情况下测定材料的固有特性时采用这种方法比较适当并且操作方便。而国标规定的 C 法是采用制品进行试验。

② 日本标准规定试样上、下金属板应具有足够的刚性，当受到试样压力时变形应不大于 0.01mm。国标对金属板的刚性没有规定。

③ 关于其他试验温度，日本标准规定在以下温度中选择：(−75±2)℃、(−55±2)℃、(−40±2)℃、(−25±2)℃、(−10±2)℃、(0±2)℃、(40±1)℃、(55±1)℃、(70±1)℃、(85±1)℃、(100±1)℃、(125±2)℃、(150±2)℃ 、(175±2)℃、(200±2)℃、(225±2)℃、(250±2)℃。国标规定其他试验温度按照 GB/T 2941 的规定选择，但 GB/T 2941 规定的最高温度为 (300±2)℃，最低温度为 (−85±2)℃，比日本标准的温度范围大。

④ GB/T 7757 给出了计算压缩模量的曲线图（见图 4-4），并规定：A、B 两种方法的试验结果应从记录的力-变形曲线图中获得，以压缩应变为 10% 和 20% 时的压缩模量表示，单位为 MPa。又规定采用制品的 C 法，试验结果也从该曲线图中获得。

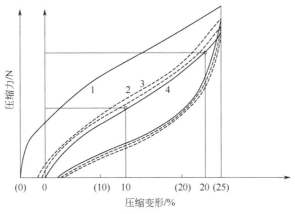

图 4-4　GB/T 7757 的压缩模量计算图

1~4—第 1~4 次压缩周期

图 4-4 中的力-变形曲线图的横坐标中最大变形只有 25%。但国标和日本标准均规定了在采用制品进行压缩试验中，应压缩试样使其变形达到 30%，超出了图 4-4 横坐标轴的范围，容易造成误解。相比之下日本标准规定的就比较合理，JIS K 6254 中的计算压缩模量的曲线图与 GB/T 7757 基本相同，如图 4-5 所示。但日本标准规定该图中的曲线仅适用于 A 法、B 法和 C 法，因此又增加了一张如图 4-6 所示的图用来表示 D 法（压缩制品）的试验结果。

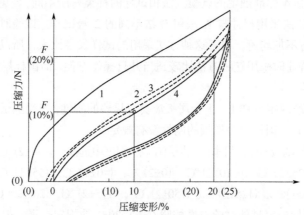

图 4-5 JIS K 6254 的压缩弹性模量计算图（A 法、B 法和 C 法）

横坐标轴下面括号中数字是第 1 次压缩时的变形，不带括号的数字是第 4 次压缩时的变形。

1~4—第 1~4 次的压缩-变形曲线

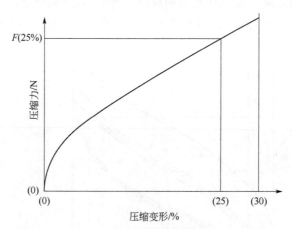

图 4-6 JIS K 6254 的压缩弹性模量计算图（D 法）

第5章 动态试验

"动态试验"顾名思义就是研究硫化橡胶或热塑性橡胶动态性能的试验,物质不受力便不会发生变形,硫化橡胶或热塑性橡胶与金属等弹性体不同,是一种黏弹性的物质。为了说明黏弹性物质的动态性能,可将其分为弹性单元(弹簧)和黏性单元(黏壶)两部分。黏弹性物质由于黏性单元的影响,在载荷应力的作用下所对应的屈挠、位移等变形要相对滞后(产生相位差),因此可以使冲击、振动等作用力产生的能量衰减。而橡胶的动态性能就是其受力之后,将作用力与所产生的应变之间的关系以量的方式表达出来的一种物理性能。

5.1 动态试验的标准

JIS K 6394:2007《硫化橡胶或热塑性橡胶 动态性能的测定 通则》修改采用 ISO 4664-1:2005《硫化橡胶或热塑性橡胶 动态性能的测定 第 1 部分:通则》,国际标准原先制定的动态试验的标准是 ISO 4664:1998《硫化橡胶或热塑性橡胶 动态性能的测定 通则》和 ISO 4663:1986《橡胶 低频下硫化橡胶动态性能的测定 扭摆法》,这样国际标准的动态试验实际上是涉及了两个标准。后来国际标准化组织将原来的 ISO 4664 改为 ISO 4664-1,题目没变。将 ISO 4663 标准号撤销改为 ISO 4664-2,题目改成了"硫化橡胶或热塑性橡胶动态性能的测定 第 2 部分 低频扭摆法",并于 2006 年出版。与国际标准相对应的国标分别是 GB/T 9870.1—2006《硫化橡胶或热塑性橡胶动态性能的测定 第 1 部分:通则》和 GB/T 9870.2—2008《硫化橡胶或热塑性橡胶动态性能的测定 第 2 部分:低频扭摆法》。分别采用 ISO 4664-1:2005 和 ISO 4664-2:2006。现在 ISO 4664-1 的最新版本是 ISO 4664-1:2011。

日本目前还没有制定关于低频扭摆法的国家标准,仅在 JIS K 6394 的引用标准中列出了 ISO 4663:1986,可能是由于在制定 JIS K 6394:2005 的时候 ISO 4664-2:2006 还没有出版。虽然引用的 ISO 4663 现在已经过期,但 JIS K 6394 也还是包括了低频扭摆法的内容。这部分内容与国标基本一致。

很多专门从事橡胶试验的专家学者把橡胶的回弹试验归纳为动态试验的范围[3],

还有人将橡胶的回弹试验、屈挠试验、磨耗试验以及摩擦试验等也称为动态试验[4]。但国标和 JIS K 6394:2005 在标准的适用范围中特别强调，本标准"不适用于回弹性试验和周期反复的疲劳试验"。所以本书还是按照 JIS K 6250 对橡胶物理试验的分类方法，在本章中只介绍 GB/T 9807.1 和 JIS K 6394 规定的动态试验。在以后的章节里再单独介绍回弹试验、屈挠试验和磨耗试验。

5.2 动态试验简介

5.2.1 试验方法概述

GB/T 9870.1 和 JIS K 6394 均规定了用自由振动法和强迫振动法测定硫化橡胶或热塑性橡胶（包括制品）动态性能的通用准则，其中包括名词术语的定义、试样和试验条件、试验方法以及试验结果的分析方法等。同时还对动态性能的原理、非共振强迫振动法的试验设备等做了说明。

动态试验按照振动方式可分为自由振动法和强迫振动法两种。用自由振动法对硫化橡胶进行动态试验时，放置在恒温箱中的试样两端用夹持器夹住，一个夹持器固定，另一个夹持器与适当的惯性部件相连，试样作为一个弹性部件受到一定的力产生变形后被放松，随之产生位移（或扭转）振动，振动的振幅逐渐衰减，表示振幅衰减的自然对数称为对数衰减率。自由振动法的动态试验一般用于扭转变形的试验，仅限于在低频和应变振幅较小的情况下使用，关于低频扭摆试验方法的规定可参见 GB/T 9870.2—2008。

强迫振动法又可分为非共振强迫振动和共振强迫振动，标准主要规定了用非共振强迫振动法对硫化橡胶进行动态试验的方法和注意事项，主要有以下内容：

① 将试样安装到夹持器或固定装置中时，为了获得正弦波振动，应注意不要使试样产生曲翘和歪斜，应使用扭矩扳手或扭矩螺丝刀等工具按照正规程序进行安装。

② 试验过程中，温度特性的测试应按照从低温到高温的顺序进行，频率特性的测试应按照从低频到高频的顺序进行，应变性能的测试应按照从小到大的顺序进行。

③ 在试验室标准温度之外的试验温度下进行试验应在恒温箱内进行，试样应在试验温度下放置足够的时间。

④ 试样产生平均应变或平均位移之后，在试验频率下，将试样施加应变振幅或位移振幅的振动，进行试验。为使振幅保持稳定，最少要进行 6 次预加振。为避免试样发热，加振 1min 之内就应开始正式试验。

⑤ 振幅达到稳定状态后，记录应力（载荷）、应变（位移）随时间变化的波形，

应力（载荷）-应变（位移）的力学滞后环曲线，最大应力（载荷）振幅、最大应变（位移）振幅，损耗角等试验参数和试验曲线，并采用数据处理装置和通过对试验曲线的分析计算出试验结果。

5.2.2 动态试验的术语及符号

标准中规定了一些动态试验常用的术语、符号及其定义，日本标准将其汇总成表，并且还列出了每个符号的英语。用于周期变形的术语和定义如表 5-1 所示，用于正弦波振动的术语和定义如表 5-2 所示，用于周期变形的其他术语和定义如表 5-3 所示，符号如表 5-4 所示。

表 5-1 用于周期变形的术语和定义

序号	术语	符号	基本单位	定义
1	力学滞后环 (mechanical hysteresis loop)	—	—	试样产生周期变形时所显示的应力-应变或负荷-变形的封闭曲线
2	能量损失 (energy loss)	—	J/m^3	一个变形周期内单位体积的能量损失，相当于滞后环的面积
3	功率损耗 (power loss)	—	W/m^3	由于周期变形发热而产生的功率损失，是能量损失与频率的乘积
4	平均载荷 (mean load)	—	N	载荷-变形曲线中的载荷平均值
5	平均应力 (mean stress)	—	Pa	应力-应变曲线中的应力平均值
6	平均位移 (mean deflection)	—	m	负荷-位移曲线中的位移平均值
7	平均应变 (mean strain)	—	—	应力-应变曲线中的应变平均值
8	平均模量 (mean modulus)	—	Pa	平均应力与平均应变的比值
9	最大载荷振幅 (maximum load amplitude)	F_0	N	载荷-变形曲线中，在表示平均载荷的直线一侧的载荷振幅最大值
10	最大应力振幅 (maximum stress amplitude)	τ_0	Pa	应力-应变曲线中，在表示平均应力的直线一侧的应力振幅最大值
11	均方根应力 (root-mean-square stress)	—	Pa	一个变形周期内应力二次方的平均值的平方根（对于对称的正弦波应力，均方根应力等于最大应力振幅除以 $\sqrt{2}$）
12	最大位移振幅 (maximum deflection amplitude)	x_0	m	负荷-变形曲线中，在表示平均位移的直线一侧的位移振幅最大值

序号	术语	符号	基本单位	定义
13	最大应变振幅 (maximum strain amplitude)	γ_0	—	应力-应变曲线中，在表示平均应变的直线一侧的应变振幅最大值
14	均方根应变 (root-mean-square strain)	—	—	一个变形周期内应变二次方的平均值的平方根（对于对称的正弦波应变，均方根应变等于最大应变振幅除以 $\sqrt{2}$）

表 5-2 用于正弦波振动的术语和定义

序号	术语	符号	基本单位	定义
1	弹簧常数 (spring constant)	K	N/m	作用力与变形同相位的分力除以变形量得到的值
2	储能剪切模量 (elastic shear modulus 或 storage shear modulus)	G'	Pa	与剪切应变同相位的剪切力除以剪切应变得到的值 $G'=\dfrac{\tau'}{\gamma_0}=\lvert G^*\rvert\cos\delta$
3	损耗剪切模量 (loss shear modulus)	G''	Pa	与剪切应变相隔 $\pi/2$ rad 相位的剪切力除以剪切应变得到的值 $G''=\dfrac{\tau''}{\gamma_0}=\lvert G^*\rvert\sin\delta$
4	复数剪切模量 (complex shear modulus)	G^*	Pa	剪切应力与剪切应变之比，是用复数表示的矢量 $G^*=G'+\mathrm{i}G''$
5	绝对剪切模量 (absolute complex shear modulus)	$\lvert G^*\rvert$	Pa	复数剪切模量的绝对值 $\lvert G^*\rvert=\sqrt{G'^2+G''^2}$
6	储能法向模量 (storage normal modulus, elastic normal modulus 或 elastic Young's modulus)	E'	Pa	与应变同相位的应力除以应变得到的值 $E'=\dfrac{\tau'}{\gamma_0}=\lvert E^*\rvert\cos\delta$
7	损耗法向模量 (loss normal modulus 或 loss Young's modulus)	E''	Pa	与应变相隔 $\pi/2$ rad 相位的应力除以应变得到的值 $E''=\dfrac{\tau''}{\gamma_0}=\lvert E^*\rvert\sin\delta$
8	复数法向模量 (complex normal modulus 或 complex Young's modulus)	E^*	Pa	应力与应变之比，是用复数表示的矢量 $E^*=E'+\mathrm{i}E''$
9	绝对法向模量 (absolute normal modulus)	$\lvert E^*\rvert$	Pa	复数法向模量的绝对值 $\lvert E^*\rvert=\sqrt{E'^2+E''^2}$

序号	术语	符号	基本单位	定义
10	储能弹簧常数或动态弹簧常数 (storage spring constant 或 dynamic spring constant)	K'	N/m	作用力与位移同相位的分力除以位移量得到的值 $$K'=\frac{F'}{x_0}=|K^*|\cos\delta$$
11	损耗弹簧常数 (loss spring constant)	K''	N/m	与位移相隔 $\pi/2$ rad 相位的作用力除以位移得到的值 $$K''=\frac{F''}{x_0}=|K^*|\sin\delta$$
12	复数弹簧常数 (complex spring constant)	K^*	N/m	作用力与位移之比,是用复数表示的矢量 $$K^*=K'+iK''$$
13	绝对弹簧常数 (absolute spring constant)	$|K^*|$	N/m	复数弹簧常数的绝对值 $$|K^*|=\sqrt{K'^2+K''^2}$$
14	损耗角正切 (tangent of loss angle)	$\tan\delta$	—	损耗模量与储能模量的比值 对于剪切:$\tan\delta=\dfrac{G''}{G'}$ 对于拉伸或压缩:$\tan\delta=\dfrac{E''}{E'}$
15	损耗系数 (loss factor)	L_f	—	损耗弹簧常数与储能弹簧常数的比值 $$L_f=\frac{K''}{K'}$$
16	损耗角 (loss angle)	δ	rad	应变与应力或位移与作用力之间的相位角,其正切的值称为损耗角正切或损耗系数

表5-3 用于周期变形的其他术语和定义

序号	术语	符号	基本单位	定义
1	对数衰减率 (logarithmic decrement)	Λ	—	正弦波阻尼振动中,任意两个连续振幅之比的自然对数
2	阻尼比 (damping ratio)	u	—	实际阻尼与临界阻尼之比。阻尼比与对数衰减率之间有如下式关系 $$u=\frac{\frac{\Lambda}{2\pi}}{\sqrt{1+\left(\frac{\Lambda}{2\pi}\right)^2}}=\sin\left[\arctan\left(\frac{\Lambda}{2\pi}\right)\right]$$
3	阻尼系数 (damping constant)	c	N·s/m	作用力在与变形相隔 $\pi/2$ rad 相位上的分力除以变形速度得到的值 $$c=\left(\frac{1}{\omega}\right)|K^*|\sin\delta$$ 式中,$\omega=2\pi f$

序号	术语	符号	基本单位	定义
4	传递率 (transmissibility)	V_τ	—	$V_\tau = \sqrt{\dfrac{1+(\tan\delta)^2}{\left[1-\left(\dfrac{\omega}{\omega_n}\right)^2\right]^2+(\tan\delta)^2}}$ $\omega_n = \sqrt{\dfrac{K'}{m}}$ $K'=|K^*|\cos\delta$

表 5-4 动态试验的符号及说明

符号	基本单位	关于符号的说明	对应的英语
A	m^2	试样截面积	test piece cross-sectional area
$a(T)$	—	WLF 位移因子	Williams, Landel, Ferry(WLF)shift factor
a	rad	扭转角	angle of twist
b	m	试样宽度	test piece width
c	N·s/m	阻尼系数	damping constant
C	J/K	热容	heat capacity
γ	—	应变	strain
γ_0	—	最大应变振幅	maximum strain amplitude
δ	rad	损耗角	loss angle
E	Pa	法向模量或杨氏模量	normal modulus 或 Young's modulus
E_c	Pa	弹性模量（压缩变形法）	effective Young's modulus
E'	Pa	储能法向模量	storage normal modulus
E''	Pa	损耗法向模量	loss normal modulus
E^*	Pa	复数法向模量	complex normal modulus 或 complex Young's modulus
$\|E^*\|$	Pa	绝对法向模量	absolute normal modulus
F	N	载荷	load
F_0	N	最大载荷振幅	maximum load amplitude
f	Hz	频率	frequency
G	Pa	剪切模量	shear modulus
G'	Pa	储能剪切模量	storage shear modulus
G''	Pa	损耗剪切模量	loss shear modulus
G^*	Pa	复数剪切模量	complex shear modulus
$\|G^*\|$	Pa	绝对复数剪切模量	absolute shear modulus
h	m	试样厚度	test piece thickness
K	N/m	弹簧常数	spring constant
K'	N/m	储能弹簧常数	storage spring constant

符号	基本单位	关于符号的说明	对应的英语
K''	N/m	损耗弹簧常数	loss spring constant
K^*	N/m	复数弹簧常数	complex spring constant
$|K^*|$	N/m	绝对复数弹簧常数	absolute spring constant
k	—	由橡胶硬度决定的数值因子	numerical factor
k_1	—	扭曲形状因子	shape factor in torsion
L_f	—	损耗系数	loss factor
l	m	试样有效长度（夹持器间距）	test piece length
λ	—	伸长率	extension ratio
Λ	—	对数衰减率	logarithmic decrement
M'	Pa	储能模量	storage modulus
M''	Pa	损耗模量	loss modulus
M^*	Pa	复数模量	complex modulus
$|M^*|$	Pa	绝对复数模量	absolute complex modulus
m	kg	质量	mass
ρ	Mg/m^3	橡胶密度	rubber density
Q	N/m	扭矩	torque
S	—	形状因子	shape factor
T	K	试验温度	test temperature
T_g	K	低频玻璃化温度	low frequency glass transition temperature
T_0	K	参照温度	reference temperature
t	s	时间	time
$\tan\delta$	—	损耗角正切	tangent of the loss angle
τ	Pa	应力	stress
τ_0	Pa	最大应力振幅	maximum stress amplitude
τ'	Pa	与应变同相位的应力	in phase stress
τ''	Pa	与应变相差 $\pi/2$ 相位的应力	out of phase stress
u	—	阻尼比	damping ratio
V_τ	—	传递率	transmissibility
ω	rad/s	角频率	angular frequency
x	m	位移	displacement
x_0	m	最大位移振幅	maximum displacement amplitude

为了更好地说明最大应力振幅、应变振幅、均方根应力、均方根应变以及平均应力和平均应变的含义以及它们之间的关系，JIS K 6394 还给出了如图 5-1 所示的参考图。通过这张图可以非常直观地看出最大应力、应变振幅，均方根应力、应变振幅和平均应力、应变振幅在整个振动的正弦波曲线中的位置。

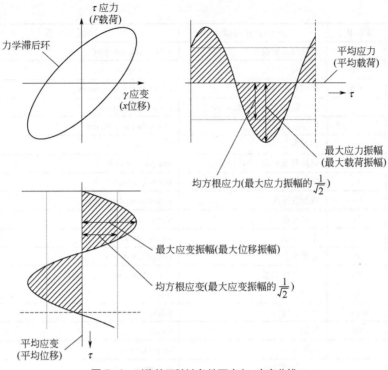

图 5-1 对称的正弦波条件下应力-应变曲线

5.2.3 频率与温度的转换

在橡胶的动态性能试验过程中，人们发现硫化橡胶在低温下的模量变化和在高频振动时相同，利用这种规律，对于一些要求必须在大范围频率和温度条件下进行的试验，以及频率太高超出了设备能力的试验，就可以将试验条件进行适当的转换，适当降低温度，采用设备能够达到的频率进行试验。利用（Williams、Landel、Ferry，WLF）给出的经验公式：

$$\lg a(T) = \frac{-C_1(T - T_0)}{C_2 + (T - T_0)} \tag{5-1}$$

计算出 WLF 转换因子 $a(T)$，利用转换因子计算得出转换频率 $fa(T)$。将试验温度 T 改为参照温度 T_0，测出转换频率条件下的转换储能模量 $M'[fa(T),T_0]$和转换损耗模量 $M''[fa(T),T_0]$。再通过公式（5-2）和式（5-3）就可以计算出所需要频率和温度条件下的试验模量。

$$M'(f,T) = \left(\frac{\rho T}{\rho_0 T_0}\right) M'[fa(T),T_0] \tag{5-2}$$

$$M''(f,T) = \left(\frac{\rho T}{\rho_0 T_0}\right) M''[fa(T),T_0] \tag{5-3}$$

式中　　$a(T)$——WLF 转换因子；

　　　　T——试验温度，K；

　　　　T_0——参照温度，K；

　　C_1，C_2——物质系数；

　　$M'(f,T)$——试验储能模量，Pa；

　　$M''(f,T)$——试验损耗模量，Pa；

$M'[fa(T),T_0]$——转换储能模量，Pa；

$M''[fa(T),T_0]$——转换损耗模量，Pa；

　　　　f——试验频率，Hz；

　　$fa(T)$——转换频率；

　　　　ρ——试验温度下橡胶的密度，mg/m^3；

　　　　ρ_0——参照温度下橡胶的密度，mg/m^3。

　　用 WLF 公式粗略计算的情况下，选择橡胶的玻璃化温度作为参照温度，C_1 为17.44，C_2 为 51.6，WLF 转换公式（5-1）就变为如下的计算公式。

$$\lg a(T) = \frac{-17.44(T-T_g)}{51.6+(T-T_g)} \tag{5-4}$$

式中　　T_g——低频下的玻璃化温度，K。

　　应注意的是采用以上的转换方法时要考虑到填充剂以及结晶所产生的制约。有时由于频率和温度的范围太大，这种转换就不一定合适。此外对于试验需要的条件，温度和频率超过 10 倍的转换，就会严重影响试验结果的可靠性。

5.2.4　动态试验的设备

　　ISO 4664-1、GB/T 9870.1 和 JIS K 6394 仅规定了采用非共振强迫振动方法的大型试验设备和小型试验设备，采用自由振动方法试验设备的基本组成部分详见 ISO 4664-2 的规定。这些设备主要由振动装置的底座、振动装置、测量装置、试样夹具或固定装置、恒温箱、控制系统和数据处理系统组成。其中：

　　① 底座为了消除由于振动所产生共振的影响，必须十分坚固。

　　② 振动装置能够使试样具有稳定的位移振幅，并且从振动装置传递到试样上的振动为高次谐波小于 10%的正弦波振动。

　　③ 十字滑块机构具有阻隔振动装置作用力的功能，可以避免振动装置的作用力以及各个部件的振动传递到称重传感器上。

④ 测量装置可以测量载荷、位移、频率、温度等所有的试验参数。称重传感器的刚度应大于 1μm/满量程，若刚度达不到要求则应采用适当的方法对传感器的变形加以补偿。

⑤ 根据试样的变形方法的不同以及试验设备的差异,试样夹具或试样固定装置的结构也不一致，但在任何试验条件下，试样夹具或试样固定装置都必须在试样不打滑的情况下将振动传递给试样。

⑥ 试验室标准温度以外的试验必须在恒温箱内进行,恒温箱能够使试样保持试验所需的温度。

⑦ 控制系统可以对频率、恒温箱的温度、试验载荷或产生变形的负载进行控制。

⑧ 数据处理系统能够将各个测量传感器的输出信号接受下来，并进行数据处理、计算和分析。

5.2.5 试样与试验条件

试样的形状和尺寸根据振动、变形方法以及试验载荷的大小而异,采用非共振强迫振动法的小型试验设备的试样和试验条件如表 5-5 所示,采用非共振强迫振动法的大型试验设备的试样和试验条件如表 5-6 所示。自由振动法试样厚度为 1～3mm、宽 4～12mm（宽度与厚度之比不得超过 10），夹持器的间距不小于宽度的 10 倍,但不能超过 120mm。试样为矩形的长条。试样厚度、宽度以及夹持器间距的测量误差应小于±1%。自由振动的最大应变振幅 0.5%，频率 0.1～10Hz。

表 5-5 非共振强迫振动法小型试验设备的试样和试验条件

项目	变形方式				备注
	拉伸	弯曲	压缩	剪切	
试样应变类型 ↑和↓：静应变 ↑↓：动态应变					弯曲变形法通常用于橡胶-纤维复合材料等硬度比较高且难以弯曲的材料

项目		变形方式				备注
		拉伸	弯曲	压缩	剪切	
试样的形状和尺寸		矩形条 l b　h 夹持器间距为宽度 (b) 的 2.5～5 倍 $h=23$mm $b=4$～12mm 夹持器间距为 20～60mm	矩形条 l b　h 弯曲支点间距推荐为厚度 (h) 的 16 倍 $h=1$～3mm $b=4$～12mm	圆柱 h ϕd $h:d\approx1:15$ $h=1$～5mm	圆柱 h ϕd $d\geqslant4h$ $h\leqslant12$mm 棱柱 h ϕb $b\geqslant4h$ $h\leqslant12$mm	拉伸和弯曲变形法需要测量试样的厚度、宽度和夹持器的间距以及弯曲支点间的距离，压缩和剪切变形法需要测量试样的厚度和直径。各种尺寸的测量最大允许误差为±1%
试验条件	平均应变/%	1～10	0	1～10	0	给定的条件取决于试验设备参数影响，测量装置最大允许误差为±1%
	应变振幅/%	±0.5，±1，±2 采用应变扫描曲线来分析应变的特性				
	频率/Hz	1，5，10，15，30，50，100，150，200 采用频率扫描曲线来分析频率的特性				频率的最大允许误差为±2%
	试验温度/℃	根据 ISO 23529 的规定选择 在动态性能变化较大的玻璃化温度附近，应多选择几个温度测量点进行试验，也可以进行连续的温度扫描，建议扫描速度为 1℃/min				温度传感器最大允许误差为±1℃
试验结果的必要项		$\lvert M^*\rvert$，M'，M''，$\tan\delta$				温度、应变和频率用扫描曲线显示

表 5-6　非共振强迫振动法大型试验设备的试样和试验条件

项目	变形方式			备注
	拉伸	压缩	剪切	
试样应变类型 ↑和↓：静应变 ↑↓：动态应变				对于大型试验设备，剪切变形法与拉伸和压缩法相比应力与应变的关系基本呈直线，力学滞后环近似于圆形，因此推荐使用该方法。为消除弯曲作用的影响，通常将两个试样组合使用。也可以使用扭转剪切法

项目		变形方式			备注
		拉伸	压缩	剪切	
试样的形状和尺寸		与金属组合的圆柱 $h:d\approx1:1.5$	与金属组合的圆柱 $h:d\approx1:1.5$ 圆柱（单位 mm） 12.5 ± 0.5 $\phi29\pm0.5$	与金属组合的圆柱 ϕd $d\geqslant4h$ $h\leqslant12mm$ 与金属组合的棱柱 ϕb $b\geqslant4h$ $h\leqslant12mm$	试样的厚度以及直径或宽度的测量误差在±1%以内。试样的形状和尺寸根据试验设备采用的变形方式以及量程而异，应满足左面图中标注的条件 与金属组合而成的试样，必须使用适当的胶黏剂使橡胶与金属黏合牢固 压缩方法采用 ISO 7743 的规定
试验条件	平均应变/%	5~20	10	0	测量装置的最大允许误差为±1%
	应力振幅/%	±0.27~±10	±2，±5	±1，±3，±6，±10，±15	试样产生的平均应变和应变振幅需要用符合左面的格中所列条件求出的平均位移和位移振幅来实现 采用应变扫描曲线来分析应变的特性
	频率/Hz	1，5，10，15，30，50，100，150，200 采用频率扫描曲线来分析频率的特性			频率的最大允许误差为±2%
	试验温度/℃	根据 JIS K 6250 第 11.2 条（试验温度和试验湿度）的规定选择			温度传感器的最大允许误差为±1℃
试验结果的必要项		$\lvert M^*\rvert$，M'，M''，$\tan\delta$			试验结果也可以用弹簧常数和损耗系数$\lvert K^*\rvert$，K'，K''，L_f代替模量和损耗角正切

关于非共振强迫振动的试样与试验条件，GB/T 9870.1—2006 与 ISO 4644-1:2005 的规定与表述方式一致。但最新版本的 ISO 4664-1:2011 将原有的表述方式做了修改，与 JIS K 6394:2007 一致。表 5-5 和表 5-6 所列的是 ISO 4644-1:2011 给出的表。

5.3 动态性能计算方法

动态性能有以下 3 种计算方法：①采用载荷与位移随时间变化曲线的方法；②采

橡胶物理试验方法
——中日标准比较及应用

056

用载荷-位移的力学滞后环的方法；③用计算机进行数据处理的方法。

方法①可以从记录下来的如图 5-2 所示波形图中求出最大载荷、最大位移、周期和相位差。绝对弹簧常数、损耗角、储能弹簧常数以及损耗弹簧常数可由公式（5-5）～式（5-9）计算。

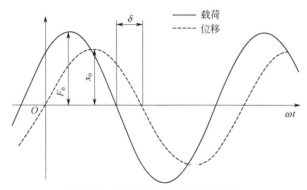

图 5-2 载荷与位移随时间变化曲线

$$|K^*| = \frac{F_0}{x_0} \tag{5-5}$$

$$\delta = 2\pi\left(\frac{\Delta t}{t_c}\right) \tag{5-6}$$

$$K' = |K^*|\cos\delta \tag{5-7}$$

$$K'' = |K^*|\sin\delta \tag{5-8}$$

$$L_f = \frac{K''}{K'} \tag{5-9}$$

式中　t_c——一个波形周期的时间，在波形图中用长度表示；

Δt——损耗角（相位差）的时间，在波形图中用长度表示；

$|K^*|$——绝对弹簧常数，N/m；

K'——储能弹簧常数，N/m；

K''——耗能弹簧常数，N/m；

δ——损耗角，rad；

L_f——损耗系数；

F_0——最大载荷振幅，N；

x_0——最大位移振幅，m。

方法②首先做出曲线的外接长方形 *ABCD*，长方形的两边分别与载荷轴及位移轴平行（如图 5-3 所示）。求出该长方形的面积以及长方形与力学滞后环曲线所围的面积（该面积为相对值），也可用力学滞后环所围的面积代替，用图 5-3 所示的 HH' 与 AB 的比值或 JJ' 与 BC 的比值按照式（5-10）计算损耗角的正弦。绝对弹簧常数、储能弹簧常数、损耗弹簧常数以及损耗系数用式（5-11）～式（5-14）计算。

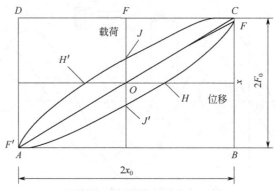

图 5-3　载荷-位移曲线

$$\sin\delta = \frac{2\Delta W}{\pi W} = \frac{\overline{HH'}}{\overline{AB}} = \frac{\overline{JJ'}}{\overline{BC}} \tag{5-10}$$

$$|K^*| = \frac{F_0}{x_0} = \frac{\overline{BC}}{\overline{AB}} \tag{5-11}$$

$$K' = |K^*|\cos\delta = |K^*|\sqrt{1 - \sin^2\delta} \tag{5-12}$$

$$K'' = |K^*|\sin\delta \tag{5-13}$$

$$L_{\mathrm{f}} = \frac{K''}{K'} \tag{5-14}$$

式中　W——长方形 $ABCD$ 面积的二分之一，m^2；

　　　ΔW——载荷-变形曲线所围成的面积，m^2。

　　方法③就是利用计算机把载荷与位移随时间变化的波形、力学滞后环以及将载荷与位移随时间变化的波形进行傅里叶变换来进行数据处理，并依此求出试样的各项动态性能指标。

5.4　动态试验及其理论的应用

　　动态性能试验主要用于对材料的性能进行分析、评价制品的性能以及为设计提供数据等。涉及的理论知识比较多，如振动的微分方程、强迫振动和自由振动的曲线、由于橡胶黏弹性而产生的变形对于载荷的滞后现象以及复数坐标系等。另一方面由于动态性能试验结果受应变、应力、频率、试验温度、试样形状等试验条件的影响，同时还受到试验设备的能力、力学滞后环的线性程度、试样内部的发热大小等因素的制约。因此为了使试验结果有一定的可比性和重复性，就应将上述试验条件及影响因素控制在特定的范围之内。这就要求试验人员必须先确定试验的目的，然后根据目的来确定试验条件和选择试验设备。例如：若以获得设计数据为目的，最好选用变形方式为剪切的试验设备，采用非共振强迫振动法进行试验。而对于分析材料性能的试验，可以采用任意一种变形方式，就没有必要选用大负载的试验设备，但试验设备应能够自动显示振动频率、试验温度以及应变等试验参数的曲线。

由于以上这两方面的原因，动态试验不仅要有专门的试验设备，还要求试验人员具备一定的关于动态试验的理论知识和丰富的试验室经验，才能根据试验目的制定合理的试验方案和试验条件，选择合适的试验设备，准确地进行试验并且在试验后对试验结果进行分析，得出正确的结论。所以目前国内大概还仅限于某些大学和研究院所以及一些大型企业的试验室才能够对硫化橡胶进行动态试验，进行这方面的研究。

在橡胶制品的实际使用中有许多受到动载荷的作用而产生动态应变的例子，如输送带在运行过程中，每次经过辊筒时带体弯曲，上、下覆盖胶就要经过一次拉伸或压缩的过程，产生拉伸或压缩变形，离开辊筒时又恢复原来状况。在拉伸应变或压缩应变循环的作用下带体出现破坏并消耗能量。传动带在使用过程中也是如此，带通过带轮时由于弯曲变形，带体在循环应变下产生破坏。

有资料[5]表明，传动带在传递动力中，带通过带轮时由于带体弯曲产生的能量损失，在全部能量损失中占很大一部分，如图5-4所示。

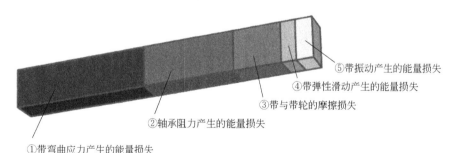

⑤带振动产生的能量损失
④带弹性滑动产生的能量损失
③带与带轮的摩擦损失
②轴承阻力产生的能量损失
①带弯曲应力产生的能量损失

图5-4 传动带的各种能量损失示意图

这种弯曲产生的能量损失是由于动态应力应变产生的，参考文献[6]用橡胶动态试验的理论对平带在传动中弯曲能量损失进行了分析。

假设平带由理想的均质材料构成，带包到带轮上（见图 5-5）后若中性层的弯曲半径为 r，则在距离中性层距离为 z 处带体的应变 ε_z 如公式（5-15）所示。

$$\varepsilon_z = \frac{(r+z)\theta - r\theta}{r\theta} = \frac{z}{r} \tag{5-15}$$

平带产生弯曲变形后，带体内部任意一部分的循环变形都是单方向的，不是循环拉伸变形就是循环压缩变形，而不是从拉伸到压缩的双向循环变形。所以应变循环振幅 ε_0 是带各部分的弯曲应变的二分之一，如图 5-6 所示。并且带轮的半径 R 约等于带中性层半径 r，所以 ε_0 可按公式（5-16）计算。

$$\varepsilon_0 = \frac{\varepsilon_z}{2} = z/2r \approx z/2R \tag{5-16}$$

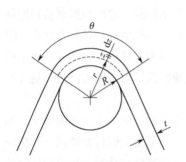

图5-5 平带包到带轮上的状态

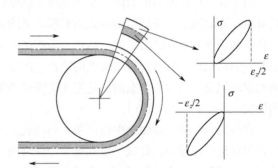

图5-6 平带上某一点的应力-应变曲线

在黏弹性力学中的一般情况下，反复从拉伸到压缩的双向变形过程中，循环应力和应变的变化有如公式（5-17）所示的规律：

$$\varepsilon(\theta) = \varepsilon_0 \sin\theta$$

$$\sigma(\theta) = \sigma_0 \sin(\theta + \delta) \tag{5-17}$$

式中　ε_0——循环应变振幅；

　　　σ_0——循环应力振幅；

　　　δ——由于黏弹性的影响，应力与应变之间的相位差角。

并且根据公式（5-18）和公式（5-19）并通过计算变性能密度，最终可推出平带在一个带轮上的功率损失。详细的推导过程可参阅参考文献[6]。

$$\tan\delta = \frac{E''}{E'} \tag{5-18}$$

式中　E'——储能弹性模量；

　　　E''——损耗弹性模量。

根据 E' 和 E'' 的定义，有

$$E' = (\sigma_0 / \varepsilon_0)\cos\delta$$

$$E'' = (\sigma_0 / \varepsilon_0)\sin\delta \qquad (5\text{-}19)$$

5.5 国标与日本标准的主要差别

尽管 GB/T 9870.1—2006 和 JIS K 6394:2007 都是采用同一版本的国际标准，但两者还是具有一定的差别，主要有以下几处：

① 国际标准和国标在第 5.5.2 条"自由振动方式"中未列出计算对数衰减率 $\varLambda$ 的计算公式（5-20）和自由振动的波形图（见图 5-7）。

$$\varLambda = \ln\left(\frac{x_n}{x_{n+1}}\right) \qquad (5\text{-}20)$$

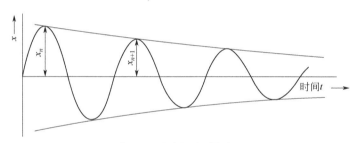

图 5-7 自由振动时的波形

日本标准补充了该公式并向国际标准化组织提出了修改意见。ISO 4664:2011 中增加了该公式以及自由振动的波形图。

② JIS K 6394:2007 第 5 章"试验设备"中明确说明："图 4 和图 5 所示的是采用非共振强迫振动方法的大型试验设备和小型试验设备的实例。采用自由振动方法试验设备的基本组成部分详见 ISO 4663 的规定"。但国标中并未说明这一点，而且"小型试验设备示例"的图也与日本标准不同，如图 5-8 和图 5-9 所示。

③ 日本标准在"试验条件"中分别规定了强迫振动法和自由振动法各自的试验条件和试样。为说明"非共振强迫振动法的试样和试验条件"，用图表的形式规定了非共振强迫振动法中所用的大型试验机以及小型试验机的试验条件和试样。国标在第 8 章"试验条件与试样"中也同样用图表的方法规定了大型试验机和小型试验机强迫振动法的试验条件和试样，但表述式和内容都与日本标准有所不同。

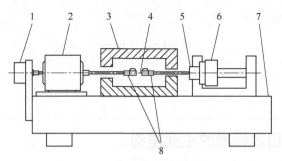

图 5-8　小型设备示意图

1—位移检测器；2—振动器；3—恒温室；4—试样；5—负荷检测器；6—十字头；
7—主体机架；8—试样夹持器

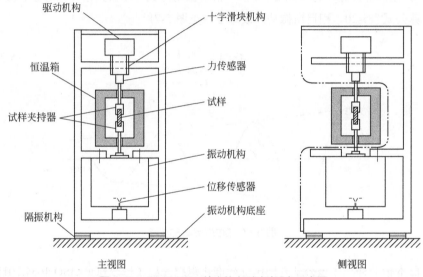

图 5-9　JIS K 6394 给出的小型试验设备示意图

④　由于试验时称重传感器本身要承受全部试验载荷，必然会产生一定的变形，若变形超出一定的范围就会直接影响到试验的精度。所以 JIS K 6394:2006 规定了称重传感器的刚度应大于 1μm/满量程，若刚度达不到要求则应采用适当的方法对传感器的变形加以补偿。国标对此没有规定。

⑤　非共振强迫振动法试验结果的动态性能包括:绝对弹簧常数、储能弹簧常数、损耗弹簧常数以及与其所对应的模量、损耗系数、损耗角正切。这些都是与频率、振幅和温度有关的试验参数，采用图和表的方式比较方便。国标和日本标准都说明了动态性能测试结果是从如图 5-10 所示的力学滞后环导出的。该图是对剪切试样进行动态试验所得到的载荷-位移曲线。如果施加了静态位移后载荷轴与位移轴的交叉

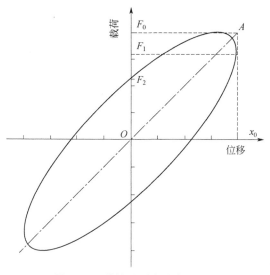

图 5-10　载荷-位移的力学滞后环

点就不会是零点，因此图中显示的载荷-位移曲线仅有动态位移的成分。在橡胶的试验曲线呈线形时，图中所示的力学滞后环为椭圆，这种情况下绝对剪切模量由式（5-21）计算。

$$|G^*| = \frac{\tau_0}{\gamma_0} = \frac{h}{2A} \times \frac{F_0}{x_0} \qquad (5\text{-}21)$$

式中　F_0——最大载荷振幅，N；

　　　x_0——最大位移振幅，m；

　　　A——试样截面积，m^2；

　　　h——试样厚度，m。

储能剪切模量以及损耗剪切模量分别由式（5-22）和式（5-23）计算，损耗角正切由式（5-24）计算。

$$G' = |G^*|\cos\delta = \frac{h}{2A} \times \frac{F_1}{x_0} \qquad (5\text{-}22)$$

$$G'' = |G^*|\sin\delta = \frac{h}{2A} \times \frac{F_2}{x_0} \qquad (5\text{-}23)$$

$$\tan\delta = \frac{G''}{G'} \qquad (5\text{-}24)$$

损耗角也可用力学滞后环的面积［式（5-25）］计算，这种方法只能得到平均损耗角的值，在曲线非线性且滞后环不是椭圆的情况下仅为近似值。

$$\sin\delta = \frac{椭圆面积}{\pi F_0 x_0} \tag{5-25}$$

JIS K 6394 增加了一部分内容,将式中的 $\left(\dfrac{h}{2A}\right)$ 称为是在剪切变形时的"试样形状项",由于试样是两个一组,剪切面有两个,因此需要将试验结果除以 2。并说明了在其他变形方式的情况下需要将上述式中的试样形状项 $\left(\dfrac{h}{2A}\right)$ 进行更改,为便于计算,还增加了以下其他各种变形方式试样形状项:

变形方式为拉伸 $\dfrac{L}{bh}$

变形方式为弯曲 $\dfrac{L^3}{16bh^3}$

变形方式为压缩 $\dfrac{h}{A}$

式中 A——试样截面积,m^2;

      b——试样宽度,m;

      h——试样厚度,m;

      L——试样有效长度(夹持器间距),m。

第6章 回弹性试验

橡胶是一种具有可逆形变的高弹性材料，回弹性测定是显示橡胶受力变形后可以恢复的弹性变形大小的一种手段。JIS K 6255:2013《硫化橡胶或热塑性橡胶 回弹性的测定方法》是根据用 ISO 4662:2009《硫化橡胶或热塑性橡胶 回弹性的测定》以及 2010 年发布的勘误表做了技术性修改之后而编制的。与此相对应的国标是 GB/T 1681—2009《硫化橡胶回弹性的测定》，等效采用 ISO 4662:1986。目前国际标准的最新版本是 ISO 4662:2017，其中增加了附录 E，对 tripsometer（摆动圆盘式测定仪）冲击速度的计算方法做了说明。由于测试硬度高的试样要保证仪器的刚度和试样的夹持力能够满足较高要求，所以橡胶回弹性试验的标准规定了测定方法适用于硬度值在 30～85IRHD 范围内的硫化橡胶或热塑性橡胶。

6.1 回弹性试验的分类

橡胶的回弹性必须用专用的回弹性测定仪来测定，国际标准和日本标准将测定回弹性的仪器分为摆锤式测定仪和 tripsometer（摆动圆盘式测定仪）两大类，GB/T 1681—2009 只规定了摆锤式测定仪。现将几种橡胶回弹性测定仪简单介绍如下。

（1）摆锤式测定仪

根据摆动结构的不同有卢科摆（Rüpke pendulum）式回弹性测定仪、斯科伯摆（Shob pendulum）式回弹性测定仪和泽比尼摆（Zerbini pendulum）式回弹性测定仪等。

① 卢科摆的摆锤为圆棒，端部为半球面。圆棒用 4 根细线悬挂，依靠重力对试样进行冲击。圆棒质量为 0.35kg，冲击端球面直径为 12.5mm。悬挂线绳长度为 2000mm。如图 6-1 所示。

② 斯科伯摆的摆锤端部为直径 15mm 的球面，摆锤与转轴之间用一根长度 200mm 的联杆连接，组成刚性摆锤（相对于用线绳悬挂的柔性摆锤）。摆锤的尺寸和质量应能保证将摆锤从静止的位置上释放。早期的斯科伯摆式回弹性测定仪试样

的厚度为 6mm，不是标准规定的厚度。后来经过改进，可测试厚度为 12.5mm 的标准试样。斯科伯摆式回弹性测定仪如图 6-2 所示。

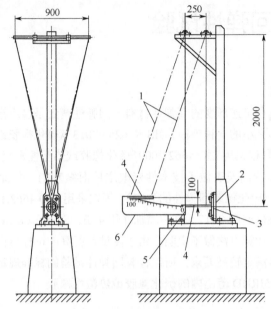

图 6-1　卢科摆式回弹性测定仪（单位：mm）

1—悬挂线；2—试样夹持器；3—试样；4—摆锤；5—指针；6—刻度盘

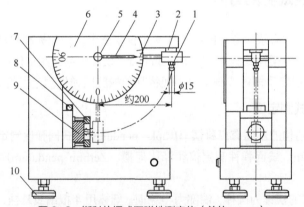

图 6-2　斯科伯摆式回弹性测定仪（单位：mm）

1—摆锤；2—电磁连接块；3—联杆；4—指针；5—转轴；6—刻度盘；
7—试样夹持器；8—水平仪；9—试样；10—可调支脚

③ 泽比尼摆的摆锤是一个球形冲头，与摆杆的末端相连，摆杆在扭转的钢丝的带动下摆动。

所有的摆锤式回弹性测定仪均由摆锤固定装置、试样夹持装置和摆锤反弹高度显示装置组成。为牢固地固定摆锤和试样，固定和夹持装置应坚实并具有一定的重量。为了进行调整和检验，摆锤及其固定装置应设计成可拆卸的结构。标准规定摆锤式回弹性测定仪的技术参数如下：摆锤端部球面直径 12.45～15.05mm、试样厚度（12.5±0.5）mm、冲击的质量 0.25～0.35kg、冲击速度 1.4～2.0m/s、公称变形能密度（mv^2/Dd^2）324～463kJ/m³。并且测定仪均应能使上述参数在规定的范围内进行调整，实际上经过校准的不同种类的测定仪，可以得到基本相同的回弹性。

由于摆锤冲击之前所在位置具有的能量和冲击后反弹到速度为零的位置上具有的能量可分别用冲击前、后摆锤的高度计算，因此摆锤式回弹性测定仪可以用冲击前、后摆锤的高度之比表示回弹性。若摆锤冲击前的降落高度为 H，冲击试样后反弹的高度为 h。则回弹性 $R=\dfrac{h}{H}\times100\%$。

（2）tripsometer（摆动圆盘式测定仪）

国际标准中称为 tripsometer 的回弹性测定仪，JIS K 6255 将其称为摆动圆盘式回弹性测定仪（以下的文中采用日本标准的名称）。该测定仪的摆动装置为一个钢制圆盘。在其外缘上装有端部为球面的冲击块（如图 6-3 所示），由于钢球和冲击块产生一定的非平衡质量，因此将圆盘静止时，冲头总位于最低的位置。用手转动圆盘抬高冲头就会产生一定的势能，放开后圆盘就会迅速回转产生冲击能量对试样进行冲击。试验时先将圆盘转到一定的角度并固定，安装好试样后通过释放装置使其自

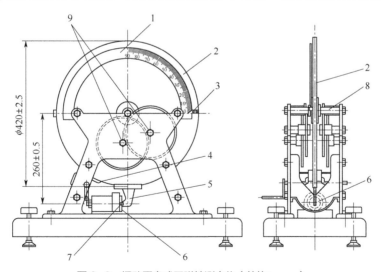

图 6-3 摆动圆盘式回弹性测定仪（单位：mm）

1—刻度盘；2—摆动圆盘；3—指针；4—释放装置；5—冲击块；6—试样夹持器；
7—试样；8—转轴；9—轴承

由回转冲击试样。与摆锤式测定仪不同的是，摆动圆盘式回弹性测定仪是按照摆动圆盘释放前的降落角度和通过刻度盘测得的回弹角度计算回弹性。

为尽量减少摆动阻力，国际标准和日本标准都推荐摆动圆盘采用阻力最小的空气轴承支撑，这种支撑结构有如图 6-4 所示的在圆盘与中心轴之间安装空气轴承的中间支撑方式和把圆盘固定到转轴上，在转轴两端用空气轴承支撑的两端支撑方式。这两种支撑方式的摩擦阻力都非常小，可以得到准确的测定结果。

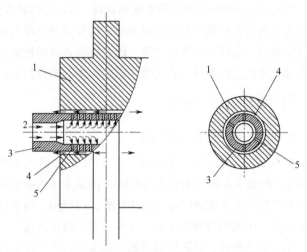

图 6-4 用空气轴承支撑摆动圆盘的结构（中间支撑方式）

1—摆动圆盘（局部）；2—压缩空气；3—摆动圆盘中心轴；4—轴和圆盘之间狭窄的空气层；5—喷嘴

JIS K 6255 和 ISO 4662:2017 都用了大篇幅对摆动圆盘式回弹性测定仪做了详细规定，并且还在附录中对这种仪器的部分结构做了介绍。看来这种回弹性测定仪已经得到广泛应用，但目前国内主要采用的是摆锤式回弹性测定仪，摆动圆盘式回弹性测定仪应用较少，主要原因是 GB/T 1681—2009 没有规定这方面的内容，因此国内也没有厂家生产这种仪器，进口价格十分昂贵。

6.2 回弹性试验仪的调整

回弹性测定仪的摆锤或摆动圆盘以及试样夹持器，在反复冲击各种不同硬度的试样时其冲击位置不得产生任何变化。不得由于整体的刚性不足以及悬垂装置的缺陷而产生有害的振动和无效的冲击。要确认冲头的球面直径是否符合要求，并确认由于冲击在试样表面产生的凹陷深度是否小于球面的高度，冲头的端部最好是一个完整的半球。除此之外摆锤的冲击点必须在完全自由的情况下水平地冲击到试样的中心，不得与试样夹持器的压板有任何接触，因此回弹性测定仪必须经过检验和调整才能使用。不仅要测量摆锤或摆动圆盘的几何形状、质量、尺寸、降落高度（或角度）、摆锤的悬垂高度，验证冲击质量和冲击速度是否在规定范围内，还要检验摆动圆盘静止时是否处于没有任何约束的自由状态。这个静止的位置也就是产生冲击的位置，在这个位置上，指针应处于标尺的零位。

理论上要得到准确的回弹性试验结果最好使摆动阻力为零，但无论哪一种回弹性测定仪，在摆动或旋转时都不可避免地存在摩擦阻力。在对测定仪进行调整时可以通过测定摆锤（或摆动圆盘）的摆动周期和对数衰减率的方法来补偿摆动的摩擦损失，由于测量时需要拆去试样夹持器，所以仪器的试样夹持器一般都设计成可拆卸的结构。测量时使摆锤（或圆盘）摆动，在摆动的同一侧测量摆动周期和振幅的减少量，用公式计算出对数衰减率。分别用满刻度、二分之一满刻度和四分之一满刻度 3 种不同的振幅，每种振幅测量 5 次其摆动周期 T 并计算振幅衰减率 Λ，取平均值 [所谓 1/2 满刻度和 1/4 满刻度是指摆锤（或摆动圆盘）在开始位置时降落高度（或角度）标尺满刻度的 1/2 和 1/4]。

三种振幅对应的摆动周期和振幅衰减率分别为：

满刻度 T_1 Λ_1

1/2 满刻度 T_2 Λ_2

1/4 满刻度 T_4 Λ_4

所有周期 T_1、T_2、T_4 的值均不得超出平均值的 10%，若与平均值的差小于 1% 可忽略不计，对于误差为 1%～10% 的情况，需要对刻度进行适当非线性修正。修正应当以刻度各个点对应的摆锤（或摆动圆盘）的能量为基准。求出周期 T 后就可以计算出冲击速度，验证其是否符合规定的要求。

对数衰减率 Λ 按照公式（6-1）计算：

① 对于摆锤式测定仪：

$$\Lambda = \frac{1}{n}\ln\frac{l_x}{l_{x+n}} = \frac{1}{2n}\ln\frac{R_x}{R_{x+n}} \tag{6-1}$$

式中 Λ——对数衰减率；

        n——振动次数；

  l_x，l_{x+n}——等间距刻度标尺读出的摆动振幅，mm；

R_x，R_{x+n}——直接度数刻度标尺读出的回弹性值，%。

摆锤在两侧衰减不同的情况下，测量两侧的数据并进行计算取平均值。

② 对于摆动圆盘测定仪，对数衰减率用公式（6-2）计算：

$$\Lambda = \frac{1}{n}\ln\frac{\theta_x}{\theta_{x+n}} \tag{6-2}$$

式中 $\varLambda$——对数衰减率；

　　　　n——振动次数；

θ_x，θ_{x+n}——等间距刻度标尺读出的摆动振幅，(°)。

　　摆动圆盘在两侧衰减不同的情况下，测量两侧的数据并进行计算取平均值。

　　对数衰减率 $\varLambda$ 的每一个值与平均值之差不得超过 0.01，$\varLambda$ 的值不得超过 0.03，否则说明摆动阻力太大，仪器不合格。对数衰减率不到 0.01 时可忽略不计，对数衰减率在大于等于 0.01 至小于等于 0.03 的范围内，需要利用标准给出的公式计算出降落高度 H 的修正值 ΔH（或降落角度 φ 的修正值 δ_1），以及回弹高度 h 的修正 Δh 值（或回弹角度 θ 的修正值 δ_2）。

　　对降落高度（或角度）以及回弹高度（或角度）进行修正。两侧衰减不同的情况下，测量两侧的数据并进行计算取平均值。

　　① 对于摆锤式测定仪，降落高度和回弹高度修正值按照公式（6-3）和公式（6-4）计算。

$$\Delta H = H\left(1 - \frac{1}{\mathrm{e}^{2\varLambda_i}}\right) \times \frac{1}{4} \tag{6-3}$$

式中 ΔH——降落高度的修正值，mm；

　　　　H——降落高度，mm；

　　　　$\varLambda_i$——降落高度附近摆动幅度的对数衰减率。

$$\Delta h = h\left(1 - \frac{1}{\mathrm{e}^{2\varLambda_i}}\right) \times \frac{1}{4} \tag{6-4}$$

式中 Δh——回弹高度的修正值，mm；

　　　　h——回弹高度，mm；

　　　　$\varLambda_i$——回弹高度附近摆动幅度的对数衰减率。

　　② 对于旋转圆盘测定仪，降落角度和回弹角度的修正值按照公式（6-5）和公式（6-6）计算。

$$\delta_1 = \varphi\left(1 - \frac{1}{\mathrm{e}^{2\varLambda_i}}\right) \times \frac{1}{4} \tag{6-5}$$

式中 δ_1——降落角度的修正值，(°)；

　　　　$\varLambda_i$——降落角度附近摆动幅度的对数衰减率；

　　　　φ——降落角度，(°)。

$$\delta_2 = \theta\left(1 - \frac{1}{\mathrm{e}^{2\varLambda_i}}\right) \times \frac{1}{4} \tag{6-6}$$

式中 δ_2——回弹角度的修正值，(°)；

  Λ_i——回弹角度附近摆动幅度的对数衰减率；

  θ——回弹角度，(°)。

由于摆动阻力的影响，冲头对试样的冲击力会有所损失，相当于落下高度（或角度）有一定的减小，所以为消除阻力的影响，就需要从规定的降落高度中减去由于摆动阻力而损失的高度（或角度），即修正值 ΔH（或 δ_1）。回弹高度（或角度）则相反，若消除阻力的影响，回弹高度（或角度）则会比实际测出的值要高，为消除阻力的影响，就需要从实际测得的回弹高度（或角度）中加上由于摆动阻力而损失的高度（或角度），即修正值 Δh（或 δ_2）。所以经过修正后的回弹性，对于摆锤式回弹性测定仪按照公式（6-7）计算。

$$R = (h + \Delta h) / (H - \Delta H) \tag{6-7}$$

对于圆盘式回弹性测定仪则按照公式（6-8）计算：

$$R_T = [1 - \cos(\theta + \delta_2)] / [1 - \cos(\varphi - \delta_1)] \tag{6-8}$$

- -

6.3 用摆动圆盘式测定仪测定回弹性的方法

GB/T 1681—2009 中没有用圆盘式测定仪的定回弹性的内容，因此将这种回弹性测定仪做以下介绍。

6.3.1 摆动圆盘式测定仪的结构和技术参数

摆动圆盘式测定仪由摆动圆盘、试样夹持器和回弹高度读取装置等组成，摆动圆盘上装有端部为球面的冲击块。所用的试样有 1 号和 2 号两种。1 号试样为直径（44.6±0.5）mm、厚（7±0.1）mm 的圆柱体。2 号试样为横截面（8±0.5）mm×（8±0.5）mm、厚（4±0.1）mm 的正四棱柱，试样的厚度不同，公称变形能密度也不一致。

为了调试和检验方便，摆动圆盘及其支撑架应设计成可拆卸的结构。测定仪的技术参数如表 6-1 所示。

表 6-1 圆盘式测定仪的技术参数

序号	名称	符号	数值	单位
1	冲击端球面直径	D	4.00±0.04	mm
2	冲击质量	m	60.0±0.2	g
3	冲击速度	v	0.125±0.006	m/s

序号	名称	符号	数值	单位
4	试样 1 厚度	d_1	7.0±0.1	mm
5	试样 1 公称变性能密度 (mv^2/Dd_1^2)	—	3.3～7.2	kJ/m³
6	试样 2 厚度	d_2	4.0±0.1	mm
7	试样 2 公称变性能密度 (mv^2/Dd_2^2)	—	12.6～16.9	kJ/m³

摆动圆盘式回弹性测定仪如图 6-3 所示。摆动圆盘的直径为（420.0±2.5）mm，质量为（16.50±0.05）kg，在其外缘上装有端部为直径（4.00±0.04）mm 钢球的冲击块。钢球和冲击块产生（60.0±0.2）g 的非平衡质量，并以此产生冲击能量。摆动圆盘的中心到冲击钢球中心的距离为（260.0±0.5）mm。摆动圆盘和冲击块整体重心位置的摆动幅度为 90°时，摆动周期必须在（10.0±0.5）s 的范围内，此时摆动圆盘的下落角度为 45°。摆动圆盘摆动时的摩擦阻力应尽量小，应采用轴承支撑。摆动圆盘在释放之前其降落角度必须处于 45°的位置上。圆盘释放装置不得给予摆动圆盘以任何阻力和冲击力。

测定摆动圆盘摆动的刻度盘有两种，一种通过刻度可以直接读出回弹性，另一种是等间距刻度盘。采用等间距刻度盘时，还需要利用圆盘降落角度和通过刻度盘测得的回弹角度通过公式（6-9）计算出回弹性 R_T。

$$R_T = \frac{1-\cos\theta}{1-\cos\varphi} \times 100 \qquad (6\text{-}9)$$

式中　R_T——用圆盘式回弹性测定仪测得的回弹性，%；

　　　θ——回弹角度，（°）；

　　　φ——降落角度，（°）。

6.3.2　试样夹持器

试样夹持器应能保证在试验过程中试样保持固定。两种试样的夹持器不同，图 6-5 所示的是 1 号试样的夹持器，该夹持器通过底盘上的小孔利用真空吸附的方法将试样固定，真空泵应能保持绝对压力不大于 10kPa 的压力。

图 6-6 所示的是 2 号试样的夹持器，图 6-6（a）所示的是利用定位环和真空吸附固定试样的方式。图 6-6（b）所示的是利用弹簧固定试样的方式，弹簧对试样的压力为（2.0±0.1）N。推荐使用底盘上开孔的真空吸附和弹簧加压的组合固定方式。夹持器的位置必须能保证摆动圆盘冲击试样时处于无任何约束状态，并且冲击块上钢球与试样的接触点在试样的中心。此时指针应位于刻度盘的零位。

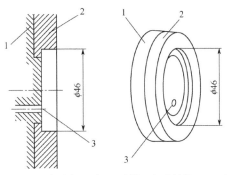

图 6-5 试样夹持器（1 号试样用）（单位：mm）

1—夹持器底盘；2—定位环；3—真空吸附孔

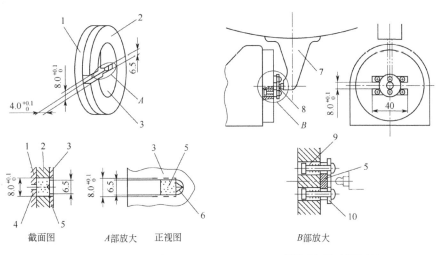

（a）真空吸附固定试样的方法 　　　　（b）弹簧加压固定试样的方法

图 6-6 试样夹持器（2 号试样用）（单位：mm）

1—夹持器底盘；2—定位环；3—压板；4—吸附孔；5—试样；6—试样取出槽；
7—冲击块；8—钢球；9—弹簧；10—试样压板

在非标准试验温度条件下进行试验时，需要将测定仪整体放到恒温箱内进行试验，对测定仪进行调整时，也必须在该试验温度条件下。也可采用图 6-7 所示的方法，用加热或冷却的循环流体使试样夹持器保持恒温，为使试样完全处于所控制的试验温度环境下，夹持器前端开口处还应设置由冷却气体或加热气体构成的气帘。试样夹持器的温度可用热电偶或其他方法在接近试样的位置上测量。

6.3.3　试样及试验方法

试样的数量为 2 个，试样应表面平滑并且两个表面平行，试样可以用模具硫化

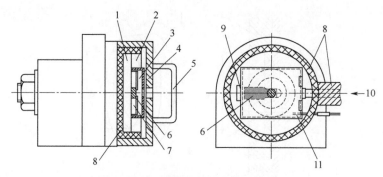

图 6-7 带有温度控制装置的试样夹持器

1—夹持器底盘；2—外层保温空间；3—内层保温空间；4—保温罩；5—保温罩把手；6—试样；
7—试样定位环；8—隔热层；9—内保温罩开关；10—控温加热或冷却气体；11—温度传感器

成胶片后裁切而成，也可从制品上切取后打磨而成，试样中不得有纤维等增强物质。由于 2 号试样比 1 号试样达到温度平衡的时间短，因此多用于温度要求比较严格的试验。试样的尺寸按照标准规定的方法进行测量，保证试样尺寸满足标准规定的要求。两种试样的测定结果不一定相同。试验温度和湿度应符合试验室标准温度和标准湿度的规定，非标准试验温度可在（其他试验温度）规定的温度中选取。对于那些回弹性试验结果受温度影响极大的试样，可在更小的温度间隔内选择适当的温度进行试验。利用具有温度调节装置的试样夹持器进行试验时，装入夹持器的试样温度应在规定的温度范围之内。为此，试样安装之前应按照标准的规定，在试验温度下保持规定时间。将放置在恒温箱中的试样经过预冷和预热时间取出后，应尽快安装到具有温度调节装置并且已经调整到试验温度的夹持器上，由于此时的试样已经过充分预冷和预热，从安装到试验应在 3min 之内进行。在低温试验时必须设法避免试样表面喷霜。

为避免试样受冲击时与摆锤产生黏合，试验前必须在试样表面薄薄地涂一层滑石粉，以消除黏合的影响。

正式试验之前先将预冷或预热后的试样经过 3～7 次的预冲击，直至回弹高度稳定。预冲击后，将试样冲击 3 次，测定每次的回弹高度，读取回弹性值。冲击时摆动圆盘的降落角度为 45°。采用 2 型试样对较软的试样进行试验时，为减少冲击能量也可将降落角度改为 25°，降落角度为 45°与降落角度为 25°的试验结果不同。

试验结果用以下方式表示，对数衰减率 Λ_1、Λ_2 和 Λ_4 的每一个值都不到 0.01，不需要修正，可直接用公式（6-9）计算出回弹性，式中的回弹角度衰减修正值 δ_1 和降落角度衰减修正值 δ_2 均为零。对数衰减率 Λ_1、Λ_2 和 Λ_4 的每一个值都超过 0.01 但不大于 0.03 时，需要对降落角度和回弹角度进行修正，用前面的公式（6-8）计算回弹性。取 3 次冲击结果计算值的中间值，并将两个试样回弹性的平均值圆整至整数后作为回弹性值。

6.3.4 冲头冲击速度的计算

国际标准关于回弹性试验方法标准的最新版本是 ISO 4662:2017，其中增加了附录 E，对摆动圆盘式测定仪的冲头冲击速度的计算方法作了说明。这个计算方法与 JIS K 6255 编制说明中给出的计算方法相同。

圆盘的摆动可视为单摆，根据单摆的摆动周期的计算公式（6-10），计算摆长：

$$T = 2\pi\sqrt{\frac{l_p}{g}}$$

$$l_p = \frac{gT^2}{4\pi^2} \tag{6-10}$$

式中　T——摆动周期，s；

　　　g——重力加速度，m/s^2（g=9.8m/s^2）；

　　　l_p——摆长，m。

根据能量守恒定律，摆锤落下的动能等于下落之前的势能，可以推出摆锤落下时的速度计算公式（6-11）：

$$\frac{1}{2}mv_p^2 = mgH = mgl_p \times (1 - \cos\alpha)$$

$$v_p = 4.43 \times [l_p(1 - \cos\alpha)]^{\frac{1}{2}} \tag{6-11}$$

式中　α——摆动角度，（°）；

　　　v_p——摆锤落下时的速度，m/s。

根据标准规定，当圆盘摆动幅度为 90° 时，摆动周期必须在（10.0±0.5）s 的范围内。

因此 α=45°，T=10s。代入式（6-10）和式（6-11）可以计算出摆的长度为 l_p=24.82m，圆盘落下时的速度 v_p=11.94m/s。

但实际上摆动圆盘测定仪的冲击块并不位于摆的端点，旋转中心到冲击点的距离 l_s 只有 0.26m，所以冲击块的实际速度 $v_s = v_p \times \frac{l_s}{l_p} = 11.94\text{m/s} \times 0.26\text{m}/24.82\text{m} = 0.125\text{m/s}$。

- -

6.4　回弹性试验的精密度

回弹性测定方法的精密度试验是在 2007 年按照 ISO/TR 9272 的规定实施的，

此次评价回弹性测定试验的精密度有 21 个试验室参加，采用两种配方的天然胶（NR）和一种配方加入软化油的丁苯橡胶（SBR1712）制成的试样送到参加试验的各试验室进行试验。试验用的测定仪包括卢科摆式回弹性测定仪、斯科伯摆式回弹性测定仪、滚珠轴承结构的摆动圆盘式回弹性测定仪和空气轴承结构的摆动圆盘式回弹性测定仪，试验方法和试样尺寸如表 6-2 所示。

表 6-2　试验方法和试样的尺寸

试验用的测定仪	试样形状（试样种类）	试样尺寸/mm				试样制备用配方
		厚度	直径	宽度	长度	
卢科摆式	圆柱	12.5±0.5	29±0.5	—	—	配方 A、B、C①
斯科伯摆式	圆柱	12.5±0.5	29±0.5	—	—	
摆动圆盘式（滚珠轴承）	圆盘（1 型试样）	7.0±1.0	44.6±0.5	—	—	
	正方体（2 型试样）	4.0±1.0	—	8.0±0.5	8.0	
摆动圆盘式（空气轴承）②	正方体（2 型试样）	4.0±1.0	—	8.0±0.5	8.0	

① 参照表 6-3，用这 3 种配方分别制作所有尺寸的试样。

② 关于摆动圆盘式回弹性测定仪的摆动圆盘轴承的详细说明，可参照生产厂家的使用说明书。

几种试样胶料的配方如表 6-3 所示。

表 6-3　试样配方和硫化条件

胶料与配合剂	用量/质量份		
	配方 A（NR1）	配方 B（NR2）	配方 C（SBR）
天然橡胶（NR）（RSS3 号）	100	100	—
丁苯橡胶（SBR）（1712）	—	—	137.5
HAF 炭黑（N330）	45.0	60.0	60.0
氧化锌	5.0	5.0	5.0
硬脂酸	2.0	2.0	1.5
软化油（环烷烃油）	5.0	15.0	5.0
防老剂（6PPD）①	1.0	1.0	1.5
防老剂（TMQ）②	1.5	1.5	1.5
促进剂（TBBS）③	0.6	0.6	1.0
硫黄	2.5	2.0	2.0
合计	162.6	187.1	215.0
平板硫化机硫化条件（温度×时间）	150℃×30min	150℃×30min	150℃×65min

① N-(1,3-二甲基丁基)-N'-苯基对苯二胺。

② 2,2,4-三甲基-1,2-氧化喹啉聚合体。

③ N-叔丁基-2-苯并噻唑磺酰胺。

注：表中未注明根据试样厚度调整后的硫化条件。

回弹性测定试验的精密度试验结果如表 6-4 所示。

表 6-4　各种测定仪的回弹性试验的精密度（1 型）

试验方法	配方	平均值	试验室内			试验室间			试验室数量[③]
			S_r	r	（r）/%	S_R	R	（R）/%	
卢科摆（试样）[①]	配方 A	59.56	0.53	1.49	2.50	1.60	4.54	7.62	6
	配方 B	50.75	0.54	1.53	3.01	1.90	5.37	10.57	6
	配方 C	39.75	0.44	1.26	3.17	1.23	3.49	8.77	6
	平均[②]	50.02	0.50	1.42	2.89	1.58	4.46	8.99	6
斯科伯摆（试样）[①]	配方 A	59.18	1.10	3.12	2.57	1.59	4.50	7.60	10→9
	配方 B	50.75	0.69	1.95	3.84	1.80	5.11	10.06	10→9
	配方 C	39.38	0.51	1.44	3.65	1.32	3.75	9.52	10→9
	平均[②]	49.77	0.77	2.17	4.25	1.57	4.45	9.06	9
摆动圆盘1 号试样[①]	配方 A	70.48	0.43	1.22	1.73	1.79	5.08	7.20	2
	配方 B	60.69	0.91	2.58	4.24	2.64	7.48	12.32	2
	配方 C	47.33	0.30	0.85	1.79	0.64	1.80	3.81	2
	平均[②]	59.50	0.55	1.55	2.59	1.69	4.79	7.78	2
摆动圆盘2 号试样[①]	配方 A	63.03	0.57	1.62	2.57	1.68	4.76	7.56	5→4
	配方 B	54.54	1.58	4.47	8.20	1.14	3.21	5.89	5→4
	配方 C	42.85	0.47	1.34	3.14	1.60	4.54	10.58	5→4
	平均[②]	53.48	0.88	2.48	4.64	1.47	4.17	8.01	4

① 参见表 6-2。

② 单纯的平均值，为尽快对试验结果进行比较。

③ 最初的数字是参加试验的试验室数，箭头后的数字是剔除了离群值后的试验室数。

注：r—用回弹性表示的试验室内的重复精密度；（r）—用百分比表示的试验室内的重复精密度（相对值），即相对重复精密度；R—用回弹性表示的试验室间的再现精密度；（R）—用百分比表示的试验室间的再现精密度（相对值），即相对再现精密度；S_r—试验室内标准差（用测定单位）；S_R—试验室间标准差（用测定单位，相对于全部试验室的误差）。

比较表中的数值可以发现，无论用哪一种仪器进行试验，配方 C（SBR）与配方 A（NR1）和配方 B（NR2）相比都有较低的 r 和 R，这说明配方 C 具有较高的重复精密度和再现精密度。此外用摆动圆盘测定仪进行试验，1 号试样与 2 号试样相比，1 号试样有较低的 r 和较高的 R，说明 1 号试样的重现性精密度比 2 号试样高，但再现性精密度要比 2 号试样低。

6.5　国标与日本标准的主要差别

关于回弹性试验方法，GB/T 1681—2009 与 JIS K 6255:2013 相比不同之处有以下几点：

① 日本标准规定了摆锤式和摆动圆盘式两种类型的回弹性测定仪，国标只规定了摆锤式回弹性测定仪。

② 日本标准和国标规定的刻度尺不同，日本标准的标尺有两种，一种可通过刻度直接读取回弹性数值，另一种在水平方向带有等间距刻度（如图 6-8 所示）。水平方向的等间距刻度可读取摆锤的水平移动距离，还要通过换算表或换算公式计算出回弹性数值。摆锤反弹的高度 h 可以用回弹的水平距离 l_x 通过公式 $h = L - \sqrt{L^2 - l_x^2}$ 求出，式中的 L 为摆锤的悬挂长度。

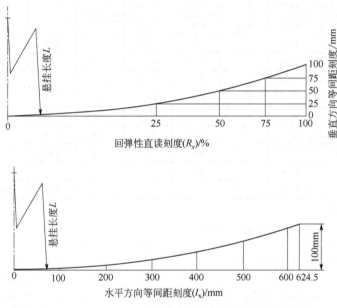

图 6-8 JIS K 6255:2013 规定的卢科摆式回弹性测定仪的两种标尺

国标除了规定直接读取回弹性的标尺和带有均匀刻度的标尺之外，还规定了一种非线性平方标尺（如图 6-9 所示）。国标只规定有高度标尺，回弹高度 h 直接读取而不是通过水平移动的距离换算。由于摆锤水平方向移动距离较大而高度的改变非常小，所以直接读取回弹高度比较困难，不如通过水平移动距离换算准确。

③ 虽然 GB/T 1681—2009 在第 4.2.2.6 条中规定了对数衰减率 $\varLambda$ 不得大于 0.03，$\varLambda$ 小于 0.01 时可以忽略不计，在 0.01～0.03 之间时应提供回弹性的修正值。并且规定"在大多数情况下，可以不进行校正计算，如果需要进行精确分析时，可采用以上计算进行校正"。但没有说明计算的方法。JIS K 6255:2013 则详细规定了对数衰减率 $\varLambda$ 在 0.01～0.03 之间时对回弹性的修正的计算公式和修正方法。

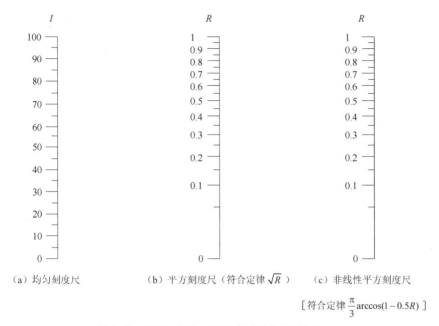

（a）均匀刻度尺　　　（b）平方刻度尺（符合定律$\sqrt{R}$）　　　（c）非线性平方刻度尺

$$\left[符合定律 \frac{\pi}{3}\arccos(1-0.5R) \right]$$

图 6-9　GB/T 1681—2009 规定的 3 种刻度尺

第7章 永久变形试验

橡胶在载荷的作用下形状和尺寸都发生变化，去除载荷以后在一定的时间内变形有所恢复，但总有一部分变形不会得到完全恢复，这部分永远不能恢复的残余变形就称为永久变形。根据载荷的不同，永久变形可分为拉伸永久变形、压缩永久变形和剪切永久变形。永久变形试验一般采用拉伸变形和压缩变形来进行。按照 JIS K 6250 对橡胶物理试验的分类方法，拉伸永久变形试验和压缩永久变形试验是两个不同的试验，虽然这两个试验的差别很大，但橡胶的拉伸永久变形和压缩永久变形的机理是相同的，所以还是将两种试验方法作为同一章的内容，只是分别加以叙述。

7.1 永久变形试验方法的标准

（1）拉伸永久变形

在日本标准中，拉伸永久变形试验方法的标准是 JIS K 6273:2018《硫化橡胶或热塑性橡胶 拉伸永久变形、伸长率和蠕变的测定方法》，修改采用 ISO 2285:2013《硫化橡胶或热塑性橡胶 恒应变拉伸永久变形和恒定拉伸载荷下拉伸永久变形、伸长率和蠕变的测定》。JIS K 6273 规定了硫化橡胶或热塑性橡胶在试验室标准温度和规定的温度环境中，在一定的伸长率条件下拉伸永久变形的测定方法。还规定了硫化橡胶或热塑性橡胶在试验室标准温度环境中，在恒定拉伸载荷条件下的拉伸永久变形、伸长率和蠕变的测定方法。目前国内还没有制定相关的拉伸永久变形试验的国家标准，只有一个化工行业标准 HG/T 3322—2012《硫化橡胶定伸永久变形的测定方法（模量测定器法)》涉及了这方面的内容。HG/T 3322 规定的测定定伸永久变形的原理虽然与 JIS K 6273 相同，但这两个标准在试样、试验条件和试验方法等方面的规定却相差太远，无法进行比较。

（2）压缩永久变形

在国际标准中，压缩永久变形试验方法涉及两个标准：ISO 815-1《硫化橡胶或热塑性橡胶 压缩永久变形的测定 第 1 部分：室温或更高温度》和 ISO 815-2《硫化橡胶或热塑性橡胶　压缩永久变形的测定　第 2 部分：低温条件》。日本标准以这两个国际标准的 2008 年版本为基础，做了技术性修改之后将两个标准合二为一，制定了 JIS K 6262:2013《硫化橡胶或热塑性橡胶　常温、高温和低温条件下压缩永久变形的测定方法》。国标与国际标准一样也将压缩永久变形的试验方法标准分为两个，即 GB/T 7759.1—2015《硫化橡胶或热塑性橡胶　压缩永久变形的测定　第 1 部分：在常温及高温条件下》和 GB/T 7759.2—2014《硫化橡胶或热塑性橡胶　压缩永久变形的测定　第 2 部分：在低温条件下》。这两个标准等同采用了 ISO 815-1:2008 和 ISO 815-2:2008。后来又单独制定了 GB/T 1683—2018《硫化橡胶　恒定形变压缩永久变形的测定方法》。规定了在常温和高温条件下测定压缩永久变形的方法，其中增加了耐介质试验的内容，但试样的尺寸、压缩率以及试验步骤等均与 GB/T 7759.1 不同，因此两者的试验结果没有可比性。目前关于压缩永久变形试验方法国际标准的最新版本是 ISO 815-1:2019 和 ISO 815-2:2019。

7.2　压缩永久变形与拉伸永久变形

橡胶制品在长期的使用过程中不可避免地会发生永久变形，若变形太大就会影响尺寸的稳定性，改变其与其他零部件的配合状态，进而影响使用功能和寿命。通过永久变形试验就可以预测橡胶制品在未来的使用中永久变形的大小。如果永久变形试验结果不符合要求，即可调整配方加以改善，从而提高产品的质量。永久变形不可恢复，实际上是一种塑性变形，所以这种试验的另一个目的就是判断橡胶的硫化状态，硫化不足的情况下，胶料的可塑性大，塑性变形即永久变形就大。橡胶经过硫化变为弹性体后塑性变形减小，自然永久变形也小。但如果胶料过度硫化就会变硬、发脆而失去弹性，产生较大的永久变形。所以胶料如果欠硫或过硫都会使永久变形增大。

永久变形分为拉伸永久变形和压缩永久变形两种，由于大多数橡胶制品在使用过程中都是处于受压状态，所以目前许多橡胶制品如汽车发动机油封和门窗密封条、桥梁的橡胶支座以及铁路钢轨的橡胶枕垫等，都在技术条件中规定了压缩永久变形指标，许多橡胶制品生产企业也把压缩永久变形试验作为常规的物理性能试验来判断胶料的性能。国内拉伸永久变形试验应用较少，一直没有制定相关的国家标准。但是有些橡胶制品在使用过程中的受力比较复杂，并不是仅受压缩，如输送带在通过辊筒产生弯曲时，上覆盖胶受拉伸力作用。还有些制品如胶管，在内部压力作用下，胶管壁所受到的力为拉伸力。对于这类受拉伸力作用的橡胶制品来说，规定拉伸永久变形指标，进行拉伸永久变形试验是十分必要的。

虽然橡胶拉伸永久变形和压缩永久变形的机理相同，但由于压缩永久变形试验和拉伸永久变形试验采用的试验设备、试样和试验方法完全不同，两者之间的相关性还无法确定。据介绍，通过对相同材料的试样进行相同时间的高温以及恢复试验发现，拉伸变形总是小于压缩变形[7]。压缩永久变形和拉伸永久变形是两种不同的性能，是不能相互替代的。从本质上来看拉伸永久变形试验与压缩永久变形试验是两种不同的试验。有资料介绍国外很多企业也将拉伸永久变形作为常规物理性能的测试项目[8]。

7.3　压缩永久变形试验方法简介

GB/T 7759.1、GB/T 7759.2 关于高温、常温和低温条件下的压缩永久变形试验方法的规定与 JIS K 6262 基本相同。

7.3.1　常温和高温条件下的试验

常温和高温试验条件下的压缩永久变形试验是将试样在常温和高温（ISO 23529 规定的试验室标准温度）下压缩后，在常温或高温下保持压缩不变至规定的时间，然后在常温或高温下撤去压缩力，试样恢复自由状态，在规定的时间测量试样的厚度，求出永久变形。

试样的压缩装置由压缩试样的压缩板、使试样产生规定变形的限制器和固定压缩板的紧固器组成。压缩板和限制器用钢材制作，压缩板两个平面应平行、光滑、表面应镀铬或采用不锈钢板磨平，并具有足够的刚性，试样受压缩时其变形量不得大于 0.01mm。限制器一般为圆柱形的金属块，其厚度与试样压缩后的高度相同。硬度不同的试样压缩率也不一致，应根据标准规定的试样厚度和压缩率计算限制器的厚度。紧固器是将试样压缩到规定厚度时紧固压缩板所用的工具，一般用适当规格的螺栓和螺母紧固即可。

压缩试验的试样为圆柱形，有直径为（29.0±0.5）mm、厚度为（12.5±0.5）mm 的大试样和直径为（13.0±0.5）mm、厚度为（6.3±0.5）mm 的小试样。大试样可以得到精度较高的试验结果，一般情况下应采用大试样。大试样一般用模具硫化制作，小试样一般从制品上切取，试样的数量一般为 3 个。两种试样的试验结果不能进行比较。

试验前应将压缩板与试样接触的表面进行清理，然后薄薄地涂一层对试样不产生影响的润滑剂，在试验室标准温度下测量每个试样中心部分的厚度，精确到0.01mm。试样装入压缩装置时不得与限制器和紧固器接触，用紧固器加压使压缩板与限制器紧密接触，并保持紧固状态。常温试验时，将装有试样的压缩装置放在试验室内。高温试验时，试样装入压缩装置后应立即将压缩装置放入预先调整至试验温度的恒温箱内。

高温试验时根据从恒温箱中取出压缩装置和打开压缩装置取出试样的顺序和方式分为 A、B、C 三种方法。

① A 法是将压缩装置从恒温箱内取出，迅速打开压缩装置，将恢复自由状态的试样放到木制的台面上，在试验室标准温度下放置（30±3）min，测量试样的厚度。若无特殊规定应采用 A 法。

② B 法是将压缩装置从恒温箱内取出，放置 30～120min，直至冷却至试验室标准温度，然后打开压缩装置使试样恢复自由状态，再将试样在试验室标准温度下放置（30±3）min，测量试样的厚度。

③ C 法是将压缩装置在恒温箱内打开，恢复自由状态的试样继续在恒温箱内放置（30±3）min 后取出，在试验室标准温度下再放置（30±3）min，测量试样的厚度。试验结束后，将试样沿直径切为两半，若发现内部有气泡或其他缺陷应重新进行试验。

压缩永久变形用公式（7-1）计算。

$$CS = \frac{h_0 - h_1}{h_0 - h_s} \times 100\% \qquad (7\text{-}1)$$

式中　CS——压缩永久变形；

h_0——试样厚度，mm；

h_1——从压缩装置中取出后测量的试样的厚度，mm；

h_s——限制器厚度，mm。

7.3.2　低温条件下的试验

低温条件下的压缩永久变形试验是将试样在常温下压缩后，在低温条件下保持压缩不变至规定时间，然后在与试验温度相同的温度下撤去压缩力，试样恢复自由状态，在规定的时间或经过规定的时间间隔测量试样的厚度，求出永久变形。低温下保持压缩状态后的试验，在其试验温度下进行。通过低温试验可考察试样的耐寒性能，但硫化橡胶或热塑性橡胶受到玻璃化或结晶化的影响，试验结果可能会有所变化。

试样及数量与高温和常温条件下的压缩永久变形试验相同，设备除了压缩装置之外还需要用专门的压缩装置或低温试验用的手动压缩机来压缩试样。

试样装入压缩装置之后，立即连同压缩装置一起放入预先调至试验温度的低温箱中，低温箱应使试样内部在 3h 以内达到试验温度。达到规定的试验时间后，在低温箱中打开压缩装置，使试样恢复自由状态，同时开始测量试样厚度。有两种测量方法，一种是试样恢复自由状态（30±3）min 后进行测量，另一种是试样恢复自由状态后尽快以一定的时间间隔进行测量，测量精度 0.01mm，时间间隔为 10s、30s、1min、3min、10min、30min，最后至 2h。压缩后打开压缩器以及测量试样厚度应在专用的低温箱体内进行，不得直接用手操作。必须通过设在操作孔上的手套或其他方式进行隔离操作，并且这些操作应在试验温度允许的范围之内。试验结束后试样的确认和压缩永久变形的计算与高温和常温条件下的压缩永久变形试验相同。

热塑性橡胶的试样，为消除内部的变形，试验前应在 70℃的恒温箱内放置 30min，进行加热处理。具有结晶性的试样，试验前应在 70℃的恒温箱内放置 45min，进行加热处理，以消除结晶。

7.4 拉伸永久变形试验方法

拉伸永久变形试验可分为定伸长拉伸永久变形试验和恒定载荷拉伸永久变形试验两种。

7.4.1 定伸长拉伸永久变形试验

（1）试样

定伸长拉伸永久变形（tension set at constant elongation）就是试样在规定的时间内产生规定的伸长之后，使其自由收缩。收缩后的长度与伸长之前的长度之差除以伸长后和伸长前的长度之差，用百分比（%）表示。定伸长永久变形试验就是要在试验室标准温度或其他规定的温度下，将试样在拉力作用下拉伸至给定伸长，根据保持一定时间之后测出的试样尺寸变化，求出拉伸永久变形。

定伸长永久变形试验的试样有条状、"I" 字状和环状 3 种。条状试样为厚度（2±0.2）mm 的长条，宽度 2～10mm，推荐宽度为 6mm。试样的长度根据所选择的标线间距和拉伸变形保持器的结构而定。"I" 字状试样用厚度（2±0.2）mm 的胶片裁切而成，其形状和尺寸如图 7-1 所示。宽度较小部分的长度 25～50mm，夹持部分的长度和宽度约 6.5mm。环状试样有大环状试样和小环状试样两种，分别用厚度为（4.0±0.2）mm 和（2.0±0.2）mm 的胶片裁切而成。大环状试样的外径为（52.6±0.2）mm，内径为（44.6±0.2）mm，与拉伸试验的大环状试样相同。小环状试样的外径为（33.5±0.2）mm，内径为（29.5±0.2）mm。

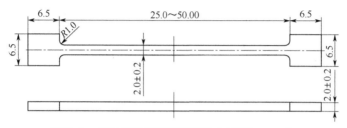

图 7-1 "I"字状试样的形状和尺寸（单位：mm）

试样应沿相同的压延方向裁切，数量不小于 3 个。需要考察压延方向对试验结果的影响时，应按照相互 90°的两个方向（沿着压延方向和与压延方向垂直的方向）裁切，每种方向各取不小于 3 个试样。

试验之前还需要在试样上面画出测定伸长所用的标线，标线应当用对试样无影响、耐各种试验温度的墨水，准确、鲜明地标在试样上。标线间距应根据各种试样的形状按照以下的方法确定，条状试样测定伸长用的标线标在试样的中心，间距 20～50mm。"I"字状试样不用划标线，以狭窄部分的长度为标线间距。狭窄部分的长度为 25～50mm，推荐长度为 50mm，因此标线间距也为 50mm。环状试样以试样的内径为标线间距。也可以采用以下方法：大环状试样用加工有深 3.5mm、宽 20mm沟槽的模板，小环状试样用加工有深 1.75mm、宽 10mm 沟槽的模板，将环状试样沿模板的沟槽拉直并放入模板的沟槽中，环状试样在沟槽中处于被压扁状态。此时可以划上测定伸长用的标线，大环状试样的标线间距为 40mm，小环状试样的标线间距为 25mm。

（2）试验装置与试验条件

试验装置由拉伸变形保持器和恒温箱组成。拉伸变形保持器上面装有试样夹持器，两个试样夹持器一个固定另一个可以移动，1 个拉伸变形保持器应能装有多对试样夹持器，试样装入后可产生规定的伸长并保持不变。为防止过度拉伸试样，保持器上应带有刻度和限位装置。条状试样和"I"字状试样的夹持器应可以自动夹紧，拉伸环状试样时应采用直径约 10mm、厚度为 5mm，并且可以自由转动的拉伸轮。

可选择以下使试样产生变形的伸长率：（15.0±1.5）%、（20.0±2.0）%、（25.0±2.5）%、（50.0±5.0）%、（75.0±7.5）%、（100±10）%、（200±10）%和（300±10）%。

伸长率可由公式（7-2）计算。

$$\lambda = \frac{(L_1 - L_0)}{L_0} \times 100\% \tag{7-2}$$

式中　λ——伸长率；

　　　L_0——试验前的标线间距，mm；

L_1——伸长后的标线间距，mm。

试验温度高于试验室标准温度时应使用恒温箱，可使用符合标准规定的老化箱进行试验。为了使拉伸变形保持器放到恒温箱内能快速达到试验温度，保持器整体的体积和重量应尽量小。高温试验时把拉伸变形保持器装到恒温箱内，应设法使试样两条标线之间的部分与箱内气流的方向垂直。虽然标准规定了各种不同的伸长率，但还是应根据橡胶制品的种类和使用条件选择适当的伸长率，对于硫化橡胶，在试验温度下选择的伸长率一般不大于断裂伸长率的三分之一，若无特殊说明一般选择（100±10）%的伸长率。对于有屈服点的热塑性橡胶，应选择在到达屈服点之前的伸长率进行试验，若无特殊说明一般选择（20.0±2.0）%的伸长率进行试验。

试验温度和湿度应符合试验室标准温度和试验室标准湿度的规定。在其他温度条件下进行试验时，应在（其他试验温度）规定的温度中选择高于室温的温度。若无特殊要求，一般采用（70±1）℃。试验时间可选择 24_{-2}^{0}h、72_{-2}^{0}h 和 168_{-2}^{0}h，若需要更长的试验时间，可按照标准规定的方法选择。一般情况下，试样保持规定的伸长率 30min 后的时间为试验开始时间。

（3）试验方法

开始试验时，先测量试样的标线间距（L_0），在试验室标准温度下测量。测量直线状试样的标线间距和用锥度量规测量环形试样的内径时的测量器具的分度值为0.1mm。然后拉伸试样，在试验室标准温度下将试样安装到拉伸保持器上，拉伸到产生规定伸长率的长度并保持不变。此时应特别注意不得使伸长率超过规定值，安装环状试样时应用手转动拉伸轮使试样拉伸均匀。在环状试样上划测量伸长率的标线时，标线应位于两个拉伸轮的中间部位。

达到规定的伸长率 10～20min 后。测量标线间距（L_1），并确认伸长率是否满足规定。若不在规定的范围之内应将该试样废弃，另取一个试样重新试验。环状试样以内径作为标线间距时，试样拉伸后的长度应根据拉伸轮直径和两个拉伸轮的中心距计算（可参阅 GB/T 528 第 15.2 条 "环状试样" 的内容）。

常温试验时，试样达到规定的伸长率后，将该伸长率在试验室标准温度下保持规定的时间，立即将试样从拉伸保持器中取出，放在木制的台面上，使其自由收缩。放置 30_{0}^{+3}min，测量标线间距（L_2）。测量标线间距 L_0、L_1、L_2 时，测量值应读取至0.1mm。

与压缩永久变形试验相同，高温试验也是根据在规定的温度条件下达到规定的时间后取出试样的方法和时间的不同而分为 A 法、B 法和 C 法 3 种，一般情况下采用 A 法试验。A 法是将拉伸保持器从恒温箱中取出，打开并取出试样，使试样在自由状态和室温下放置 30^{+3}_{0}min 测量标线间距（L_2）。C 法是在恒温箱中打开拉伸保持器，使试样在自由状态和试验温度下放置 30^{+3}_{0}min 后，在室温下再放置 30min 测量标线间距（L_2）。B 法是将试样和拉伸保持器从恒温箱中整体取出，在室温下放置 30min 打开拉伸保持器，取出试样，使试样在自由状态和室温下再放置 30^{+3}_{0}min 测量标线间距（L_2）。三种方法在测量 L_2 时，测量值均应读取至 0.1mm。

定伸长永久变形 E_1 用公式（7-3）计算。

$$E_1 = \frac{(L_2 - L_0)}{(L_1 - L_0)} \times 100\% \tag{7-3}$$

式中　E_1——定伸长永久变形；

　　　L_0——试验前的标线间距，mm；

　　　L_1——伸长后的标线间距，mm；

　　　L_2——试样收缩后的标线间距，mm。

试验结果用 3 个试样计算值的平均值表示，每个试样的计算值与平均值之差不得超出 10%，否则应重新制备不小于 3 个试样再进行试验，取全部试样的中间值作为试验结果。

7.4.2　恒定载荷拉伸永久变形试验

（1）试验原理及试样

恒定载荷拉伸永久变形（tension set at constant load）就是试样在规定的时间内和规定的载荷条件下产生伸长之后，使其自由收缩。收缩后的长度与伸长之前的长度之差除以试样伸长之前的长度，用百分比（%）表示。恒定载荷永久变形试验就是要在试验室标准温度下，通过使试样在恒定载荷作用下经过规定时间之后测出的试样尺寸变化，求出拉伸永久变形。

试验装置包括固定试样一端的固定夹持器和固定试样另一端的可移动夹持器，可移动夹持器上悬挂着为试样施加恒定载荷的重锤（如图 7-2 所示）。也可使用能够为试样施加相同载荷的其他装置。

试验采用狭窄部分为 100mm 的长"I"字状试样，试样的厚度为（2±0.2）mm，形状和尺寸如图 7-3 所示。

试样可用打磨到符合标准规定厚度的胶片裁切而成，应按照相同的压延方向裁切，数量不少于 3 个，需要考察胶料压延方向对试验结果的影响时，应按照相互呈 90°的

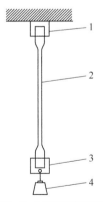

图 7-2　试验装置示意图

1—固定夹持器；2—试样；
3—可移动夹持器；4—重锤

两个方向（沿着压延方向和与压延方向垂直的方向）裁切，每种方向各取不小于 3 个试样。试样上面还要画出标线，标线间距为（90.0±0.5）mm，标线应当用对试样无影响、耐各种试验温度的墨水准确、鲜明地标在试样狭窄部分的中部位置上。

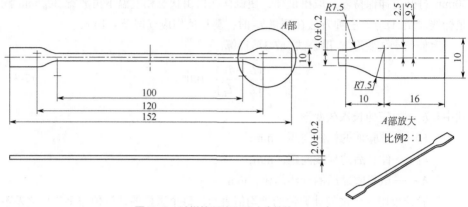

图 7-3 试样的形状和尺寸（单位：mm）

（2）试验方法

恒定载荷永久变形试验只在常温下进行，除了测定拉伸永久变形之外还测定试样的伸长率和蠕变。试验时先在试验室标准温度下测量标线间距（L_0），将试样安装到试验装置上，在可移动夹持器上悬挂为试样施加恒定载荷的重锤。重锤的质量应根据试样在试验之前的截面积确定，使试样受力后产生的应力达到（2.5±0.1）MPa，施加载荷时不得产生任何冲击。若 2.5MPa 的应力过大，也可选择 1.0MPa 的应力。载荷施加到试样之后 30s，测量标线的间距（L_3）。载荷施加到试样之后 60min，测量标线的间距（L_4），然后从试验装置上取下试样，将其放到木制、平整的台面上自由收缩，在试验室标准温度下放置 10min 测量标线间距（L_5），测量标线间距 L_0、L_3、L_4、L_5 时，测量值应读取至 0.1mm。

恒定载荷伸长率 E_2 由公式（7-4）计算。

$$E_2 = \frac{(L_3 - L_0)}{L_0} \times 100\% \tag{7-4}$$

式中　E_2——恒定载荷伸长率；

　　　L_0——试验前的标线间距，mm；

　　　L_3——从施加载荷起，经过了 30s 时的标线间距，mm。

蠕变 E_3 由式（7-5）计算。

$$E_3 = \frac{(L_4 - L_3)}{(L_3 - L_0)} \times 100\% \tag{7-5}$$

式中　E_3——蠕变；

　　　L_0——试验前的标线间距，mm：

　　　L_3——从施加载荷起，经过了 30s 时的标线间距，mm；

　　　L_4——从施加载荷起，经过了 60min 时的标线间距，mm。

恒定载荷拉伸永久变形（E_4）由公式（7-6）计算。

$$E_4 = \frac{(L_5 - L_0)}{L_0} \times 100\% \tag{7-6}$$

式中　E_4——恒定载荷拉伸永久变形；

　　　L_0——试验前的标线间距，mm；

　　　L_5——长度 L_4 测量后，从试验装置上取下试样，试样经过了 10min 收缩时的标线间距，mm。

试验结果用 3 个试样计算值的平均值表示，每个试样的计算值相对于圆整后平均值之差不得超出 10%，否则应重新制备不小于 3 个试样再进行试验，取全部试样的中间值作为试验结果。

7.5　试验装置的校准

表 7-1 列出了包括规定的校准项目和必要条件等校准规划。校准项目和测定值适用于试验设备本身、设备的一部分以及附属设备。表 7-1 未列入的项目，如计时器和测量试验温度的温度计也要按照 ISO 18899 的规定进行校准。

表 7-1　校准规划

校准项目	要求事项	ISO 18899:2004 的章、条序号	校准周期[①]	注意事项
拉伸变形保持器	一个试样夹持器固定，另一个可以移动	—	U	仅确认，不需要测定
试样夹持器	夹持条状试样和"I"字状试样时可自动夹紧	—	U	仅确认，不需要测定
	环状试样采用直径 10mm、宽 5mm 的拉伸轮	1	U	仅确认，不需要测定
恒温箱	应符合标准的规定	—	—	—
长度测量装置	分度值为 0.1mm	15.1 Length-measuring instruments	S（1 次/年）	—

校准项目	要求事项	ISO 18899:2004 的章、条序号	校准周期①	注意事项
宽度测量装置	分度值为 0.1mm	15.1 Length-measuring instruments	S（1 次/年）	—
厚度测量装置	分度值为 0.1mm	15.1 Length-measuring instruments	S（1 次/年）	—
锥形量规	分度值为 0.1mm	15.2 Linear dimensions	S（1 次/年）	测量环状试样 直径用
带有沟槽的模板	沟槽：深 3.5mm、宽 20mm 沟槽：深 1.75mm、宽 10m		U	仅确认，不需要测定 大环状试样用 小环状试样用

① 括号内的校准周期为实际示例。

注：S—ISO 18899 规定的标准校准周期；U—每次试验。

第 **8** 章 撕裂试验

橡胶材料受力后内部产生应力，若在该应力方向上材料本身的强度承受不了这个应力，就会沿这个方向发生撕裂破坏。撕裂是橡胶的主要破坏形式之一，橡胶制品在使用过程中不可避免地会由于偶然的因素被切割出小的裂纹，或由形状导致应力集中而产生微小破坏。随着制品继续使用，这些裂纹或破坏会逐渐扩展，裂纹不断加大最终使整个制品无法使用。但这些裂纹和微小的破坏发展速度的快慢根据橡胶种类的不同并不一致，这是由于不同的胶料抗撕裂性能不同。撕裂试验就是测定橡胶抗撕裂的能力即撕裂强度的一种试验。

撕裂试验即将试样在拉伸试验机上以一定的速度拉伸至完全被撕开，在试验过程中测出撕开试样所需要的力，根据试验方法的要求，用力的最大值或中间值求出撕裂强度。

8.1 **撕裂试验的标准**

撕裂试验涉及两个标准，JIS K 6252-1:2015《硫化橡胶或热塑性橡胶 撕裂强度的测定方法 第 1 部分：裤形、直角形和新月形试样》和 JIS K 6252-2:2015《硫化橡胶或热塑性橡胶 撕裂强度的测定方法 第 2 部分：小试样（德尔夫特试样）》。这两个标准分别修改采用 ISO 34-1:2010 和 ISO 34-2:2011。与此相对应的国标是 GB/T 529—2008《硫化橡胶或热塑性橡胶撕裂强度的测定（裤形、直角形和新月形试样)》和 GB/T 12829—2006《硫化橡胶或热塑性橡胶小试样（德尔夫特试样）撕裂强度的测定》。国标采用国际标准的版本分别是 ISO 34-1:2004 和 ISO 34-2:1996。目前这两个国际标准的最新版本分别是 ISO 34-1:2015 和 ISO 34-2:2015。

通过比较发现，国标与日本标准并无实质性的不同，仅在有些内容方面的编排有小的差别。关于拉伸试验机，日本这两个标准均规定，拉伸试验机的测力系统应具有 JIS K 6272 第 4 章（试验机的等级分类）中规定的 1 级或 1 级以上的精度。国标 GB/T 529—2008 规定："拉力试验机应符合 ISO 5893 的规定，其测力精度达到 B级。"但后面又规定："作用力误差应控制在 2%以内。"而 ISO 5893:2002 对拉力试验机的规定却是"力按照 ISO 7500.1 分为 0.5 级、1 级、2 级和 3 级""伸长和变形按照表 1 分为 A 级、B 级、C 级、D 级和 E 级"。

GB/T 12829—2006 对拉力试验机的规定是"拉力试验机应符合 ISO 5893:1993 的规定""测力精度能达到 ISO 5893:1993 规定的 B 级"。但又在附录 D "力的测量指南"中给出了 ISO 5893:1993 和 ISO 7500-1:2004 关于测力精度的两个表格,这两个表格对于测力精度级别的分类是不同的。鉴于目前 ISO 5893:1993 已经被撤销,替代它的是 ISO 5893:2002,最新版本是 ISO 5893:2019。所以现在应该按照 ISO 5893 的新版本来规定拉力试验机的测力精度。

8.2 撕裂试验的试样

(1)试样的规格种类

日本标准和国标规定的撕裂试验的试样完全相同,有裤形、直角形、新月形和小试样(德尔夫特试样)4 种。裤形试样、新月形试样和小试样带有割口,直角形试样有带割口和不带割口两种。裤形试样的试验称为方法 A、直角形试样的试验称为方法 B,新月形试样的试验称为方法 C。其中 B 法又根据无割口和有割口分为 a 和 b 两种。由于试样的形状以及有、无割口对撕裂强度有很大的影响,所以不同的试验方法之间不能相互比较。

不同的试样,试验时拉伸速度不同,对测量力值的要求也不一致。

裤形试样的拉伸速度为(100±10)mm/min,自动记录下整个拉伸过程中力值的变化曲线。按照 JIS K 6274:2018《橡胶和塑料 撕裂强度和黏合强度测定中的多峰曲线分析》中规定的方法求出力的中间值。该日本标准修改采用 ISO 6133:2015,其中规定了根据不同的试验曲线求出力的中间值的 A 法、B 法、C 法和求出平均值的 D 法、E 法。由于试验曲线形状差别很大,有的可能峰值很多,有的可能很少。应按照试验中实际得到的曲线从标准规定的方法中选择计算方法。与 JIS K 6274 对应的国标 GB/T 12833—2006 等同采用 ISO 6133:1998,目前该国际标准的最新版本是 ISO 6133:2015。

其他试样的拉伸速度均为(500±50)mm/min,试验中仅测定拉伸过程中的最大力值。

撕裂强度(T_s,kN/m)

$$T_s=F/d$$

式中,F 对于裤形试样是按照 JIS K 6274 规定的方法求出的力的中间值,对于直角形和新月形试样则是测出的力的最大值,N;d 为在试样割口附近 3 处测量点测量出的厚度中间值，mm。

小试样（德尔夫特试样）的撕裂强度（F_0，N）：

$$F_0=8×F/b_3×d$$

式中，8 为试样割口部分剩余的名义截面积，4mm×2mm=8mm^2；F 为撕裂试样所需力值，N；b_3 为试样割口两侧的总宽度，mm；d 为试样厚度的实测值，mm。

裤形、直角形和新月形试样数量是 5 个，GB/T 529—2008 规定试验报告中应计算出每组 5 个试样中的中间值、最大值和最小值以及每个试样的试验结果。JIS K 6252-1 规定仅列出每个试样的试验结果即可。

（2）试样的割口

裤形试样的撕裂扩展速度与夹持器拉伸速度有直接关系，对切口长度不敏感，获得的结果更有可能与材料的基本撕裂能力有关，而受定伸应力的影响较小。而且通过对拉伸过程中力值变化曲线的分析，可计算出撕裂能。无割口的直角形由于不需要人工在试样上切口，一定程度上减小了人为的影响。但由于使试样产生裂口的力与使裂口扩展的力是不同的，很明显，带有割口的试样已经带有人工割口，在试验中测出的力是使裂口扩展的力。不带割口的直角形试样将试样裂口的产生和扩展合在一起进行试验。在试验过程中，试样直角部位的应力上升产生裂口，裂口不断扩展。试验只测出试样被撕开整个过程中的最大力，无法分辨这个最大的力是产生裂口的力还是使裂口扩展的力。所以撕裂试验只能测定出试样完全被撕开过程中的最大的力，其实这也足够了，毕竟在裂口已经产生或由于应力集中易产生裂口的情况下，如何使一个小的裂口不至于很快扩展成大的裂口才是测定橡胶抗撕裂强度的最终目的。

试样的割口对撕裂强度有非常大的影响，尤其是对于裤形试样，在割口终点处割口的准确与否十分重要，因此 JIS K 6252-1 规定："在割口终点的 1mm 附近，作为撕裂的起点应采用剃须刀片或十分锋利的刀片进行切割。"对于直角形试样，割口应在试样内侧的直角顶点处，割口长度（1.0±0.2）mm。对于新月形试样，割口应在试样凹面的中央处，割口长度（1.0±0.2）mm。对于德尔夫特试样（小试样），为了使割口位置和尺寸准确，必须用标准规定的专用裁刀，将试样和割口从胶片上一次裁出。由于橡胶的弹性，冲裁后割口两侧会向外凸出（如图 8-1 所示），标准还规定了在有特殊规定的情况下精确测量和计算割口宽度的方法，该方法如下：

用裁刀裁切出一个测量用试样（与试验用的试样相同），用剃须刀片将试样沿割口切断。用读数显微镜观察试样截面，可以看出割口两侧并不是直线，而是如图 8-1 所示，呈弯曲状。

按以下方法测量试样割口处的宽度（割口两侧试样宽度之和）。图中左侧直线 AB 到直线 $A'B'$ 的距离为 b_1，直线 $A'B'$ 在其位置上刚好使围成的面积 $S_1+S_2=S_3$。右侧

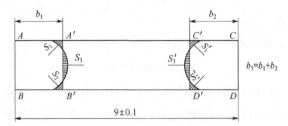

图 8-1　小试样（德尔夫特试样）割口处横截面（单位：mm）

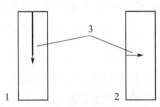

图 8-2　试样裂口扩展的方向

1—裤形试样；2—直角形和新月形
试样；3—裂口扩展的方向

也是一样，直线 CD 到直线 $C'D'$ 的距离为 b_2，直线 $C'D'$ 在其位置上刚好使围成的面积 $S_1'+S_2'=S_3'$。割口两侧宽度之和 $b_3=b_1+b_2$。

此外，由于裤形试样的裂口沿着与试样长度平行的方向扩展，直角形和新月形试样的裂口沿着与试样长度垂直的方向扩展（如图 8-2 所示），而撕裂强度受压延方向的影响，因此必须在试样上注明试样的压延方向。最好在相互呈 90°的两个方向（压延的方向和与压延垂直的方向）上分别进行撕裂强度的测定。

由于割口的重要性，标准对割口器做了严格的规定，割口器的刀刃应锋利无缺陷，直角形试样和新月形试样用的割口器有刀片移动、试样固定和刀片固定、试样移动两种，前者刀片相对试样的位置必须正确，与试样垂直并且不得左右晃动，保证切口位置准确并与试样垂直。后者必须能精确地调整割口的长度。刀片或试样移动的最终固定装置，必须预先用试样进行割口长度的确定，割口长度应用光学投影仪或其他适当的仪器测定，测定时应采用带有照明装置的移动平台，显微镜的放大倍率不小于 10，割口长度的测量装置的测量精度为±0.05mm。

（3）裁刀对试验结果的影响

有资料介绍，用不割口的直角形试样进行撕裂强度的试验时，裁刀对试验结果有较大的影响，直角形试样如图 8-3 所示，按照标准规定，90°的顶点处是没有过渡圆弧的。但在裁刀的制作过程中，顶点过渡部分的过渡半径不可能为零，或多或少都会形成一个小圆弧。由于裁刀在制作过程中的差异，这个小圆弧的半径会有所不同，并且裁刀经过一段时间的使用，由于磨损，这个顶点的过渡部分还会变得更为圆滑。裁刀顶角曲率半径的不同会造成橡胶直角形试样撕裂强度测试数据的不同，使用顶角尖锐的裁刀时测试数据偏小，反之测试数据偏大。不同材料受裁刀的影响程度不同，并且抗撕裂性能好的胶料受裁刀影响较小，抗撕裂性能差的胶料受裁刀的影响大[9]。因此，不同的试验室在进行比对试验时，若试验结果不一致，应注意裁刀 90°顶点处的过渡圆弧是否相同。

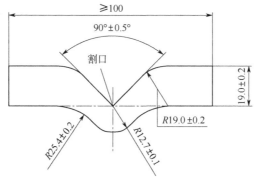

图 8-3 直角形试样（单位：mm）

8.3 撕裂试验的精密度

GB/T 529—2008 和 JIS K 6252-1 均给出了精密度试验的结果。此次试验室间的试验（ITP）是 1987 年实施。将硫化好的试样送到参加 ITP 的各个试验室，用 A、B、C 三种配方进行试验。各个试验室裁切试样，对试样割口测定厚度并进行撕裂强度试验。有 25 个试验室参加了方法 B 和方法 C 的试验，其中 22 个试验室参加了方法 A 的试验。对于全部试样，每间隔 1 周进行两次试验。每种配方用 5 个试样进行撕裂试验，取中间值。参加试验的试验室不进行炼胶和硫化操作。撕裂强度试验的精密度试验结果如表 8-1 所示。

表 8-1 撕裂强度试验的 1 型精密度试验结果

胶料配方	撕裂强度平均值	试验室内		试验室间	
		r/(kN/m)	（r）/%	R/(kN/m)	（R）/%
试验方法 A（裤形试样）					
方向 1（与压延垂直）					
配方 A	3.68	0.91	24.7	1.29	35.0
配方 B	7.67	1.96	25.5	2.36	30.8
配方 C	22.8	8.66	38.0	13.80	60.7
合并值	11.3	5.15	45.6	8.15	72.1
方向 2（与压延平行）					
配方 A	4.81	2.32	48.3	2.61	54.3
配方 B	8.34	2.92	35.0	2.92	35.0
配方 C	27.3	11.60	42.5	13.50	49.6
合并值	13.6	7.10	52.1	8.15	59.8

胶料配方	撕裂强度平均值	试验室内		试验室间	
		r/(kN/m)	(r) /%	R/(kN/m)	(R) /%
试验方法 B（直角形试样）					
无割口					
配方 A	38.1	4.54	12.1	20.2	53.0
配方 B	44.5	7.12	15.9	20.4	45.9
配方 C	98.7	43.3	43.8	47.9	48.6
合并值	60.4	25.8	42.7	31.7	52.5
有割口					
配方 A	13.2	3.90	29.4	4.74	35.7
配方 B	14.7	6.02	40.8	6.02	40.8
配方 C	62.1	29.10	49.6	37.80	60.9
合并值	30.2	17.4	57.6	22.2	73.7
试验方法 C（新月形试样）					
配方 A	29.9	6.84	22.8	31.0	103.7
配方 B	31.1	4.70	15.1	29.4	94.6
配方 C	124.0	29.20	23.5	47.1	38.0
合并值	61.6	17.5	28.4	36.7	59.6

注：r—用测定单位表示的试验室内的重复精密度；

(r)—用百分比表示的试验室内的重复精密度，即相对重复精密度；

R—用测定单位表示的试验室间的再现精密度；

(R)—用百分比表示的试验室间的再现精密度，即相对再现精密度。

(r)和(R)的合并值以及r和R的合并值是全部试样数据汇总后计算出的数值。

由精密度试验结果的数据可看出，无论是哪一种配方的试样，也无论试样的方向与压延方向平行还是垂直，裤形试样的 r 和 R 都明显小于其他试样。因此可以说明裤形试样试验结果的重复性和再现性高于其他试样。也有资料说明：采用裤形试样进行撕裂强度试验，试验结果与材料的基本撕裂性能有较好的相关性[10]。

关于小试样（德尔夫特试样）的精密度，GB/T 12829—2006 和 JIS K 6252-2 也都给出了同样的试验结果，而且 GB/T 12829—2006 还在附录 C 中对试验的精密度进行了分析。

8.4 撕裂试验的应用

由于撕裂强度对于橡胶制品的性能有很大影响，甚至在一定程度上可以决定其使用寿命，所以撕裂试验也是普遍应用的橡胶物理试验，尤其在轮胎行业的应用十分广泛。轮胎表面容易受到尖锐物体的撞击或刺扎，使表面的花纹块产生撕裂，降低轮胎的使用寿命。大型工程机械轮胎在矿山及土石工地使用，使用条件苛刻，胎面更容易被岩石和碎石割伤或刺穿，因此对于这些轮胎来说，胎面胶的撕裂强度是评价其抗切割和抗崩花性能的重要指标之一[11]。

根据资料介绍，由于胎面胶主要使用丁苯橡胶或顺丁橡胶，撕裂强度较低，而胶料的抗撕裂性能是影响轮胎耐久性能的一个重要因素，胶料抗撕裂能力的提高有助于改善轮胎的抗切割性能和抗崩花掉块的能力[12]。轮胎生产企业大都在胎面胶料标准中对撕裂强度有明确的规定。许多工程技术人员也对胎面胶的抗撕裂性能极为重视，在这方面有相当多的研究论文发表。在参考文献[11]中还介绍了对大型工程机械轮胎胎面胶进行撕裂强度试验时采用改进的裤形试样进行试验，并与新月形试样的撕裂强度进行比较，改进的裤形试样厚度为5mm，长125mm，宽50mm，割口长度50mm。并且在割口两侧的夹持部位，试样的两侧还带有一层压延胎圈帆布，帆布采用硫化的方法粘在试样上。这样可有效地防止试样在测试过程中变形。通过对大量的试验数据分析得出，改进型试样的撕裂强度测定数据与实际应用之间有较好的相关性。另外还有资料介绍，荷兰Teijin Twaron公司的技术人员为提高轮胎的耐刺扎和抗崩花掉块性能，按照ISO 34的方法检测硫化胶的撕裂强度（采用新月形试样，1mm割口）。

为提高橡胶的抗撕裂性能，许多橡胶行业工程技术人员对撕裂产生的机理、影响撕裂强度的因素以及提高橡胶抗撕裂性能的方法等都进行了广泛深入的研究。而这一切都需要大量的撕裂强度的试验数据做基础。

第 9 章 屈挠龟裂试验

屈挠龟裂试验实际上包括屈挠龟裂试验和裂口增长试验两个试验，前者是在试样反复进行屈挠时，测量龟裂发生的时间以及龟裂的数量和大小的试验，后者是将预先切有割口的试样在反复进行屈挠试验时，测量以割口为起点的裂口增长速度的试验。

屈挠龟裂试验和裂口增长试验适用于屈挠变形后应力、应变特性变化比较小、软化和硬化小并且不具有较高黏弹性的硫化橡胶。有一些硫化橡胶，在耐屈挠龟裂方面具有比较优越的性能，但在反复屈挠作用下裂口的增长却比较快。因此非常有必要对屈挠龟裂的产生和裂口的增长同时进行试验。对于那些屈服点的伸长率与试验中施加的最大变形相比非常小，或者是这两者比较接近的热塑性橡胶，其耐屈挠龟裂性能可能无法进行评价。

日本关于屈挠龟裂试验方法的标准是 JIS K 6260:2017《硫化橡胶或热塑性橡胶耐屈挠龟裂和裂口增长的测定方法（德墨西亚型）》，该标准修改采用 ISO 132:2011《硫化橡胶或热塑性橡胶 屈挠开裂和裂口扩展的测定》。与此相对应的国标是 GB/T 13934—2006《硫化橡胶或热塑性橡胶 屈挠龟裂和裂口增长的测定(德墨西亚型)》，该标准修改采用 ISO 132: 1999，目前国际标准的最新版本是 ISO 132:2017。

9.1 试验原理

任何材料受到屈挠后都会产生变形，并且在反复屈挠下产生破坏。橡胶具有较大的弹性，受到屈挠后会产生比其他材料大得多的变形。可以说，屈挠变形是轮胎、传动带和输送带、胶鞋、胶管的挠性接头以及空气弹簧等在动态下使用的橡胶制品的主要变形方式。橡胶制品在使用中反复屈挠，出现微观裂口以及裂口扩展最后破坏的过程也是疲劳的过程。

屈挠龟裂试验需要测定出每个试样达到不同龟裂级别所需要的屈挠循环次数，必要时还应测定不发生龟裂的最大屈挠循环次数，并将耐屈挠龟裂性能规定为龟裂达到 3 级时所需要的屈挠循环次数。裂口增长试验需要测定每个试样在不同的屈挠循环次数下裂口增加的长度，试验结果应分别记录裂口增加到某种程度时所需要的屈挠循环次数。这两种试验是根据试样产生裂纹的数量和大小以及裂纹增长了某个尺寸作为失效标准，或者把试样失效时所达到的屈挠循环次数作为试验结果。但这个试验结果与橡胶制品实际使用的疲劳寿命并不一致，实际使用寿命与制品的几何形状、尺寸、受力状况以及使用环境有密切的关系，所以标准的屈挠龟裂试验和裂口增长试验只是提供有价值的比对结果。

有些从事橡胶试验的技术人员将屈挠龟裂试验与拉伸疲劳试验和采用压缩式屈挠计测定橡胶试样内部温度上升和疲劳寿命的疲劳试验统称为"疲劳试验"。但屈挠龟裂试验和裂口增长试验与后两种试验不同，是以裂口增加到一定数量或增长到一定程度作为试验终止条件，而不是将试样一直试验到破坏为止，因此测定出的循环次数并不是试样的疲劳寿命。此外在试验过程中还要观察龟裂的大小和数量，还要测量龟裂的长度，试验结果在一定程度上受到试验人员主观因素的影响。

近年来国外有专家学者提出了一种基于撕裂能理论的橡胶疲劳分析方法，所谓撕裂能就是断裂力学中所说的"应变能释放率"，物体受到外力的作用发生变形并在内部产生应力，应力以能量的形式存在于物体内部，一有机会就会释放出来。如果在应力集中部位和裂纹的端点出现破坏，就会导致应力释放。"应变能释放率"是指变形物体的裂纹每扩展单位面积时所释放的应变能，称为裂纹扩展力，一般用字母 G 表示，很多人也称其为撕裂能或开裂能。将这个理论用于橡胶疲劳分析，就能够解析橡胶的疲劳规律，可预测疲劳寿命以及裂纹的扩展方向。国内也有工程技术人员应用这个撕裂能的理论并通过有限元分析对空气弹簧橡胶支座的疲劳寿命进行评估并提出改进意见，分析结果与试验结果吻合良好，说明了该方法对橡胶制品疲劳寿命分析的有效性[13]。

裂口开裂的快慢也可以用撕裂能的理论解释。任何橡胶材料无论怎样精心制造，都一定会存在大小不同的微小裂纹，这些微裂纹可能来自聚合物或填料的积炭和杂质、未分散的颗粒或填料聚集体、模压过程中的流动痕迹、模具表面的缺陷以及模具污染的残留物等。由于这些缺陷的存在，橡胶在外力作用下变形而在内部产生应力后就会导致应力释放。有试验表明，当撕裂能低于某一临界值 G_0 时，裂口的增长速度为常数。这个低的裂口增长率是环境的化学因素引起的，主要是臭氧。当大气中没有腐蚀性元素时，裂口的增长速度为零。G_0 是橡胶产生机械疲劳的临界值，在不存在化学影响的条件下，橡胶制品在低于这个临界值工作时的寿命，理论上可以是无穷大，大多数橡胶的 G_0 值为 $0.05kJ/m^2$。在高于 G_0 条件下工作，裂口增长速度随着撕裂能的增加而增加，通常为线性关系[14]。

裂口的开裂除了受屈挠的影响之外，还受臭氧影响。臭氧是橡胶材料裂纹增长的一个主要因素，它可以与碳-碳双键迅速反应，使未加防护的橡胶材料在很小的变形或应力下产生大量裂纹[15]。空气中的氧化作用和臭氧的侵袭都会使疲劳龟裂的裂口增长，所以在进行屈挠试验时要严格控制环境的臭氧浓度。

9.2　屈挠龟裂和裂口增长试验方法

（1）试验机

屈挠龟裂试验和裂口增长试验均在德墨西亚屈挠试验机（如图 9-1 所示）上进行，该试验机上的固定夹持器夹住试样一端，夹住试样另一端的夹持器可以沿两个夹持器的中心线作往复运动，运动的距离为 $57^{+0.5}_{0}$mm，两个夹持器之间的最大距离为 75^{+1}_{0}mm，如图 9-2 所示。往复运动由电动机带动偏心轮实现，在试验过程中两个夹持器应始终平行并且在同一平面上。往复屈挠频率为（5.00±0.17）Hz，夹持器夹住试样应保证其在屈挠时不产生其他的变形，每个试样插入夹持器后应能分别进行调整。在非试验室标准温度条件下进行试验时，试样附近的温度应控制在试验温度±2℃之内。因此必要的情况下应使用空气循环装置来进行温度控制。

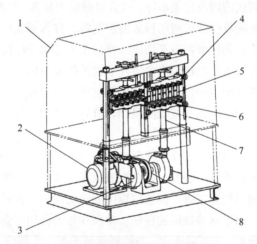

图 9-1　德墨西亚屈挠试验机
1—试验机箱体；2—电动机；3—偏心轮；4—固定夹具；5—试样；
6—移动夹具；7—联杆；8—传动带

（2）试样

屈挠龟裂和裂口增长的试样为长 140～155mm、宽 25mm、厚 6.3mm 的条状，中间沿宽度方向带有 $R=$（2.38±0.03）mm 的沟槽。试样表面应平滑，沟槽及其附近不得有任何缺陷，试样的厚度对试验结果有很大影响，只有沟槽附近厚度在（6.30±0.30）mm 范围内的试样，其试验结果才能相互比较。试样一般用模具硫化制作，

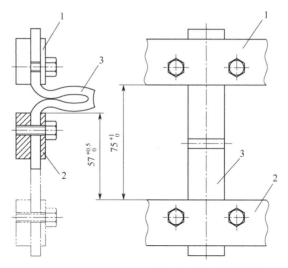

(a) 夹具间距最小时试样的状态　　(b) 夹具间距最大时试样的状态

图 9-2　夹持器和试样夹持后的状态（单位：mm）

1—固定夹持器；2—移动夹持器；3—试样

如果需要也可以从制品上切取。但从制品上按照以上尺寸切取并打磨后的试样没有沟槽只能做裂口增长试验不能进行屈挠龟裂试验。裂口增长试验的试样需要割口，割口时应将试样放在固定的平台上，用专用的割口刀具（见图 9-3）沿与试样表面垂直方向插入试样并拔出，一次性完成。带有沟槽的试样，割口应在沟槽的中央，并且与沟槽的长度方向平行。没有沟槽的试样，割口应在试样的中央，并与试样的宽度方向平行。割口时采用含有适当湿润剂的水润滑刀刃，刀刃应透过试样 2.5～3.0mm。

试样的厚度应按照 ISO 23529:2016 第 9 章或 GB/T 2941—2006 第 7 章"试样的尺寸测量"中规定的 A 法，在沟槽两侧附近表面平滑处测量，测量点不少于 3 个。测量时厚度计测头的加压面不得压在沟槽上。

（3）试验步骤

屈挠龟裂试验和裂口扩展试验的屈挠次数用循环次数表示，试验机的移动夹持器往复运动一个来回循环次数为 1。试验室内的空气中若含有臭氧则会对试验结果产生影响，因此必须保证试验室内的臭氧分压不得超过相当于 1mPa 的浓度（试验室标准温度条件下约为 1pphm），要定期进行臭氧浓度的检测。试验室内不得有荧光灯之类的能产生臭氧的装置，试验机应采用不发生臭氧的电动机驱动。

试样应夹在夹持器的中心，沟槽朝向试验机外侧，并且当两个夹持器处于最大间距时试样刚好被拉直，呈平面状态，不得受到外力作用而产生任何变形。试样受

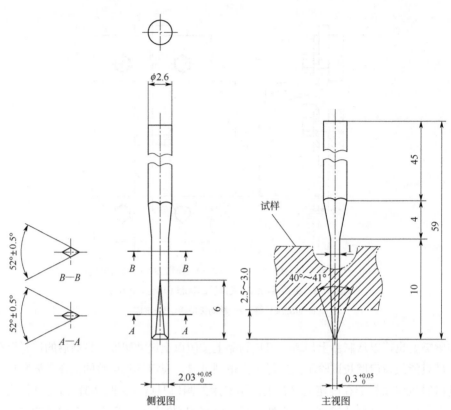

图9-3 割口刀具的形状和尺寸（单位：mm）

屈挠时沟槽两侧部分呈一定的角度，试样之间的距离至少为3mm，试样与夹持器应相互垂直。不同配方的试样在进行对比试验时，应将这些试样安装到同一台试验机上同时进行试验。

　　停机观察试样龟裂状态和测量龟裂长度时，应将两个夹持器的间距调整到65mm。

　　对于屈挠龟裂试验，试验机运转到每个试样都出现最初的龟裂症状时，停机进行测定并记录下此时的屈挠次数。再次开机继续进行试验，以后每隔1h、2h、4h、8h、24h、48h、72h、96h停机进行测定。也可以采用屈挠次数确定测量的间隔，间隔的屈挠次数应依次按照几何级数增长，公比为1.5。

　　对于裂口增长试验，可在试验达到一定的屈挠次数后测定裂口长度。时间间隔可根据试样材料的不同而选择适当的屈挠循环次数。如间隔的屈挠循环次数为1000、3000或5000。

（4）龟裂的级别和裂口的长度

　　对于屈挠龟裂试验，龟裂的等级应根据龟裂的长度和数量按照下列规定的标准进行判定。测定龟裂长度时应区别单独的龟裂和聚集性的龟裂。

1 级：肉眼能看到的"针刺点"状的龟裂数目不大于 10 个。

2 级：满足以下两个条件中的任何一个。

a."针刺点"状的龟裂数目达到 11 个或 11 个以上。

b."针刺点"状龟裂数目少于 10 个，但有一个或多个龟裂点裂口有明显的长度，深度很浅，最长的龟裂不超过 0.5mm。

3 级：一个或多个"针刺点"扩展成明显龟裂，可以看出明显的长度和较小的深度，最长的龟裂超过 0.5mm，但不大于 1.0mm。

4 级：最长的龟裂超过 1.0mm，但不大于 1.5mm。

5 级：最长的龟裂超过 1.5mm，但不大于 3.0mm。

6 级：最长的龟裂超过 3.0mm。

测定出每个试样达到不同龟裂级别所需要的屈挠循环次数，以屈挠循环次数作为横轴，以试样的龟裂级别 1～6 级作为纵轴。在坐标系中将 n 个试样达到不同级别时的屈挠循环次数的中间值所对应的点连接成一条平滑的曲线（见图 9-4），从这条线求出达到每一龟裂级别所需要的屈挠循环次数和达到 3 级龟裂水平所需要的屈挠循环次数。

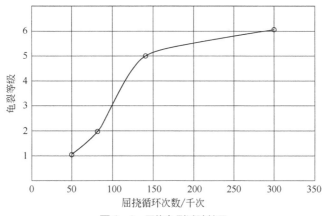

图 9-4 屈挠龟裂试验结果

对于裂口增长试验，测定每个试样在不同的屈挠循环次数下裂口增加的长度。以试样的屈挠循环次数为横轴，以裂口增长的长度为纵轴，在坐标系中将不同屈挠循环次数下的裂口增长的长度（测定值）所对应的点连接成一条平滑的曲线（见图 9-5）。再根据描绘的曲线，分别求出裂口长度从 L 增加到以下几个尺寸所需要的屈挠循环次数。

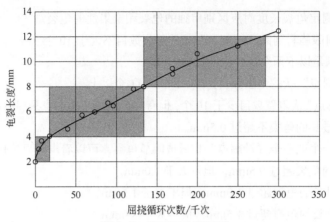

图 9-5 裂口增长试验结果

①从 *L* 增加到 (*L*+2) mm；②超过 (*L*+2) mm 后增加到 (*L*+6) mm；③如有必要也可求出超过 (*L*+6) mm 后增加到 (*L*+10) mm 所需要的屈挠循环次数。

9.3 用列表和绘图表示试验结果

JIS K 6260:2017 的附录 JA 中推荐了用列表和绘图来表示屈挠龟裂试验和裂口增长试验结果的方法。

（1）屈挠龟裂试验的试验结果示例

屈挠龟裂试验时，将按照规定的步骤测定出的数据列入表 9-1，按照表的纵向栏和横向栏分别填入试样序号和屈挠循环次数，并按照规定标明龟裂的级别。

将屈挠循环次数为横轴，以试样的龟裂等级为纵轴建立坐标系，将表 9-1 中的龟裂等级和 *n* 个试样的屈挠循环次数的中间值所对应的点连接成一条平滑的曲线，如图 9-4 所示。从曲线上可得出达到屈挠龟裂试验中所规定的各个龟裂级别所需要的屈挠循环次数。横坐标轴表示的屈挠循环次数也可采用对数坐标，建立半对数坐标系，得到的结果如下：

① 达到龟裂 1 级所需要的屈挠循环次数：50 千次。

② 达到龟裂 2 级所需要的屈挠循环次数：80 千次。

③ 达到龟裂 3 级所需要的屈挠循环次数：100 千次。

④ 达到龟裂 4 级所需要的屈挠循环次数：120 千次。

⑤ 达到龟裂 5 级所需要的屈挠循环次数：140 千次。

⑥ 达到龟裂 6 级所需要的屈挠循环次数：300 千次。

橡胶物理试验方法
——中日标准比较及应用

⑦ 耐屈挠龟裂性能（达到龟裂 3 级所需要的屈挠循环次数）为 100 千次。

表 9-1　屈挠龟裂试验结果

试验开始时间	
试验结束时间	
试验室温度	℃
试验室湿度	%RH

胶料	试样		循环次数/千次						160	180	200	250	300	350	400	450
			0.1	0.2	0.3	0.5	0.7									
1	1	等级														
	2	"														
	3	"														
2	1	"														
	2	"														
	3	"														
3	1	"														
	2	"														
	3	"														
4	1	"														
	2	"														
	3	"														

（2）裂口增长试验的试验结果示例

裂口增长试验时，将按照规定的步骤测定出的数据列入表 9-2，按照表的纵向栏和横向栏分别填入试样序号和屈挠循环次数，并标明测得的裂口长度。

表 9-2　裂口增长试验结果

试验开始时间	
试验结束时间	
试验室温度	℃
试验室湿度	%RH

胶料	试样		循环次数/千次						160	180	200	250	300	350	400	450
			0.1	0.2	0.3	0.5	0.7									
1	1	龟裂长度														
	2	"														
	3	"														
2	1	"														
	2	"														
	3	"														
3	1	"														
	2	"														
	3	"														
4	1	"														
	2	"														
	3	"														

将屈挠循环次数为横轴，以试样的裂口增长的长度为纵轴建立坐标系，将表 9-2 中的裂口长度和 n 个试样的屈挠循环次数的中间值所对应的点连接成一条平滑的曲线，如图 9-5 所示。从曲线上可得出裂口增长达到规定的各种尺寸所需要的屈挠循环次数。横坐标轴表示的屈挠循环次数也可采用对数坐标，建立半对数坐标系。从该图可以看出，龟裂长度从初始值 2mm 增长到 4mm，屈挠次数为 20 千次；从 4mm 增长到 8mm，屈挠次数为 110 千次；从 8mm 增长到 12mm，屈挠次数为 150 千次。

9.4 试验设备的校准

JIS K 6260:2017 相比 GB/T 13934—2006 增加了设备校准的内容，试验设备校准规划如表 9-3 所示。

表 9-3 屈挠龟裂试验设备的校准规划

校准项目	要求事项	ISO 18899:2004 的章、条序号	校准周期[①]	注意事项
带有固定和往复运动夹持器的德墨西亚屈挠试验机	往复运动的夹持器与固定夹持器共面，并且相互平行，两者的中心线重合	—	N	仅确认，不需要测定
试样夹持器	固定和往复运动夹持器应能牢固地夹住试样并可以单独调整	—	U	仅确认，不需要试验
夹持器往复运动的距离	$57_0^{+0.5}$mm	15.2	U	—
两夹持器间的最大距离	75_0^{+1}mm	15.2	U	—
屈挠频率（每分钟的屈挠次数）	5.00Hz±0.17Hz （每分钟 300 次±10 次）	23.3	S (1 次/年)	—
驱动电机的功率	可同时带动 6~12 个试样进行屈挠试验	—	N	仅确认，不需要测定
试验箱温度控制范围	±2℃	18	S (1 次/年)	不是周边而是试样中心附近的温度
割口刀具	如图 9-3 所示	15.2、15.3	S (1 次/年)	—
割口器	割口位置准确，割口刀能穿透试样 2.5~3.0mm（参见图 9-10）	15.2	S (1 次/年)	仅确认，不需要测定

① 括号内的校准周期为实际示例。

注：N—仅做初始验证；S—ISO 18899 规定的标准校准周期；U—每次试验。

橡胶物理试验方法
——中日标准比较及应用

9.5 屈挠龟裂试验和裂口增长试验的精密度

橡胶物理试验的重复性精密度和再现性精密度计算按照 ISO/TR 9272 的规定进行。精密度的概念和术语可参见 ISO/TR 9272。

屈挠龟裂试验和裂口增长试验精密度结果的试验室间试验（ITP）于 2009 年实施，此次试验用 4 种配方的硫化胶片制作的试样 A、B、C、D，送至参加试验的全部试验室。试样的配方如表 9-4 所示。

表 9-4 精密度试验的配方

成分		用量/质量份			
		配方 A	配方 B	配方 C	配方 D
橡胶	S-SBR 5025-1[①]	96.25	96.25	—	—
	BR CB 24[②]	30	30	—	—
	天然橡胶	—	—	100	100
补强剂	HD Silica[③]	80	40	—	—
	炭黑 ECORAX®1990[④]	—	—	52	—
	炭黑 ISAF（N220）	—	—	—	55
填充剂	Silica[⑤]			13	
表面处理剂	TESPT[⑥]	—	—	2	
	X50S[⑦]	12.8	6.4	—	—
交联剂	氧化锌	3	3	3	3
	硬脂酸	2	2	3	3
软化剂	环烷烃油	10	10	—	—
防老剂	6PPD[⑧]	1.5	1.5	1	1
	TMQ[⑨]	—	—	1	1
	石蜡	1	1	1	1
硫化促进剂	DPG[⑩]	2	2	—	—
	CBS[⑪]	1.5	1.5	—	—
	TBzTD[⑫]	0.2	0.2	—	—
	TBBS-80[⑬]	—	—	1.2	1.2
延缓剂	CTP[⑭]	—	—	0.15	0.15
硫化剂	硫黄	1.5	1.5	1.5	1.5
配方合计		241.75	195.35	178.85	166.85

① 加入软化油的高性能溶聚丁苯橡胶，苯乙烯含量 25%，门尼黏度 [ML(1+4)100℃] 为 50，芳香油质量分数 27.27。

② 钕系顺丁橡胶，门尼黏度 [ML(1+4)100℃] 为 44。

③ BET 氮吸附比表面积为 175m²/g。

④ Orion Engineered Carbons 公司生产。

⑤ BET 氮吸附比表面积为 130m²/g。

⑥ 硅烷偶联剂：双(3-三乙氧基硅丙基)二硫化物。

⑦ 炭黑 N330+TESPT，（50∶50）。

⑧ N-(1,3-二甲基丁基)-N'-苯基对苯二胺。

⑨ 2,2,4-三甲基-1,2-二氢化喹啉聚合体。

⑩ 二苯胍。

⑪ N-环乙基-2-苯并噻唑次磺酰胺。

⑫ 二硫化四苄基秋兰姆。

⑬ N-叔丁基-2-苯并噻唑次磺酰胺。

⑭ N-环乙基硫代邻苯二甲酰亚胺。

　　每一种配方的试样，分为带有割口的和不带割口的两种，因此一共要准备 2×3 个试样。每周做两次屈挠龟裂和裂口增长试验。

　　此次试验共有 9 个试验室参加，但其中 3 个试验室有 2 次试验未完成，因此最终只有 6 个试验室的试验结果，并且各个试验室不进行对试验精密度影响较大的混炼及硫化操作。

　　本次试验的评价结果如表 9-5 和表 9-6 所示，表中的符号定义如下：S_r——试验室内标准差（用测定单位表示）；r——试验室内的重复精密度（用测定单位表示）；(r)——试验室内的重复精密度（用百分比表示），即相对重复精密度；S_R——试验室间标准差（用测定单位表示）；R——试验室间的再现精密度（用测定单位表示）；(R)——试验室间的再现精密度（用百分比表示），即相对再现精密度。

表 9-5　屈挠龟裂试验结果的精密度

配方	平均曲挠循环次数/千次	试验室内			试验室间			试验室数量①
		S_r/千次	r/千次	(r)/%	S_R/千次	R/千次	(R)/%	
无割口试样：1 级								
A	28.58	20.04	56.12	196.39	23.77	66.57	232.94	4
B	28.42	3.06	8.58	30.18	21.34	59.75	210.26	3
C	22.88	4.55	12.75	55.72	19.82	55.51	242.61	5
D	29.35	6.52	18.26	62.22	19.36	54.20	184.66	5
A～D 的平均值	—	23.93	86.13		—	59.01	217.62	—
无割口试样：2 级								
A	29.05	2.34	6.56	22.57	15.89	44.50	153.20	3
B	29.05	3.08	8.62	29.68	20.25	56.71	195.21	3
C	84.43	10.82	30.31	35.90	55.92	156.59	185.46	6
D	79.61	6.99	19.58	24.59	37.96	106.28	133.51	5
A～D 的平均值	—	16.27	28.18		—	91.02	166.85	—

配方	平均曲挠循环次数/千次	试验室内			试验室间			试验室数量[①]
		S_r/千次	r/千次	(r)/%	S_R/千次	R/千次	(R)/%	
无割口试样：3级　耐屈挠龟裂性能[②]								
A	34.13	7.37	20.64	60.48	16.03	44.89	131.53	3
B	30.15	3.11	8.72	28.93	18.37	51.44	170.62	3
C	115.52	15.94	44.64	38.64	60.90	170.52	147.61	6
D	133.02	3.57	10.00	7.52	64.31	180.06	135.36	5
A～D 的平均值	—		21.00	33.89		111.73	146.28	
无割口试样：4级								
A	39.47	8.81	24.68	62.53	13.42	37.57	95.20	3
B	31.77	3.55	9.37	29.49	15.64	43.78	137.83	3
C	119.40	17.41	48.74	40.82	45.58	127.62	106.89	5
D	132.38	8.09	22.66	17.12	48.83	136.73	103.28	5
A～D 的平均值	—		26.36	37.49	—	86.43	110.80	
无割口试样：5级								
A	60.06	24.24	67.88	112.02	18.21	50.99	84.14	3
B	35.42	3.06	8.57	24.21	9.46	26.50	74.83	3
C	145.54	20.19	56.52	38.83	42.95	120.72	82.64	5
D	160.40	8.15	22.83	14.23	44.70	125.17	78.03	5
A～D 的平均值	—		38.95	47.32	—	80.73	79.91	—
无割口试样：6级								
A	75.93	27.15	76.01	100.10	52.12	145.93	192.18	4
B	65.42	5.10	14.29	21.84	43.13	120.77	184.62	3
C	224.75	14.74	39.68	17.65	110.11	308.30	137.18	5
D	264.16	11.54	32.31	12.23	109.70	307.17	116.28	6
A～D 的平均值	—		40.57	37.96	—	220.54	157.56	—

① 根据 ISO/TR 9272:2005，参加试验的试验室数量不包括试验结果异常的试验室。

② 用 3 级龟裂所需要的疲劳循环次数作为试样的耐屈挠龟裂性能。

表 9-6　裂口增长试验结果的精密度

配方	平均屈挠循环次数/千次	试验室内			试验室间			试验室数量[①]
		S_r/千次	r/千次	(r)/%	S_R/千次	R/千次	(R)/%	
裂口长度从 2mm 增加到 4mm 所需要的屈挠循环次数								
A	0.26	0.00	0.00	0.00	0.11	0.32	122.79	5
B	0.99	0.22	0.62	62.61	0.28	0.79	80.00	5
C	3.09	0.39	1.09	35.21	0.93	2.61	84.51	5
D	2.98	0.84	2.35	78.95	1.60	4.49	150.67	5
A～D 的平均值	—		1.02	44.19	—	2.05	109.49	—
裂口长度从 4mm 增加到 8mm 所需要的屈挠循环次数								
A	1.31	0.11	0.32	24.37	0.39	1.10	84.01	5
B	3.89	0.73	2.03	52.26	1.09	3.04	78.10	6

配方	平均屈挠循环次数/千次	试验室内			试验室间			试验室数量[①]
		S_r/千次	r/千次	(r)/%	S_R/千次	R/千次	(R)/%	
C	29.73	6.19	17.34	58.32	6.72	18.81	63.27	5
D	30.17	9.55	26.74	88.62	14.79	41.41	137.25	5
A~D 的平均值	—		11.61	55.89		16.09	90.66	—
裂口长度从 8mm 增加到 12mm 所需要的屈挠循环次数								
A	3.95	0.22	0.62	15.69	0.95	2.65	67.14	
B	8.43	1.60	4.49	53.23	2.60	7.29	86.44	6
C	103.59	23.42	65.58	63.31	24.68	69.11	66.71	5
D	107.42	36.87	103.23	96.10	52.53	147.08	136.92	5
A~D 的平均值	—		43.48	57.08		56.53	89.30	—

① 根据 ISO/TR 9272:2005，参加试验的试验室数量不包括试验结果异常的试验室。

9.6 国标与日本标准的主要差别

由于国标与日本标准采用国际标准的版本相差较大，因此 GB/T 13934—2006 与 JIS K 6260:2017 在内容上有一定的差别。

① JIS K 6260 规定的试样只有一种，截面为矩形，GB/T 13934 规定了矩形截面和中间为圆弧形截面两种试样，如图 9-6 和图 9-7 所示。ISO 132 也仅规定了矩形截面的试样，看来矩形截面的试样是国际上通用的，半圆弧截面的试样一般只在国内应用，由于矩形截面试样的模具加工比圆弧截面试样模具简单，精度更容易保证，所以 GB/T 13934 规定："仲裁试验时应首选矩形断面试样。"

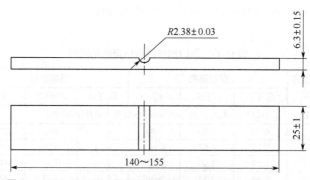

图 9-6 GB/T 13934 规定的矩形截面长条形试样（单位：mm）

② ISO 132 和 JIS K 6260 并没有规定试样的尺寸，而是规定了硫化试样模具的模腔尺寸，如图 9-8 所示。但 GB/T 13932 直接规定了试样的尺寸，试样的厚度是

橡胶物理试验方法
——中日标准比较及应用

（6.3±0.15）mm。还规定只有厚度在公差范围以内的试样之间的结果才是可以比较的，比国际标准和日本标准都要严格。ISO 32 和 JIS K 6260 都仅规定了模腔深度的极限偏差为±0.15mm，JIS K 6260 又规定了沟槽附近厚度极限偏差在±0.3mm 以内的试样才能相互比较，看来是考虑到了硫化操作的因素和橡胶的收缩率。由于硫化时胶片的厚度和均匀性不同，不同配方的胶料收缩率不同，要想使同一副模具保证在各种不同情况下硫化后的试样尺寸在较小的公差范围内是比较困难的。模腔深度的极限偏差为±0.15mm，并不一定能保证所有试样的厚度公差范围在±0.3mm以内。

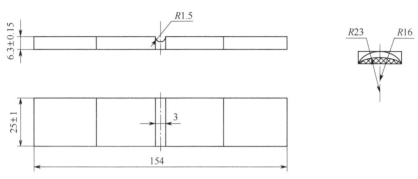

图 9-7 GB/T 13934 规定的中间为半圆弧形截面的长条形试样（单位：mm）

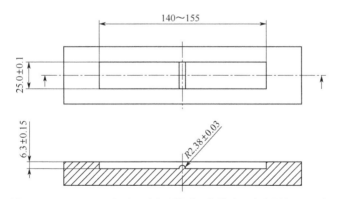

图 9-8 JIS K 6260 规定的硫化试样模具的模腔尺寸（单位：mm）

此外 JIS K 6260 规定了硫化试样模具的模腔宽度为（25.0±0.1）mm，ISO 132 规定为（25±1）mm，如图 9-9 所示，相比之下日本标准更严格一些。

③ 裂口增长试验需要在试样上加工出割口，割口的方向是否准确对试验结果有很大的影响，JIS K 6260 和 GB/T 13934 均规定了割口的刀具，并对割口做了严格规定。但仅有刀具并不能保证割口方向的正确。为此 JIS K 6260 推荐了一种方便实用的割口器，割口刀具放在割口器内，用螺钉紧固，将试样放到割口器的托板上，用

适当的定位装置定位，再将压板压在试样上并定位。操作时用手用力压下压板，割口刀具穿透试样，松手后托板被弹簧顶起，试样脱离刀具，完成割口，如图9-10所示。该图仅为示意图，图中并没有表示出试样和压板的定位装置。

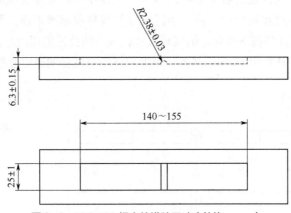

图9-9 ISO 132 规定的模腔尺寸（单位：mm）

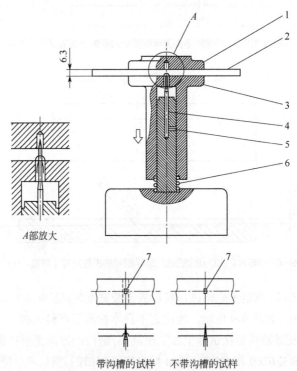

带沟槽的试样　　不带沟槽的试样

图9-10 试样割口器和割口的形状（单位：mm）

1—试样压板；2—试样；3—试样托板；4—割口刀具；5—刀具固定螺栓；6—弹簧；7—试样割口

④ JIS K 6260 和 GB/T 13934 规定试样安装到试验机上后，两个夹持器处于最大间距 75mm 时试样被拉直。停机观察试样时夹持器间距为 65mm。为保证试样正确安装和观察试样时夹持器的间距准确，JIS K 6260 规定了安装试样和停机观察试样用样板，如图 9-11 所示。

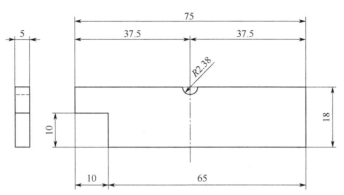

图 9-11 安装试样和停机观测试样用样板（单位：mm）

⑤ JIS K 6260 增加了德墨西亚屈挠试验机的示意图，如图 9-1 所示。并推荐驱动电机的功率应能同时带动 6 个（最好是 12 个）试样进行屈挠试验。为减小试验时产生的振动，试样可如图所示分为两组，当一组试样屈挠程度最大时，另一组试样被拉直。目前国内的德墨西亚屈挠试验机可以一次试验 12 个试样但结构与此不同。

⑥ JIS K 6260 规定屈挠龟裂试验时用游标卡尺沿沟槽长度方向测量龟裂长度，精确到 0.1mm。GB/T 13934 对此无规定。

⑦ 关于屈挠龟裂试验和裂口增长试验的终止条件，GB/T 13934 规定不需要使试样屈挠到完全断裂，但需要屈挠到某个龟裂级别。而 JIS K 6260 规定屈挠龟裂试验是在试样被完全破坏之前终止试验并确定龟裂的等级。还明确规定了裂口增长试验是在裂口长度增加到（L+10）mm 时，在试样完全破坏之前终止试验，其中 L 为割口宽度。

第 **10** 章 磨耗试验

耐磨耗性是橡胶重要的物理性能之一，许多从事橡胶材料和制品的科研技术人员也都在想方设法提高橡胶制品的耐磨耗性能。磨耗试验不仅可以判断橡胶的耐磨性是否合格，也是提高橡胶耐磨性研究的重要手段，因此磨耗试验是在橡胶物理试验中应用较多的试验。

10.1 磨耗试验方法标准

日本标准的磨耗试验方法包括了两个标准，JIS K 6264-1:2005《硫化橡胶或热塑性橡胶 磨耗性能试验 第 1 部分：指南》和 JIS K 6264-2:2005《硫化橡胶或热塑性橡胶 磨耗性能试验 第 2 部分：试验方法》。前者修改采用 ISO 23794:2003《硫化橡胶或热塑性橡胶 磨耗试验指南》，目前该国际标准的最新版本是 ISO 23794:2015。后者修改采用 ISO 4649:2002《硫化橡胶或热塑性橡胶 耐磨耗性能的测定（旋转辊筒试验机法）》，目前该国际标准的最新版本是 ISO 4649:2017。ISO 23794 和 JIS K 6264-1 是综述性的指导标准，其中规定了磨耗试验名词术语的定义、说明了橡胶磨耗的机理、对磨耗的方式进行了分类并列举了目前所采用的主要的磨耗试验的类型和试验装置，对于合理地选择磨耗试验的方式，正确地使用摩擦材料进行试验具有指导性意义。JIS K 6264-2 则是试验方法的标准，其中除了按照 ISO 4649:2002 规定了磨耗试验之一的旋转辊筒试验机法（DIN 法）之外，还规定了格拉西里（Grasselli）磨耗试验、阿克隆（Akron）磨耗试验、改良的兰伯恩（Improved Lambourne）磨耗试验、皮克（Pico）磨耗试验和泰伯（Taber）磨耗试验 5 种磨耗试验方法。

磨耗试验的国家标准有以下 5 个：

① GB/T 25262—2010《硫化橡胶或热塑性橡胶 磨耗试验指南》，等同采用 ISO 23794:2003。

② GB/T 9867—2008《硫化橡胶或热塑性橡胶耐磨性能的测定（旋转辊筒式磨耗机法）》，等同采用 ISO 4649:2002。但该标准与 ISO 4649:2002 相同，只规定了用

旋转辊筒试验机测定磨耗性能的 DIN 法。

③ GB/T 1689—2014《硫化橡胶　耐磨性能的测定（用阿克隆磨耗试验机)》。

④ GB/T 30314—2021《橡胶或塑料涂覆织物　耐磨耗的测定　泰伯法》，等同采用 ISO 5470-1:2016《橡胶或塑料涂层织物耐磨耗性能的测定　第 1 部分:泰伯法》。该版本为最新版本。

⑤ GB/T 19089—2012《橡胶或塑料涂覆织物　耐磨性的测定 马丁代尔法》，等同采用 ISO 5470-2:2003《橡胶或塑料涂层织物耐磨耗性能的测定　第 2 部分: 马丁代尔法》。目前该国际标准的最新版本是 ISO 5470-2:2021。

对于格拉西里磨耗试验，制定了化工行业标准 HG/T 3836—2008《硫化橡胶　滑动磨耗试验方法》，该标准替代 GB/T 11208—1989《硫化橡胶滑动磨耗的测定》。关于 JIS K 6264-2:2005 中规定的改良的兰伯恩磨耗试验和皮克磨耗试验，前者目前已经有 ISO 23337:2016《硫化橡胶或热可塑橡胶　用改良的兰伯恩试验机测定耐磨耗性》，我国正在起草相关的国家标准。后者还没有国际标准，但该试验方法已经被正式列为 ASTM D 2228。

10.2　磨耗试验术语与耐磨性表示方法

GB/T 25262 按照 GB/T 9881《橡胶　术语》（修改采用 ISO 1382:2008）规定了磨耗、耐磨性和磨耗指数 3 个术语的定义以及相对体积磨损量的定义。JIS K 6264-1 采用列表的方式规定了 22 条关于磨耗试验的术语和定义，如表 10-1 所示。

表 10-1　磨耗试验的术语和定义

序号	术语	定义
1	耐磨性 (abrasion resistance)	用体积磨耗率、线磨耗率、比磨耗量、磨耗特性值、耐磨耗指数所表示的橡胶的特性
2	磨耗损失 (abrasion loss)	磨耗量相对于磨耗之前质量的百分比
3	相对体积磨损量 (relative volume loss)	在相同的规定条件下，使标准参照胶试样产生固定质量损失的摩擦材料作用于试验橡胶试样所产生的体积磨耗损失，用 cm^3 表示（用于 DIN 磨耗试验）
4	磨耗特性值 (abradability)	磨耗体积与磨耗所耗用能量（摩擦力与摩擦距离的乘积）之比
5	磨屑 (abrasion dust)	从橡胶摩擦面上磨下来的粉状、粒状及碎片状的橡胶屑，极细的磨屑则称为胶粉
6	磨耗曲线 （wear curve）	对应于磨耗距离、转数或磨耗时间的磨耗量曲线

序号	术语	定义
7	磨蚀磨耗 (abrasive wear)	橡胶表面被硬的尖锐突起切割而引起的磨耗
8	黏附磨耗 (adhesive wear)	橡胶与比较光滑的表面摩擦时，内部产生微小的破坏，转移到另一表面所引起的磨耗
9	疲劳磨耗 (fatigue wear)	橡胶在受到摩擦表面光滑突起的反复作用下，产生疲劳变形而引起的磨耗
10	卷曲磨耗 (wear by roll-formation)	对橡胶表面的摩擦超过了其临界速度和临界压力时所产生的磨耗，比如擦字橡皮的磨屑呈现卷状就是这种磨耗
11	图纹磨耗 (pattern abrasion)	橡胶表面在磨耗过程中出现凸凹图纹的现象
12	油状磨耗 (oily wear)	在低载荷的摩擦中，磨耗面上粘有低分子量橡胶层的现象
13	磨耗图纹 (abrasion pattern)	磨蚀磨耗中，在橡胶表面与滑动方向呈90°角的方向上产生的按大体相同间隔排列的磨损凸凹图纹
14	磨料 (abrasives)	制作砂轮、砂布、砂纸的材料，其材质、粒度都有所规定，JIS R 6111中对人造磨料做了规定
15	摩擦材料 (abradants)	砂轮、砂布、砂纸、金属刀、金属板、碎石等对硫化橡胶进行磨耗的工具，磨料也可以直接作为摩擦材料使用
16	砂轮 (abrasive wheels)	圆盘状的磨轮，JIS R 6210、JIS R 6212对砂轮作了规定
17	砂布 (abrasive cloths)	以布为基材，将磨料用胶黏剂均匀地固定在布的表面
18	砂纸 (abrasive papers)	以纸为基材，将磨料用胶黏剂均匀地固定在纸的表面
19	撒粉 (dusting powder)	磨耗试验中将粉剂（从上方）撒在磨耗面上，可以有效地防止磨屑黏附于摩擦材料上（滑石粉、黏土粉）
20	滑动率 (slip ratio)	试样表面与磨具表面线速度之差与磨具表面线速度的百分比
21	标准参照胶（标准试样） (standard material)	确定摩擦材料研磨能力的橡胶（标准试样）
22	相对标准参照胶（基准试样） (reference material)	将试样的试验结果与其进行比较的橡胶（基准试样）

注：标准参照胶和相对标准参照胶在国标中统称为参比橡胶。

橡胶材料的耐磨耗性可用体积磨耗率、线磨耗率、比磨耗量、磨耗特性值和耐磨耗指数表示。与这些表示方法有关的因素及其之间大致的函数关系如公式（10-1）～式（10-5）所示。

（1）体积磨耗率（volumeric wear rate）

$$K_V \propto \frac{V}{L} \tag{10-1}$$

式中　K_V——体积磨耗率；

V——体积磨耗量；

L——摩擦距离。

（2）线磨耗率（linear wear rate）

$$K_L \propto \frac{h}{L} \tag{10-2}$$

式中　K_L——线磨耗率；

h——磨耗尺寸；

L——摩擦距离。

（3）比磨耗量（specific wear rate）

$$K \propto \frac{V}{L \times F} = \frac{K_V}{F} \tag{10-3}$$

式中　K——比磨耗量；

V——体积磨耗量；

L——摩擦距离；

F——载荷（附加力）；

K_V——体积磨耗率。

（4）磨耗特性值（abradability）

$$\gamma \propto \frac{V}{L \times F \times \mu} = \frac{K}{\mu} \tag{10-4}$$

式中　γ——磨耗特性值；

V——体积磨耗量；

L——摩擦距离；

F——载荷（附加力）；

μ——摩擦系数；

K——比磨耗量。

（5）耐磨耗指数（wear index）

$$I \propto \frac{V_r}{V_t} \times 100 \tag{10-5}$$

式中　I——耐磨耗指数；

　　　V_t——试验胶的体积磨耗量；

　　　V_r——参比橡胶的体积磨耗量。

10.3　磨耗种类

　　根据磨耗的机理不同，磨耗可分为磨蚀磨耗、黏附磨耗、疲劳磨耗和卷曲磨耗。但在实际使用中磨耗通常是几种机理并存而产生的，磨耗的结果根据接触应力、摩擦速度、温度以及磨具状态的不同而异，所以在研究制品实际的磨耗性能时应对此加以注意。

　　磨蚀磨耗是硬的尖锐突起以很大的摩擦力切割橡胶表面所引起的磨耗，磨蚀磨耗的体积磨耗量与载荷 F、磨料突起的圆锥角 θ 的正切以及摩擦距离 L 成正比，与橡胶试样的硬度 H 成反比。但采用砂纸等摩擦材料时，只是在摩擦路径不重复的情况下体积磨耗量才与载荷以及摩擦距离成正比。如果摩擦在同一路径上反复进行，磨屑则会黏附在砂纸等摩擦材料上使磨耗量降低，橡胶的磨耗试验研究发现，磨耗量受橡胶试样的硬度以及其他的力学性能影响，试验结果显示，橡胶断裂时应力和伸长的乘积与磨耗量成反比。

　　黏附磨耗是橡胶与比较光滑的摩擦材料摩擦时由于内部发生微小的破坏，转移到摩擦材料表面而产生的磨耗。黏附磨耗的速度要比磨蚀磨耗小得多。像天然橡胶那样的分子链比较容易引起断裂的橡胶材料，在低载荷条件下容易生成黏稠的低分子量橡胶，移动到摩擦材料的表面上产生黏附磨耗。磨屑脱离试样向摩擦材料表面移动，要等增大到一定程度后才能排出。此外，黏附磨耗由于反复摩擦导致分子产生断裂，因此在空气中还会受到氧化作用的影响。

　　当摩擦发生于光滑的凸凹表面，例如弹性体在金属丝网上滑动时，试样的摩擦表面反复变形就会产生疲劳磨耗。在这种情况下，疲劳磨耗的体积磨耗量与载荷 F 的 α 次方成正比，α 是由橡胶试样条件确定的常数，一般情况下 $\alpha \geq 1$，所以疲劳磨耗受载荷的影响很大。

　　卷曲磨耗大多产生于具有弹性和延展性、摩擦系数高和强度比较低的材料，用橡皮擦字就是卷曲磨耗日常所见的例子。但是若达不到临界摩擦系数和临界压力时，卷曲磨耗就不会发生。

　　除此之外还有由于化学作用而产生的腐蚀磨耗（corrosive wear）和由于流体粒子作用而产生的侵蚀磨耗（erosive wear）等。

10.4 磨耗试验方法和磨耗试验机

橡胶的磨耗试验有多种试验装置，大部分采用磨蚀磨耗对产品进行评价，同时也被设计用于轮胎胎面胶的磨耗测试。磨耗试验装置主要分为两大类，一种采用硬的、颗粒粗的磨料制成致密的摩擦材料，另一种采用颗粒细的、粉末状松散的摩擦材料。松散的摩擦材料可以加在试样的摩擦表面使用。输送带和罐槽衬里都是受到松散的摩擦材料磨耗的例子，轮胎的磨耗则是这两种摩擦材料综合磨耗的实例。根据橡胶试样与摩擦材料相互摩擦的状态，可将磨耗试验装置分为如图10-1所示的9种。

磨耗试验有这么多种试验方法，以至于为此制定了许多标准，设计制造了各种不同的磨耗试验机。这是其他的橡胶物理试验中所没有的现象，以此足以看出橡胶磨耗试验的复杂性。事实也正是如此，由于磨耗的机理以及方式有许多种，任何一种磨耗都不仅是一种方式在起作用。所以尽管磨耗试验机的种类和形式繁多，但遗憾的是目前还没有一种磨耗试验机能够完全模拟某一种橡胶制品的实际磨耗状态。各种试验结果对于制品实际使用的相关性究竟如何也得不到准确的验证。因此磨耗试验的结果还只能由试验的试样与参比橡胶试样所对应的相对体积磨耗量和磨耗指数来表示。

目前用于磨耗试验的试验方法基本可分为3类：滑动式、滚动式和金属刮刀式[16]。在上述的几种试验方法中，旋转辊筒磨耗试验和格拉西里磨耗试验属于滑动式，兰伯恩磨耗试验和泰伯磨耗试验以及阿克隆磨耗试验均属于滚动式，皮克磨耗试验属于金属刮刀式。以下分别将这几种试验方法以及试验机进行简要介绍。

（1）旋转辊筒（DIN）磨耗试验

这种试验也称为邵坡尔磨耗试验，磨耗试验机由表面包有砂布并能按照规定速度旋转的辊筒、试样夹持器、使试样夹持器沿着辊筒轴线平行方向移动的横向移动装置、将试样以规定的负荷压在砂布上的加压装置、使试样围绕夹持器的中心轴旋转的试样旋转装置和试样抬起装置所构成，此外还应带有清除磨屑的吸尘器和刷子。试验时将试样以规定的负荷压在辊筒上，并且沿辊筒横向做直线运动进行磨耗试验。根据A法或B法的要求，试样本身可不旋转或旋转。该方法有很多优点：试样为直径16mm的圆柱体，厚6mm，体积小制作方便，滑动摩擦试验速度较快，砂布面积大磨损均匀。而且还是所有试验方法中唯一的一种摩擦途径不重复的试验方法，因此发热小，在试验过程中砂布不易堵塞。该试验方法还可以方便地利用标准参照胶试样对砂布的研磨能力进行验证，消除由于砂布新旧程度不同所带来的试验误差。

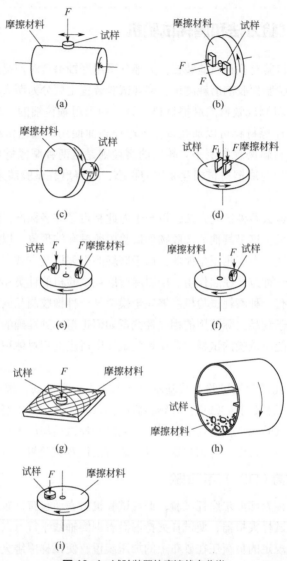

图10-1 试验装置的摩擦状态分类

（a）试样紧贴在一个表面包有砂布的旋转辊筒上；（b）摩擦材料圆盘的平面作用于固定的橡胶试片，摩擦材料圆盘可以旋转；（c）砂轮和圆盘状的橡胶试片在圆周表面上相互接触，砂轮和试样均有驱动装置各自独立旋转也可以两者任意一方有驱动装置带动另一方旋转；（d）金属刀具作用于旋转的圆柱状橡胶试样表面；（e）砂轮圆周与圆盘状的橡胶试样的平面接触，由试样带动砂轮转动；（f）砂轮的平面与橡胶试样的圆周接触，旋转时两者之间有相对滑动；（g）将橡胶试样在固定的平板状摩擦材料上做多方向的往复运动，或将平板状的摩擦材料在固定的橡胶试样上做多方向往复运动；（h）圆柱状的橡胶试样在旋转的空心圆筒中与碎石磨料相互作用；（i）砂轮与圆柱状的橡胶试样的平面相互接触，两者均旋转试验结果由试验的试样与参比橡胶的试样之比的相对体积磨耗量和磨耗指数表示。由于参比橡胶试样有固定的配方，试验室可以自行制作也可以从试验机生产厂家购买，非常方便。因此目前该试验方法是国际标准规定的磨耗试验方法，应用十分广泛。

（2）格拉西里磨耗试验

该试验是将固定在水平杆臂上的两块平板状试样，以规定的载荷压在摩擦材料的垂直面上。两块试样对称地位于摩擦材料中心线的两侧，摩擦材料和试样面对面地进行摩擦。试验机由研磨试样的摩擦材料、安装试样的试样夹持器、与试样夹持器一体调整试样动作的杆臂、将试样压在摩擦材料上的加压装置、清除磨屑的吹风装置和驱动摩擦材料旋转的驱动电机等组成，载荷由力传感器控制。该试验具有试验速度快，更换砂纸方便，并且可以利用试验机上平衡桶的重量以及弹簧张力计的张力测量摩擦功的优点。缺点是由于摩擦途径固定，而且对丁摩擦材料来说摩擦是连续的，因此生较热大，摩擦材料容易被胶粉堵塞。该方法国际标准和国标未做规定，只有一个化工行业标准 HG/T 3836—2008《硫化橡胶：滑动磨耗试验方法》对这种磨耗试验方法做了规定。目前国内应用较少。但 JIS K 6264-2:2005 却对该法做了非常详细的规定，看来在日本这种试验方法还是有一定程度的应用。

（3）阿克隆磨耗试验

阿克隆磨耗试验是将砂轮的圆周表面以规定的载荷压在圆盘状试样的圆周表面上，试验时由试样带动砂轮旋转，两者的旋转轴可以调节成一定的角度，旋转的试样和砂轮之间产生摩擦对试样进行研磨。这种试验机由安装试样的试样安装部分、作为摩擦材料对试样进行研磨的砂轮、带动试样旋转的驱动装置、将砂轮以规定的载荷压到试样上的压紧装置以及计数器等组成。阿克隆试验方法的优点是试验机结构简单造价低，还可以调整砂轮和试样旋转轴的角度，改变试样和砂轮的相对滑动速度。该方法的试样与砂轮的相对摩擦小，试验时间较长，试样的制备比较麻烦。国际标准对该方法未做规定，但国标和日本标准对阿克隆磨耗的试验方法都做了规定，该方法也是目前国内使用较多的橡胶磨耗试验。在轮胎行业一些技术人员也利用阿克隆磨耗试验对胎面胶的耐磨耗性能进行研究[17]。

（4）改良的兰伯恩磨耗试验

兰伯恩磨耗试验是一种可以任意设定摩擦材料和试样之间滑动率的试验，起初摩擦材料为一水平放置的圆盘，试样为圆盘状，垂直压在摩擦材料上，摩擦材料的旋转轴与试样的旋转轴垂直布置。试样和摩擦材料均由各自的驱动装置带动旋转，改变摩擦材料或试样的转速就可以得到不同的滑动率。后来经过改进，将摩擦材料改为砂轮，试验机的结构也改为砂轮与试样的转轴平行布置，因此被称为改良的兰伯恩磨耗试验。兰伯恩磨耗试验尽管也是属于滚动式的方法，但由于砂轮和试样都有自己的驱动装置，可方便地得到不同的滑动率，改变磨耗的速度。在一定程度上可以模拟车辆在启动、刹车以及加速和减速时轮胎与地面的摩擦状况。多用于轮胎胎面胶的耐磨性试验。ISO 23337 对这种试验方法做了规定，国家标准正在起草过程中。这种磨耗试验机由两套驱动装置，机构复杂一些，价格比较昂贵，国内应用较少，也没有厂家生产。目前国外制造的改良的兰伯恩磨耗试验机，砂轮和试样均由伺服电机驱动，可以准确地控制转速，砂轮和试样转速在 0～200m/s 可调，滑动率在 5%～80%范围内任意设置。试验机还带有恒温箱，可在高温条件下进行试验。此外这种试验机如果在驱动轴上安装扭矩传感器，就可以进行动态摩擦力的测量。

（5）泰伯磨耗试验

泰伯磨耗试验采用两个砂轮对试样进行试验，试验机由安装试样的水平旋转圆盘、驱动圆盘旋转的驱动装置、旋转圆盘的计数器、一对研磨试样的砂轮、将砂轮以规定的载荷压在试样上的加压装置和磨屑吸入装置等构成。试验采用圆盘状试样，试验时试样固定在转动平台上，将一对砂轮以规定的压力压在试样上，由试样带动砂轮转动，砂轮与试样的接触点偏离试样的中心线一定的距离。由于两个砂轮位于试样中心线的两侧对称布置，所以在试样的带动下两砂轮的转向相反。这种方法的缺点是试样与摩擦材料之间的滑动速度小而且不能改变。国际标准 ISO 5470-1 规定的泰伯磨耗试验法主要是测定橡胶或塑料的涂覆织物的磨耗性能，与此不同的是 JIS K 6264-2 并没有这样规定，而是把泰伯磨耗试验作为一种通用的橡胶磨耗的试验方法。

（6）皮克磨耗试验

皮克磨耗试验法是用一定的压力将两片垂直的金属刀压在试样上，试样做周期性的正、反向转动，从而对试样产生研磨。皮克磨耗试验机由固定试样的转盘及其驱动装置、对试样进行磨耗的金属刀具及其固定装置、将金属刀以规定的压力压在试样上的加压装置、撒粉装置和真空吸尘器组成。与其他磨耗试验方法不同的是，皮克磨耗试验法的摩擦材料为一对硬度极高的超硬质合金制造的金属刀，刀刃宽度仅有 0.01～0.012mm，比较锋利。并且规定只要刀刃宽度大于 0.02mm，就必须重新将其磨锐。由于金属刀磨锐比较困难因此在一定程度上限制了这种试验方法的应用。该试验方法国际标准对其未做规定，但被 ASTM D 2228 所采用。以前皮克磨耗试验在国内使用较少。由于广泛使用于轮胎胎面胶的阿克隆磨耗试验，对于不同配方的胶料，相关性有时并不理想。近年来随着道路和轮胎技术的不断发展，橡胶磨耗试验方法与轮胎实际使用的相关性越来越受到重视，皮克磨耗试验在轮胎行业也越来越常见，国内已经有研制出符合 ASTM D 2228 规定的皮克磨耗试验机的报道[18]。

10.5 磨耗试验应注意的事项

选择试验装置和试验条件的关键就是使试验与制品实际使用的磨耗状况具有良好的相关性。两者的相关性好，试验就可以反映出制品实际使用时所产生的磨耗机理。但通常在制品的磨耗形式中，不仅涉及一种磨耗机理，还有各种不同环境条件的影响，所以选择试验装置和试验条件时必须考虑这些因素，才能使试验与实际使用状况有良好的相关性。仅以质量控制为目的进行的磨耗试验，其试验装置和试验条件的选择也十分重要，即使在采用质量控制所规定的试验条件和摩擦材料的情况下，也还是应当选择与制品实际磨耗状态相似的磨耗试验。

在研究试验与制品实际使用中磨耗状况的相关性时，也要考虑试验条件、磨耗机理之外的一些因素，例如制品与试样的大小不同、硫化条件和硫化程度不同、制品老化的影响以及轮胎的充气量是否合适等。在有些场合下，尽管磨耗量等参数的定量相关性较差，但只要能够评价出制品耐磨耗性的优劣，这样的磨耗试验也是有意义的。

由于摩擦材料会被磨下来的胶屑堵塞，需要经常清理。必须将清理摩擦材料表面、更换摩擦材料等诸多因素对磨耗试验的影响控制到最小。理想的情况是最好一直使用新的摩擦材料，但实际上砂轮等磨耗材料表面清理十分频繁。所以必须把握好摩擦材料的状况，最好每隔一定的时间用参比橡胶对摩擦材料的研磨能力进行确定，也可以把以前做过多次试验已经有试验结果的试样再试验一次进行比对。

试验条件包括试验温度、试样与摩擦材料之间的滑动率、接触压力以及摩擦材料的污染等，这些均对试验结果有很大影响。试验温度对于磨耗试验来说是保证试验结果与制品的实际的磨耗状况具有良好相关性的重要因素，但在磨耗试验封闭的摩擦面上测量并控制温度进行试验非常困难，所以一般把周围的环境温度作为试验温度。滑动率是摩擦材料与试样之间由于相对运动而产生的滑动程度，是确定磨耗速度的重要因素。在图 10-1 磨耗状态的分类 (a)、(b)、(d)、(g)、(i) 中，滑动率为 100%，图 10-1 的 (c) 中，圆盘状试样与摩擦材料之间可以通过调节角度变化产生速度差，使滑动率发生改变，加大滑动率会使温度增高。试样与摩擦材料之间的接触压力是决定摩擦速度的另一个重要的因素，在有些试验条件下摩擦速度与接触压力大致成正比，接触压力的变化引起摩擦的机理的改变时，磨耗率就会急剧变化，这种现象是由摩擦表面的温度大幅度上升所引起的。

摩擦材料表面的污染会影响磨耗的速度。污染主要包括试样和摩擦材料的表面在磨耗试验过程中发生的变化（如摩擦材料本身被磨钝），除此之外还有在摩擦面之间添加的其他物质以及摩擦材料和试样的磨屑和偶发的污染等。为减少摩擦材料的污染，可以用刷子连续地清扫试样或用压缩空气清除磨耗碎屑。但在使用压缩空气时必须注意吹出的空气不能被压缩机里的水和油污染。在接触面之间撒粉也是降低污染物质黏着的有效方法。如果已经撒了粉，摩擦材料表面还是严重结渣和被填平，就说明了试验条件不合适。摩擦材料表面由于磨屑的黏着而结渣，试验结果是无效的。

10.6　两种磨耗试验方法介绍

目前改良的兰伯恩磨耗试验和皮克磨耗试验是国家标准中所没有的，本章将这两种磨耗试验方法介绍如下。

10.6.1　改良的兰伯恩磨耗试验

（1）试验装置

改良的兰伯恩磨耗试验机由试样安装部分、对试样进行研磨的砂轮、驱动试样和砂轮按照各自不同转速转动的驱动装置、将试样以规定的载荷压在砂轮上的加压装置、预防磨屑黏着的撒粉装置、防止粉剂飞扬并保证安全的试验机防护罩等主要部分构成。为了在试验过程中监测试验数据是否稳定，还应安装扭矩传感器。试验机的砂轮轴和试样的中心主轴平行，两者的圆周表面相互压紧，以不同的转速旋转，利用试样和砂轮双方表面的速度差对试样进行研磨。图 10-2 是该试验机的示意图。

由于试样受到扭矩作用，试样的安装方式必须能保证试样在试验中不在主轴上打滑，能够严格与主轴同步旋转。试样两面各用一个圆盘夹紧试样并带动其旋转，称为"试样压紧盘"，压紧盘直径 58.5mm 或 43mm，厚 4mm。砂轮型号：C80-K7-V，材质为黑碳化硅，粒度 F80；硬度 K；孔隙 7；陶瓷胶黏剂。砂轮直径 175～305mm，厚度 20～50mm。由于砂轮和试样的转速不同，必须由两个电动机分别驱动，各自带有变速机构，使砂轮和试样的转速可以单独调节。试样与砂轮的表面线速度在 10～200m/min 范围内可无级调节。试样的转轴上安装的扭矩传感器，其最大量程应为 5N·m。试验机的加压装置可以使试样以稳定的载荷压在砂轮上，由于试样的尺寸，不同试验中施加力的范围为 5～80N。

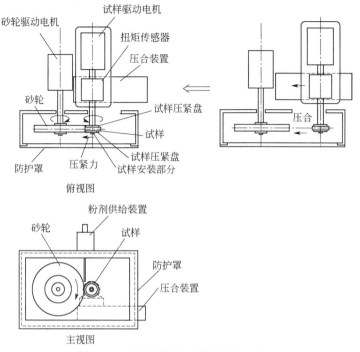

俯视图

主视图

图10-2　改良的兰伯恩磨耗试验机示意图

为了防止磨屑黏附于砂轮表面，试验过程中必须定量地将粉剂撒在砂轮和试样之间，粉剂的使用量应能够根据试验条件的不同而调节。一般情况下，若砂轮按照规定使用碳化硅 C 或 GC，粒度为 F80～100，粉剂的使用量则为 10～30g/min。由于砂轮和试样高速旋转，为保证安全和防止粉剂飞扬，试验机应设置防护罩，将磨耗试验置于防护罩内进行。

（2）试样和试验条件

试样为圆形，直径有 63.5mm 和 49mm 两种，厚度均为 5mm。直径不同的试样使用的压紧盘和砂轮的直径也不同，试样、压紧盘以及砂轮的尺寸组合如表 10-2 所示。

表10-2　试样、压紧盘以及砂轮的尺寸组合　　　　　单位：mm

组合	试样尺寸		压紧盘尺寸		砂轮尺寸	
	直径	厚度	直径	厚度	直径	厚度
a	49.0	5.0	43.0	4.0	175.0	20～50
b	63.5	5.0	58.5	4.0	205.0	20～50
c	49.0	5.0	43.0	4.0	305.0	20～50

试样可以用模具硫化制作，也可以从硫化的试片或从制品上直接切取。从硫化好的胶片或从制品上直接切取试样的情况下，试验之前必须将试样的摩擦表面打磨光滑。试样的数量为2个，相对标准参照胶试样用标准给出的配方制作。

由于在磨耗试验封闭的摩擦面上测量并控制温度进行试验非常困难，所以一般把周围的环境温度作为试验温度。试验温度可以是试验室标准温度，也可在标准规定的其他试验温度中选择。除此之外的标准试验条件如下：

标准试验条件下，试样表面的速度80m/min、滑动率30%、载荷40N、粉剂使用量20g/min，正式试验时间为体积磨耗量达到100~200mm³所需要的时间。其中滑动率按照式（10-6）计算。

$$S = \frac{v_\text{T} - v_\text{A}}{v_\text{T}} \times 100\% \qquad (10\text{-}6)$$

式中　S——滑动率；

v_A——砂轮表面的速度，m/min；

v_T——试样表面的速度，m/min。

若采用其他试验条件可以在以下几条的范围内选取。

①试样表面的速度10~200r/min；②滑动率5%~80%；③载荷5~80N；④粉剂使用量10~30g/min；⑤正式试验时间为体积磨耗量达到100~200mm³所需要的时间。

（3）试验方法

试验之前先测定试样的密度，然后把所有的试样在相同的条件下进行预磨，为了避免发热，预磨时间应尽量少，通常为10~20s，推荐为10s。用这10s试样的质量损失值计算出体积磨耗量达到100~200mm³大约所需要的时间。此外，正式试验时间也可以根据预磨的质量损失值用式（10-7）计算出来。

$$t_\text{T} = (V_\text{T} \times \rho_\text{T}) \times \frac{t_\text{p}}{m_\text{p}} \qquad (10\text{-}7)$$

式中　t_T——正式试验时间，s；

V_T——正式试验的体积磨耗量（约100~200mm³），mm³；

ρ_T——试样的密度，g/cm³；

t_p——预磨时间，s；

m_p——预磨的质量损失值，mg。

将预磨后的试样称重，精确到1mg，称重后的试样重新装到主轴上，在规定的试验条件下进行正式试验。将试验后的试样称重，精确到1mg。称试样时应注意将粘在试样上的磨屑和粉剂清除干净。

试验结果的计算公式如下。

单位时间内的体积磨耗量或体积磨耗率用式（10-8）和式（10-9）计算。

$$V = \frac{m}{\rho \times t} \qquad (10\text{-}8)$$

式中　V——单位时间内的体积磨耗量，mm^3/min；

　　　m——两个试样质量损失值的平均值，mg；

　　　ρ——试样的密度，g/cm^3；

　　　t——正式试验时间，min。

$$V' = \frac{m}{\rho \times l} \qquad (10\text{-}9)$$

式中　V'——体积磨耗率，mm^3/km；

　　　m——两个试样质量损失值的平均值，mg；

　　　ρ——试样的密度，g/cm^3；

　　　l——摩擦距离，km。

其中的摩擦距离可根据试验初始时试样表面的速度以及正式试验的时间计算，见公式（10-10）。

$$l = \frac{v_\text{T} \times t}{1000} \qquad (10\text{-}10)$$

式中　l——摩擦距离，km；

　　　v_T——试样表面的速度，m/min；

　　　t——正式试验时间，min。

磨耗指数根据体积磨耗量按式（10-11）计算。

$$I = \frac{V_\text{r}}{V_\text{t}} \times 100 = \frac{V_\text{r}'}{V_\text{t}'} \times 100 \qquad (10\text{-}11)$$

式中　I——磨耗指数；

　　　V_r——参比橡胶试样在单位时间内的体积磨耗量，mm^3/min；

　　　V_t——试验胶试样在单位时间内的体积磨耗量，mm^3/min；

　　　V_r'——参比橡胶试样的体积磨耗率，mm^3/km；

　　　V_t'——试验胶试样的体积磨耗率，mm^3/km。

10.6.2　皮克磨耗试验

（1）试验装置

皮克磨耗试验机由固定试样的转盘及其驱动装置、对试样进行磨耗的金属刀具及其固定装置、将金属刀以规定的压力压在试样上的加压装置、撒粉装置和真空吸尘器组成。皮克磨耗试验机是用一定的压力将两片垂直的金属刀压在试样上，试样周期性地做正、反向转动，从而产生对试样的研磨。图 10-3 是该试验机的示意图。

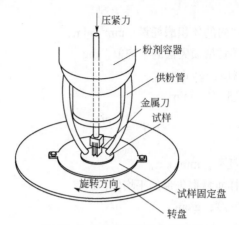

图 10-3　皮克磨耗试验机示意图

　　转盘中央装有可将试样水平放置的试样夹持器，转盘由变速电动机控制并驱动，可以做正、反两个方向的旋转。由于要记录两个方向的转数，必须装有两个计数器。试验机的摩擦材料为金属刀，未经使用的金属刀如图 10-4 所示，尖端的刀刃为宽度 $10\sim12\mu m$ 的平面，当刀刃宽度大于 $20\mu m$ 时就应将其重新磨锐，刀刃的尺寸应由放大倍数 100 倍的显微镜确认。刀片磨好后重新安装时，两片金属刀的刀刃垂直方向的差值不得大于 0.013mm。

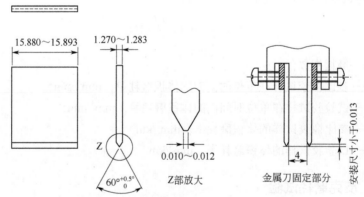

图 10-4　金属刀的形状和尺寸（单位：mm）

　　金属刀用超硬质合金制造，洛氏硬度不得低于 HRA90。金属刀的固定装置可将一对金属刀对称地固定于试样中心线的两侧，相距 4mm，并且与试样垂直。该装置通过操作手柄可使金属刀上、下移动，并且落到试样上后可以被锁紧。加压装置位于金属刀的固定装置上方，可以使金属刀以固定的压力压在试样上。粉剂为氧化铝和硅藻土的等量混合物，硅藻土应能通过筛孔为 75μm 的网筛，混合后的粉剂应能通过筛孔为 600μm 的网筛。撒粉装置可以使试验机上部装有粉剂的容器产生轻微振动，使粉剂通过管道以 300mg/min 的速度下落。试验机应安装有真空吸尘器以便迅速清除落下来的粉剂以及磨耗时产生的磨屑。

由于试样在试验之前需要预磨，因此还必须有预磨装置。可以用砂轮将试样进行预磨，预磨装置可以使试样做前、后、左、右运动，使砂轮做上、下运动。预磨砂轮的规格和尺寸如下：外径 100mm、厚度 12.5mm、中心孔直径 12.7mm。材质：黑碳化硅、粒度为 30、硬度为 F、孔隙为 7、树脂胶黏剂。型号为 C30-F7-B 或性能与其相同的产品。砂轮的转速为 (95±3) r/s。试样的形状和尺寸如图 10-5 所示。

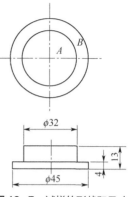

图 10-5　试样的形状和尺寸
（单位：mm）

（2）试样及试验前的准备

试样一般由模具硫化制作，也可从试样胶的试片或从制品上直接切取制出试样的上半部分即图中的"A"，再从与试样硬度大体相同的胶片上切取制出试样的下半部分即图中的"B"，然后再把这两部分粘在一起制成整个试样。参比橡胶试样用标准给出的配方制作。试样的数量为 3 个。

试验温度可以是试验室标准温度，也可在标准规定的其他试验温度中选择。除此之外的标准试验条件如下：试验载荷即金属刀压到试样上的力为 44N、转盘的转速为 (60±2) r/min，转盘旋转的转数为正转 20 圈，反转 20 圈，循环 2 次一共80 圈。

试验之前先测量试样的密度。然后将试样表面进行预磨，预磨时试样横向进给一次的时间约 1s。砂轮的磨削进给量按照以下规定：①首先将试样表面磨掉 0.13mm。②第二次再磨掉 0.025mm。③然后砂轮停止向下移动，与试样表面的距离不变，进行最后的精磨。将预磨后的试样称重，精确到 0.1mg。

（3）试验方法

正式试验时将试样用圆形夹具固定到转盘上，撒粉装置向试样表面撒粉，金属刀下降，转盘转动，磨耗试验开始。达到规定的转数后卸下试样并将试样称重，精确到 0.1mg。试样在预磨以及正式试验之后进行称重之前必须用吸尘器将粘在试样上的粉剂和磨屑清除干净。

试验机的研磨能力用表 10-3 所给出的参比橡胶配方 E_1～E_5 制成的 5 种参比橡胶试样进行确认，有 A、B 两种方法。

A 法，用表 10-3 所示的参比橡胶配方的试样 E_1～E_5 进行试验，用后面的公式 (10-16) 计算出每种配方的体积磨耗量，将这 5 次的计算结果分别和表 10-3 列出的与其所对应的标准磨耗指数相乘，求出这 5 次乘积之和，再除以 500，即可得到标准的体积磨耗量，如式 (10-12) 所示。

$$V_B = \frac{1}{500}\Sigma(I_{Bi} \times V_{ri})$$ (10-12)

式中　V_B——标准体积磨耗量，mm^3；

　　　I_{Bi}——表 4 中第 i 个参比橡胶试样的标准磨耗指数；

　　　V_{ri}——用参比橡胶配方 E_i 制成试样的体积磨耗量，mm^3。

将求出的标准体积磨耗量与 E_1～E_5 中每一个参比橡胶配方的体积磨耗量的比值乘以 100，即用公式 (10-13) 计算出磨耗指数 I_{ri}。若 5 个计算结果均在表 10-3 所示与该配方相对应的磨耗指数的范围之内，则试验机的研磨能力合格，否则为不合格。

$$I_{ri} = \frac{V_B}{V_{ri}} \times 100$$ (10-13)

式中　I_{ri}——第 i 个参比橡胶试样的磨耗指数；

　　　V_B——标准体积磨耗量，mm^3；

　　　V_{ri}——用标准参照胶配方 E_i 制成试样的体积磨耗量，mm^3。

表 10-3　参比橡胶配方的磨耗指数和允许的范围

项目	参比橡胶配方的序号				
	E_1	E_2	E_3	E_4	E_5
标准磨耗指数（I_{Bi}）	76	86	106	113	128
磨耗指数（I_{ri}）允许范围	69～83	81～91	95～117	105～121	116～140

B 法（简易法），从表 10-3 中任选一种配方制成标准试样，最好选配方 E_3。进行磨耗试验得出该试样的体积磨耗量 V_{r3}，将由 A 法得出的标准体积磨耗量 V_B 一起代入公式 (10-14) 计算出磨耗指数，若计算出的数值在表 10-3 给出的与该配方对应的磨耗指数的范围之内，则试验机的研磨能力合格，否则为不合格。

$$I_{r3} = \frac{V_B}{V_{r3}} \times 100$$ (10-14)

式中　I_{r3}——用参比橡胶配方 E_3 制作的试样的磨耗指数；

V_{r3}——用参比橡胶配方 E_3 制作的试样的体积磨耗量，mm^3；

V_B——用 A 法求出的标准体积磨耗量，mm^3。

例如：采用配方 E_3 的情况下，若 $V_B=29.3mm^3$，由表 10-3 得知 $I_{r3}=95\sim117$，求出的 $V_{r3}=25.1\sim30.8mm^3$，试验机的研磨能力才能合格。

试验室新购置的试验机需要进行研磨能力的确认，以后还应定期确认，常规的确认应在做了 30 次试验之后采用 B 法进行。

皮克磨耗试验的试验结果按照以下公式计算。

① 试样的体积磨耗量由公式（10-15）计算，参比橡胶配方的体积磨耗量由公式（10-16）计算。

$$V_t = \frac{m_t}{\rho_t} \tag{10-15}$$

式中　V_t——试样的体积磨耗量，mm^3；

m_t——试样质量损失值的平均值，mg；

ρ_t——试样的密度，g/cm^3。

$$V_{ri} = \frac{m_{ri}}{\rho_{ri}} \tag{10-16}$$

式中　V_{ri}——参比橡胶配方 E_i 制成的试样的体积磨耗量，mm^3；

m_{ri}——参比橡胶配方 E_i 制成的试样质量损失值的平均值，mg；

ρ_{ri}——参比橡胶配方 E_i 制成的试样的密度，g/cm^3。

② 磨耗指数。经试验得出参比橡胶和试验胶的体积磨耗量后，磨耗指数有以下两种计算方法。

a. 以任意一种参比橡胶的体积磨耗量为基准的磨耗指数用式（10-17）计算。

$$I_i = \frac{V_{ri}}{V_t} \times 100 \tag{10-17}$$

式中　I_i——以参比橡胶配方 E_i 的体积磨耗量为基准的磨耗指数；

V_{ri}——参比橡胶配方 E_i 制成的试样的体积磨耗量，mm^3；

V_t——试验胶试样的体积磨耗量，mm^3。

b. 以采用 A 法求出的标准体积磨耗量为基准的磨耗指数用式（10-18）计算。

$$I_B = \frac{V_B}{V_t} \times 100 \tag{10-18}$$

式中　I_B——磨耗指数；

V_B——标准体积磨耗量，mm^3；

V_t——试验胶试样的体积磨耗量，mm。

10.7　几种磨耗试验用参比橡胶的配方和硫化时间以及混炼方法

①　磨耗试验的参比橡胶的配方和硫化条件，如表 10-4 所示。

表 10-4　参比橡胶的配方和硫化条件

橡胶与配合剂		A	B	C	D₁	D₂	E₁	E₂	E₃	E₄	E₅
橡胶	天然橡胶（SMR L）	100.0	100.0	100.0	100.0	100.0	—	—	100.0	—	—
	加入软化油的 BR①	—	—	—	—	—	—	—	—	68.75	68.75
	SBR1502	—	—	—	—	—	—	100.0	—	—	—
	SBR1712	—	—	—	—	—	137.5	—	—	68.75	68.75
炭黑	IRB No.5	45.0	35.0	—	—	—	60.0	40.0	45.0	80.0	—
	N330	—	—	—	36.0	50.0	—	—	—	—	—
	N774	—	—	35.0	—	—	—	—	—	—	—
	N234	—	—	—	—	—	—	—	—	—	80.0
氧化锌		5.0	50.0	35.0	50.0	5.0	5.0	5.0	5.0	5.0	5.0
硬脂酸		2.0	1.0	1.0	—	2.0	1.5	1.5	2.0	1.5	1.5
环烷系列的软化油		5.0	—	—	—	—	5.0	5.0	5.0	8.75	8.75
防老剂	TMDQ	1.5	—	1.0	—	—	1.5	1.5	1.5	1.5	1.5
	6PPD	1.0	—	—	—	—	1.5	1.5	1.5	1.5	1.5
	IPPD	—	1.0	—	1.0	1.0	—	—	—	—	—
硫化促进剂	MBTS	—	1.2	—	1.2	—	—	—	—	—	—
	TBBS	0.6	—	1.0	—	—	1.0	1.0	0.6	1.2	1.2
	CBS	—	—	—	—	0.5	—	—	—	—	—
硫黄		2.5	2.5	2.5	2.5	2.5	2.0	2.0	2.5	2.0	2.0
合计		162.6	190.7	175.5	190.7	161.0	215.0	157.5	163.1	238.95	238.95
硫化条件：温度/℃，时间/min		150	150	150	150±2	140	150	150	140	150	150
		30	30	15	—		65	65	60	65	65
		20	20	10	25±1	60	—				
各试验方法的参比橡胶②		格拉西里、阿克隆、改良的兰伯恩	阿克隆	格拉西里③、阿克隆④	阿克隆、DIN⑤		皮克⑥				

①　加入纯度 98%的芳香油、37.5 质量份的顺丁橡胶。

②　各种磨耗试验的参比橡胶试样栏中："格拉西里"为格拉西里磨耗试验的简称；"阿克隆"为阿克隆磨耗试验的简称；"改良的兰伯恩"为改良的兰伯恩磨耗试验的简称；"DIN"为 DIN 磨耗试验的简称；"皮克"为皮克磨耗试验的简称。

③　格拉西里磨耗试验的参比橡胶试样的配方，按标准规定采用配方 A 或配方 C，但一般情况下最好采用配方 C。

④　阿克隆磨耗试验的参比橡胶配方，可根据使用情况从配方 A、B、C 以及 D₁ 中选用，一般情况下选择配方 C。

⑤　配方 D₁ 除了制作 DIN 磨耗试验的参比橡胶之外，还用于 DIN 磨耗试验机砂布研磨能力的校准和调整。

⑥　配方 E₁～E₅ 除了制作皮克磨耗试验的参比橡胶之外，还用于皮克磨耗试验机研磨能力的确认。

② 皮克磨耗参比橡胶配方的混炼方法简述如下:

混炼应使用工作容积 (1170±40) cm³、转子转速 77r/min、速比 1.125∶1 的 A1 型密炼机,和辊筒直径为 150～155mm 或 200mm 的开炼机。若使用其他规格的密炼机或开炼机,胶料的一次投放量、转子的转速以及混炼周期的时间需要加以调整。用密炼机混炼时,1 段混炼用密炼机,2 段混炼用开炼机,其顺序见表 10-5。1 段混炼开始时,密炼室的温度为 50℃,投料量为混炼室总容积的 70%。2 段混炼采用辊筒直径 200mm 的开炼机,辊筒温度 60℃。采用辊筒直径为 150～155mm 的开炼机进行混炼时,投胶量约为 1 段混炼的三分之一,因此表 10-5 所给的硫黄 (TBBS 与硫黄) 的用量应经过计算后加入。在这种情况下要得到与辊筒直径 200mm 开炼机同样多的胶料,就必须对混炼周期的时间加以调整。

用开炼机混炼时应按照 JIS K 6299《橡胶 试验用胶料的制备方法》第 7.1 条 (开炼机混炼标准操作) 的规定执行。该标准修改采用 ISO 2393,与此相对应的国家标准是 GB/T 6038。

表 10-5 参比橡胶配方的混炼程序

混炼程序		混炼周期时间 (min∶s)				
		配方 E₁	配方 E₂	配方 E₃	配方 E₄	配方 E₅
1 段混炼	胶料添加	0:00	0:00	0:00	0:00	0:00
	配合剂 (硫化剂以外) 添加	0:30	0:30	0:30	0:30	0:30
	上顶栓清扫	2:00	1:45	2:10	2:00	2:00
	软化油添加	2:30	2:10	2:55	2:25	2:30
	上顶栓下降并加压	3:10	3:00	3:50	3:15	3:10
	排料	4:15	3:50	5:05	4:00	4:10
2 段混炼	胶料添加,包辊	0:00	0:00	0:00	0:00	0:00
	硫化剂添加	0:30	0:40	0:45	0:40	0:40
	切割胶料,薄通	2:30	2:15	3:00	2:15	2:00
	出片	6:15	6:30	6:15	5:30	5:30

10.8 国标与日本标准的主要差别

尽管 GB/T 25262—2010 和 JIS K 6264-1:2005 均是采用 ISO 23794:2003,但两者之间还是有些差异。JIS K 6264-2 中规定的六种磨耗试验方法,其中四种国标或化工行业标准虽也有规定,内容却不完全一致,以下将这些标准和试验方法分别加以比较。

10.8.1 磨耗试验的基础性标准

关于磨耗试验的国标和日本标准是 GB/T 25262—2010 和 JIS 6264-1:2005, 这两个标准在内容上的不同之处有以下几个方面:

① 国标 GB/T 25262 仅规定了 4 条术语和定义, 而 JIS K 6264-1 采用列表的方式规定了 22 条术语定义, 如表 10-1 所示。

② 在说明磨耗机理时, JIS K 6264-1 相比国标增加了各种磨耗机理的示意图以及体积磨耗量和与其有关的各种因素之间的函数关系式, 使磨耗机理更加便于理解。关于这方面的详细内容可参阅 JIS K 6264-1 或参考文献[19]。

③ GB/T 25262 中第 9 章 "参比材料" 中规定, 试验材料的试验结果要与同样条件下的参比材料的试验结果比较, 并将这种参比材料称为参比橡胶。参比橡胶有固定的配方和技术规范。可用于标定摩擦材料和与试验材料的结果比对。JIS K 6254-1 中将确定摩擦材料研磨能力的橡胶称为标准参照胶 (standard material), 将试样的试验结果与其进行比较的橡胶称为相对标准参照胶 (reference material), 其实这两种胶的配方是相同的, 日本标准只是把两者的用途区别开来。本章采用了国标的方法, 统称为参比橡胶。

④ 国标和日本标准都采用列表的方式列出了比较常用的十几种磨耗试验机的名称、样式、采用的摩擦材料以及运动方式等事项, 不同的是 JIS K 6264-1 在表中增加了一栏 "接触状态", 将试样与摩擦材料的接触状态分为 "连续" 和 "间断" 两种。并对连续接触状态和间断接触状态做了说明: "所谓连续接触, 是指在试验过程中试样以相同的摩擦面与摩擦材料接触。所谓间断接触是指在试验过程中, 圆盘状试样通过旋转从而与摩擦材料接触的摩擦面不断更新。"

⑤ GB/T 25262 的第 5 章 "磨耗试验的类型" 中规定了 8 种磨耗试验的类型, JIS K 6264-1 规定了 9 种, 增加了马丁代尔磨耗试验。

10.8.2 DIN 磨耗试验

关于 DIN 磨耗试验的国标和日本标准是 GB/T 9867—2008 和 JIS K 6264-2:2005。这两个标准对旋转辊筒磨耗试验的规定基本相同, 只是 JIS K 6264 规定了砂布的两种安装方法, 其中一种是与国标相同的安装方式, 如图 10-6 所示。另一种在国内很少见, 主要在日本国内使用, 如图 10-7 所示, 砂布包到辊筒上之后不使用双面胶带黏合, 而是在接缝处用压紧块固定。砂布按照这种方法安装时, 试样每次经过压紧块的瞬间都要被抬起, 然后再落回原来的位置。这样辊筒旋转一周时试样的有效摩擦距离就必须改为（400±8）mm，磨耗距离40m时对应的辊筒转数为100转。

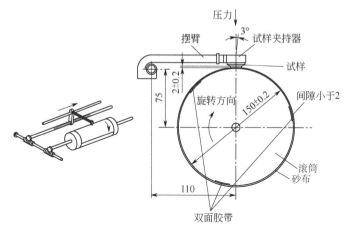

图10-6 DIN磨耗试验机示意图（单位：mm）

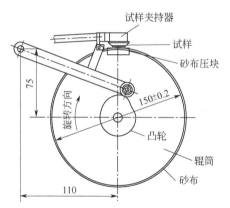

图10-7 JIS K 6264规定的砂布另一种安装方法（单位：mm）

JIS K 6264-2和GB/T 9867都对DIN磨耗试验方法做了严格、明确的规定，便于在试验中遵照执行。砂布无疑是DIN试验机中对试验结果影响最大的，不仅要正确地粘在辊筒上，而且还要按照标准规定的方法确定研磨能力。砂布的研磨能力必须达到以下要求：

用3个参比橡胶试样按照A法进行试验，摩擦距离40m时，3个试样质量损失值的平均值必须在180～220mg之间。新砂布的研磨能力一般都大于300mg，应采用钢制成的与试样相同尺寸的圆柱体，安装到试样夹持器中，以40m的摩擦距离将其预磨1～2遍。然后再用两个参比橡胶试样各自按照A法做一次试验，确认摩擦距离为40m，确认质量损失值在180～220mg之间。应注意砂布首次使用应标明方向，以后再次安装时必须按照同一方向。一般情况下，调整之后砂布的研磨能力降至 180mg 之前，用参比橡胶试样可以进行 200～300 次试验。

标准对试样夹持器的安装位置也做了严格规定，要求试样夹持器安装在能够横向移动的摆臂上，夹持器的中心轴向辊筒的旋转方向倾斜并与通过辊筒中心的垂直线呈 3° 的夹角（如图 10-6 所示），夹持器必须位于辊筒中心轴的正上方，误差不大于 ±1mm。夹持器还应保证试验载荷准确地施加到试样上。

每次试验之前应用硬尼龙刷清除上次试验残留在砂布上的磨屑，用金属丝刷子会缩短砂布的寿命。用参比橡胶进行空白试验可以有效地起到清除磨屑的作用，仅用于清洁目的橡胶，不必满足参比橡胶的严格要求。

参比橡胶的试验按照相同的方法，在每一组试验胶的系列试验之前和之后都要进行 3 次试验，用同一个参比橡胶试样进行 3 次试验时，为使试样的温度降至室温，允许每两次试验之间有充足的时间间隔。

10.8.3　阿克隆磨耗试验

有关阿克隆磨耗试验的国标和日本标准是 GB/T 1689—2014 和 JIS K 6264-2:2005，这两个标准对于阿克隆磨耗试验的规定相差较大，主要不同之处有以下几个方面。

（1）试样

GB/T 1689 规定的试样为条状，宽 12.7mm、厚 3.2mm，粘在直径为 68mm、厚 12.7mm、硬度 75～80（邵尔 A）的橡胶轮上（也可使用金属轮）。也可以采用硫化方法制作的圆形试样进行试验。JIS K 6264-2 则规定了圆盘状和条状两种试样，圆盘状试样直径 63.5mm、厚 12.7mm、中心孔直径 12.7mm。条状试样宽 11mm、厚 2mm，粘在直径 60mm、厚 13mm、中心孔直径 12.7mm 的铝合金圆盘上，圆盘也可以用硬度为 65（邵尔 A）或 85（邵尔 A）的橡胶制作。

（2）试验方法

GB/T 1689 仅规定了一种试验方法。首先测量试样的密度 ρ，将试样预磨 15～20min 后称量试样的质量 m_1，然后正式开始试验。试样的摩擦行程达到 16.1km 后终止试验，称量试样的质量 m_2。JIS K 6264-2 规定了 A 法和 B 法两种试验，A 法采用圆盘状试样，试样测量密度后，要经过砂轮 500 转的预磨，还要经过磨合才能正式试验。根据试样预磨时的磨损程度在表 10-6 中查出试样磨合所需的砂轮转数和试验终止的砂轮转数。并规定预磨及磨合试验后重新安装试样时注意不得将试样装反。B 法采用条状试样或圆盘状试样，磨合试验和正式试验的砂轮转数均为 500 转。

表 10-6　磨合试验和正式试验砂轮的转数

预磨的质量损失值 m/mg	砂轮转数/转	
	磨合试验	正式试验
$m<100$	4000	1000
$100{\leqslant}m<200$	2000	500
$200{\leqslant}m<400$	750	250
$m{\geqslant}400$	125	125

（3）试验结果的表示方法

两个标准关于试验结果的表示方法有所不同，按照 GB/T 1689 规定，试验结果用磨耗体积和磨耗指数表示。磨耗体积 V 等于试样预磨后的质量 m_1 和试样试验后的质量 m_2 之差与试样密度 ρ 的比值，即 $V=(m_1-m_2)/\rho$。磨耗指数 A 则用参比橡胶试样的磨耗休积 V_s 和试验配方在相同里程中的磨耗休积 V_t 的百分比表示，即 $A=100{\times}V_s/V_t$。而 JIS K 6264-2 规定试验结果用试样正式试验的体积磨耗量、砂轮转 1000 转时的体积磨耗量和磨耗指数表示。分别用以下公式计算。

正式试验的体积磨耗量按式（10-19）计算。

$$V_t = \frac{m_t}{\rho_t} \tag{10-19}$$

式中　V_t——试样的体积磨耗量，mm^3；

　　　m_t——所有试样在正式试验中质量损失值的平均值，mg；

　　　ρ_t——试样的密度，g/cm^3。

砂轮转 1000 转时的体积磨耗量按式（10-20）计算。

$$V_{1000} = V_t \times \frac{1000}{n} \tag{10-20}$$

式中　V_{1000}——砂轮转 1000 转时的体积磨耗量，mm^3；

　　　V_t——由式（10-19）计算出的体积磨耗量，mm^3；

　　　n——砂轮在本次试验中的转数，转。

磨耗指数按式（10-21）计算。

$$I = \frac{V_{r1000}}{V_{t1000}} \times 100 \tag{10-21}$$

式中　I——磨耗指数；

　V_{r1000}——参比橡胶试样在砂轮转 1000 转时的体积磨耗量，mm^3；

　V_{t1000}——试验胶试样在砂轮转 1000 转时的体积磨耗量，mm^3。

（4）转速与载荷

GB/T 1689 规定试样的转速为（76±2）r/min，试样承受的负荷为（26.7±0.2）N。JIS K 6264-1 则规定试样可有两种转速，分别为（75±5）r /min 和（250±5）r/min。试样承受的载荷也有两种，分别为 27.0N 和 44.1N。

（5）其他方面

其他不同之处还有，关于砂轮旋转轴与试样选择轴的夹角，GB/T 1689 规定为 15°±5°，当试样行驶 16.1km 时的磨耗量小于 0.1cm³ 时可以采用 25°±5°倾角，但应当在试验报告中说明。JIS K 6264-2 规定试样与砂轮的接触面的倾斜角调整范围为 5°～30°，在试验时一般调为 15°。此外 JIS K 6264-1 还增加了示意图用来表示阿克隆磨耗试验机的结构和主要零部件的尺寸，如图 10-8 所示。

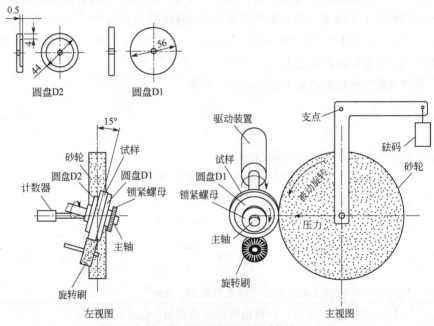

图 10-8　阿克隆磨耗试验机示意图（单位：mm）

10.8.4　泰伯磨耗试验

关于泰伯磨耗试验的国标和日本标准是 GB/T 30314—2021 和 JIS K 6264-2:2005，这两个标准对于泰伯磨耗试验的试验参数以及试验机结构等方面的规定基本相同，但由于 GB/T 30314 主要是针对橡胶或塑料涂覆织物，所以在试样、试验终止条件以及试验结果的表示方法等方面的规定不一致，主要有以下几个方面。

① GB/T 30314—2021 规定的试样从涂覆织物样品不相邻的位置上切取 2 个试样，直径为 105～115mm，仲裁试验时，裁取 3～6 个试样。JIS K 6264-2 规定试样厚度为 1～5mm。直径 120mm，中心孔直径约 6.5mm，试样数量为 3 个，未规定试样是涂覆织物。

② JIS K 6264-2 规定试验终止时砂轮转数为 1000 转或 500 转。GB/T 30314 规定依据相关材料和产品的技术规范规定试验终止条件，此外还规定了确定试验终点的砂轮转数的方法。

③ JIS K 6264-2 规定用试样的体积磨耗量表示试验结果，体积磨耗量 V_t（m^3）用三个试样质量损失值的平均值 m_t（mg）和试样密度 ρ_t（g/cm^3）的比值计算。而 GB/T 30314 规定试验结果用所有试样在经过砂轮 100 转的磨耗后质量损耗的平均值（mg/100min）表示。

④ 由于泰伯磨耗试验的试样较大，并且水平放置，试验中两个砂轮仅能反复摩擦试验的一个环状部分如图 10-10 和图 10-11 所示，所以必须及时清除磨下来的胶屑和粉尘。为保证试验条件的一致性，JIS K 6264-2 将吸入口的风量和测量方法、吸入孔至试样的距离以及吸入孔的直径都做了严格的规定。磨屑吸入装置与主机之间用管道连接，吸入孔内径为（8.0±0.5）mm，磨屑吸入孔与试样之间的距离为 3mm，应采用（3.0±0.2）mm 的样板进行调整。在采用如图 10-9 所示的方法测量时，吸入口的风量 QT 应为（0.5±0.1）m^3/min。图 10-9 中所示的带有 U 形管压差计的圆管，根据 U 形管内的水位差 h 即可用公式计算出风量 QT（$QT=0.19\sqrt{h}$）。

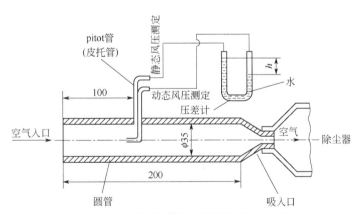

图 10-9 风量测定装置示意图（单位：mm）

GB/T 30314 在第 9 章"精密度"中仅说明"未保证合理的吸嘴间距，未保持充分的吸力、未适当放置砝码都能影响试验结果的精密度"，但却未对此加以规定。

⑤ JIS K 6264-2 增加了示意图用来表示泰伯磨耗试验机的结构和主要零部件间的位置关系，如图 10-10 和图 10-11 所示。

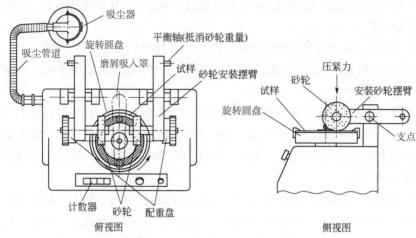

图 10-10 泰伯磨耗试验机示意图

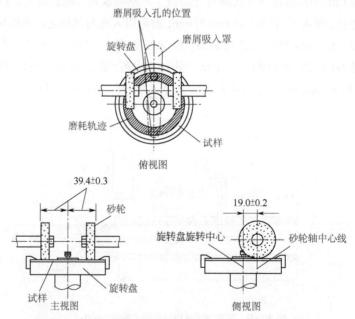

图 10-11 泰伯磨耗试验机砂轮和吸入孔的位置（单位：mm）

10.8.5 格拉西里磨耗试验

关于格拉西里磨耗试验的国内化工行业标准 HG/T 3836—2008 和日本标准 JIS

K 6264-2:2005 的不同之处如下。

（1）摩擦材料

JIS K 6264-2 规定摩擦材料可以是砂轮，也可以是粘有砂布或砂纸的圆盘，砂轮或圆盘直径为 165mm、内径为 70mm。HG/T 3863 仅规定了研磨材料为砂布，未规定圆盘的尺寸。HG/T 3836 规定两个试样与砂布之间的摩擦力范围在 0.11～12N 之间，测量误差不超过 3%，JIS K 6264-2 对摩擦力没有规定。

（2）试样的安装方法

JIS K 6264 规定试样的数量为每组一对，一共 3 组。如果能够辨明试样的加工方向，则左右一对试样的加工方向应一致。试样的加工方向与试样底面长边的方向一致的情况下，试验中试样与摩擦材料接触时摩擦材料旋转方向与试样的加工方向相同。但也可以将试样做成加工方向与底面的长边呈 90°角，这种情况下试样与摩擦材料接触时摩擦材料旋转方向与试样的加工方向垂直，如图 10-12 所示。HG/T 3836 对此无规定。

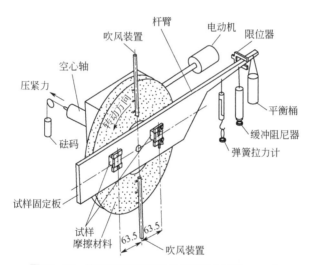

图 10-12 格拉西里磨耗试验机示意图（单位：mm）

（3）试验方法

HG/T 3836 只有一种试验方法，规定预磨要使试样的摩擦面上全部出现磨损，试验终止时的摩擦材料的转数为 200 转，不需要进行磨合试验。

JIS K 6264-2 规定试验有 A 法和 B 法两种，A 法的预磨时间为 1min，预磨前后分别将试样称重，称重时应清除附着在上面的磨屑，算出体积磨耗量。根据预磨的磨耗量通过表 10-7 来确定磨合试验时间与正式试验时间。磨合试验中被磨掉 3mm

以上的试样应予以废弃。两种以上的配方进行对比试验时（包括参比橡胶的配方），推荐采用以下方法：试验分两次进行，相同试样组的第二次试验试样安装的左右、上下位置必须与第一次试验完全一致，此外第二次试验时三组试样的试验顺序与第一次试验相反。例如 a、b、c、d 四种配方两次试验按下列顺序进行。

第一次试验　　　　$a_1 b_1 c_1 d_1$　　　　$a_2 b_2 c_2 d_2$　　　　$a_3 b_3 c_3 d_3$

第二次试验　　　　$d_3 c_3 b_3 a_3$　　　　$d_2 c_2 b_2 a_2$　　　　$d_1 c_1 b_1 a_1$

其中字母下标的数字表示试样组的序号。

表10-7　A法磨合试验和正式试验的时间

预磨 1min 后对应的体积磨耗量 V_f/mm³	磨合试验时间/min		正式试验时间/min
	第1组	第2、3组	
$V_f \leq 50$	11	12	24
$50 < V_f \leq 57$	10	11	22
$57 < V_f \leq 64$	9	10	20
$64 < V_f \leq 70$	8	9	18
$70 < V_f \leq 82$	7	8	16
$82 < V_f \leq 95$	6	7	14
$95 < V_f \leq 110$	5	6	12
$110 < V_f \leq 132$	4	5	10
$132 < V_f \leq 182$	3	4	8
$182 < V_f \leq 260$	2	3	6
$260 < V_f \leq 350$	1	2	4
$V_f > 350$	0	1	2

B 法试验规定，预磨时要将试样的摩擦面全部磨到，正式试验时间为 6min。

（4）结果的表示方法

HG/T 3836 规定试验结果用摩擦功 W、体积磨耗量 ΔV、耐磨性 β 和摩擦系数 μ 表示，其中耐磨性定义为摩擦功 W 与体积磨耗量 ΔV 的比值与砂布研磨能力系数 K 的乘积，如式（10-22）所示。

$$\beta = \frac{W}{\Delta V} \times K \tag{10-22}$$

K 是参比橡胶试样在试验用砂布上的磨损度 α_1 与试验橡胶试样在标准砂布上的磨损度 α_2 的比值。

体积磨耗量 ΔV 用公式（10-23）计算：

$$\Delta V = \frac{1000(m_1 - m_2)}{\rho} \qquad (10\text{-}23)$$

式中　m_1——两个试样试验前的总质量，g；

　　　m_2——两个试样试验后的总质量，g；

　　　ρ——试样的密度，g/cm³。

试样与砂布的摩擦系数 μ 的计算方法可参阅 HG/T 3836。

JIS K 6264 规定新的摩擦材料在使用之前最少要进行 20min 的磨合才能进行试验，砂布或砂纸的使用寿命约为 6h。按给出的配方制作的参比橡胶试样，在经过磨合之后立即进行试验，若体积磨耗量低于 75%就必须更换摩擦材料。

JIS K 6264-2 规定试验结果用磨耗指数 I、摩擦材料 1000 转对应的体积磨耗量 V_{1000} 和摩擦功对应的体积磨耗量 Q 表示，分别用下面的公式计算。

摩擦材料旋转 1000 转对应的体积磨耗量按公式（10-24）计算。

$$V_{1000} = V_t \times \frac{1000}{n \times t} \qquad (10\text{-}24)$$

式中　V_{1000}——摩擦材料旋转 1000 转对应的体积磨耗量，mm³；

　　　V_t——试样的体积磨耗量，mm³；

　　　n——摩擦材料的转速，r/min；

　　　t——本次试验的时间，min。

磨耗指数按公式（10-25）计算。

$$I = \frac{V_r}{V_t} \times 100 \qquad (10\text{-}25)$$

式中　I——磨耗指数；

　　　V_r——根据 3 组参比橡胶试样正式试验之后的结果，计算出的摩擦材料每 1000 转对应的试样体积磨耗量的平均值；

　　　V_t——根据 3 组试验胶试样正式试验之后的结果，计算出的摩擦材料每 1000 转对应的试样体积磨耗量的平均值。

用每一组试样的试验结果按照公式（10-26）计算出该组试样的摩擦功对应的体积磨耗量，用所有试样计算出的数值的平均值表示该种试验胶的摩擦功对应的体积磨耗量。

$$Q = \frac{m_t}{\rho_1 \times A} = \frac{V_t}{A} \qquad (10\text{-}26)$$

式中　Q——摩擦功对应的体积磨耗量，mm³/MJ；

　　　m_t——1 组试样的磨耗质量损失值，mg；

ρ_1——试样的密度，g/cm^3；

A——利用平衡桶的重量以及弹簧张力计的张力求出的摩擦功（关于摩擦功的计算方法可参阅 JIS K 6264-2 或 HG/T 3836），MJ；

V_t——1 组试样的体积磨耗量，mm^3。

从以上公式可以看出，和摩擦功对应的体积磨耗量 Q 是试样的体积磨耗量与摩擦功的比值，刚好是 HG/T 3836 规定的耐磨性 β 的倒数。

（5）其他方面

两个标准规定的试验载荷略有不同，HG/T 3836 规定的试验载荷有 13N、16N 和 26N 三种。JIS K 6264 规定的试验载荷为 35.5N。HG/T 3836 规定，试样固定后的中心绕芯轴转动半径为 68mm，JIS K 6264 规定为 63.5mm。

第 11 章 疲劳试验

橡胶的疲劳试验主要分为拉伸疲劳试验和屈挠试验，这些试验都是以一定振幅的载荷反复作用到试样上，使试样产生循环应力或应变，并将试样破坏时应力或应变达到的循环次数作为该试样的疲劳寿命。但这两种试验采用的试样、试验设备以及试验方法都有很大的不同。拉伸疲劳试验采用哑铃状试样或环状试样，用拉伸试验机测定其疲劳寿命以及与此相关的各项性能，并且根据试样破坏的时间（屈挠次数）来判断其疲劳寿命。试验频率范围基本不使试样产生温升。在这种条件下，试样从开始发生裂口到裂口不断扩展直至最终断裂。屈挠试验采用圆柱形试样，在屈挠试验机上对试样反复压缩或扭转过程中测量试样的温升、蠕变、永久变形，并且根据试样破坏的时间（屈挠次数）来判断其疲劳寿命。因此屈挠试验实际上是压缩疲劳试验或扭转疲劳试验。

11.1 拉伸疲劳试验方法

（1）拉伸疲劳试验概述

拉伸疲劳试验的国际标准只有一个，最新版本是 ISO 6943:2017《硫化橡胶 拉伸疲劳的测定》，对应的国家标准是 GB/T 1688—2008《硫化橡胶 伸张疲劳的测定》。该国标等效采用 ISO 6943:2007。日本的拉伸疲劳试验的标准是 JIS K 6270:2018《硫化橡胶或热塑性橡胶拉伸疲劳性能的测定方法（恒应变法）》，修改采用 ISO 6943:2017。

拉伸疲劳试验在专用的疲劳试验机上进行，一个夹持器固定，另一个夹持器以 1～5Hz 的频率做往复运动。国标规定的 1A 型、1 型和 2 型哑铃状试样分别对应于日本标准的 3 号、5 号和 6 号试样，标线间距分别为 20mm、25mm 和 20mm。国标规定的环状试样只有 1.5mm 厚的一种，日本标准的环状试样有 1.5mm、2.0mm 和 3.0mm 三种，内径均为 44.6mm。3.0mm 厚的试样外径为 48.6mm，1.5mm 和 2.0mm 厚的试样外径为 52.6mm。试验采用的应变一般为 50%～125%，有特殊目的的试验也可采用其他的试验应变。

选用几种应变进行试验以及选用应变的大小应根据试验目的确定，为了得出试验应变对应的疲劳寿命与最大应力以及最大应变能密度之间的关系，需要选择 4 种不同级别的应变进行试验，每种应变级别间隔 25%，应从最大的试验应变开始试验。

试验必须在没有能够产生臭氧的紫外线灯等设备的试验室中进行，并且试验室的臭氧含量不得大于日常空气中的臭氧含量。应定期检验，使试验室臭氧浓度不大于 1×10^{-8}。

拉伸疲劳试验除了测定试样的疲劳寿命之外，根据需要还可以测定试样的残留应变、最大应变、最大应力以及最大变形能密度。测定疲劳寿命时，需要根据试样的初始标线间距和按照公式计算出的试验应变所对应的标线间距调整好夹持器的最小间距和移动距离，使试样的应变从零应变到规定的试验应变之间反复循环，以试样破坏时达到的循环次数作为其疲劳寿命。

测定残留应变时需要在试样的循环应变达到 1×10^3 次（或根据需要达到更高的次数）时，停机 1min。对于哑铃状试样，测量时试样可不从试验机上取下，缓慢地转动驱动装置，在无应变状态下测量试样的标线间距。对于环状试样，需要将试样从试验机上取下测定内周长，若试验机带有力-伸长测定装置，就可以不取下试样，在拉力刚好显示为零时根据滚轮的间距计算出试样的内周长。残留应变需要采用两个试样进行测定，停机时先测定一个试样，然后再经过 100 次应变循环后测定另一个试样。测定最大应变时，需要分别测量出应变循环次数为 n 后，试样在最大拉伸位置时以及在无应变状态下的标线间距，然后再根据这两个标线间距按照标准给出的公式计算出最大应变。

如果拉伸疲劳试验机带有力-伸长测定装置，最大应力和最大应变能密度可在试验应变的范围内通过力-伸长测定装置，并以一定的拉伸速度测定力和伸长之间的关系而得到。首先要在规定的试验应变条件下进行疲劳试验，试验至拉伸循环次数达到与疲劳寿命中间值相同的 10 的次方数后停止，然后再测定力-伸长之间的关系。例如：若已知材料的疲劳寿命的中间值为 6×10^4 的情况下，试验时试样的疲劳循环次数应达到 1×10^4 后，再测定力-伸长之间的关系。标准推荐采用的拉伸速度为 20mm/min。也可以采用普通的拉力试验机测定试样的应力-应变性能得到最大应力和最大应变能密度。

疲劳试验前、后的最大应变能密度（J/m^3），无论环状试样还是哑铃状试样都是用最大应变能除以试样的体积所得到的值。最大应变能通过力-伸长曲线可用积分的方法求出，其值等于力-伸长曲线下围成的面积。试样的体积，对于环状试样即试样整体的体积，对于哑铃状试样即标线间试样的体积。

（2）拉伸疲劳试验的适用范围

用橡胶的拉伸疲劳试验测定疲劳寿命与屈挠龟裂试验和裂口增长试验（德墨西亚型）相比，前者是测定拉伸循环次数，后者是测定屈挠循环次数，都是一个夹持器固定，另一个夹持器做往复运动，有一定的共同之处。国内许多试验机生产厂家制造的橡胶疲劳试验机既可以测定拉伸疲劳寿命，也可以进行屈挠龟裂试验和裂口增长试验。同时可以满足 GB/T 1688 和 GB/T 13934 两个国家标准的要求。但拉伸疲劳试验与屈挠龟裂试验和裂口增长试验相比，不需要观察裂口的大小和数量，也不需要测量裂口的长度，而能自动得到试验结果，排除了试验人员主观因素的影响。此外拉伸疲劳试验与屈挠试验相比，后者使试样在反复受到压缩或扭转的过程中产生大量的热，疲劳破坏是在应力和温度的同时作用下发生的。而拉伸疲劳试验采用的是使试样不发热的较低的试验频率，排除了温度的影响，试样的破坏基本是由机械力造成的。拉伸疲劳试验理论上应在恒应变条件下进行，但在试验过程中试样会由于疲劳而产生永久变形（残留应变），应变会发生一定的变化，造成试验结果的误差。由于试样产生永久变形，其未伸张部分会逐渐增加，往往刚开始试验时永久变形增加得很快，以后则逐渐减慢。如果永久变形很大，疲劳寿命就会明显增加。所以 GB/T 1688 和 JIS K 6270 都规定：拉伸疲劳试验仅适用于具有某种应力-应变特性的胶料，试验的对象一般为永久变形在 10% 以内的橡胶。因此有人建议在拉伸疲劳试验之前对硫化橡胶的永久变形进行测定，可以预估永久变形在拉伸疲劳试验中的影响，拉伸永久变形过大达不到规范要求，会使接下来的拉伸疲劳试验误差过大，失去试验意义[8]。尽管如此，由于橡胶是弹性体，可以产生很大的拉伸变形，因此人们对于橡胶的各种拉伸性能都比较重视，拉伸疲劳寿命也是评价一些橡胶制品质量的重要依据，也有一些专家学者进行过这方面的研究。华南理工大学的上官文斌教授等人为研究橡胶隔振制品的性能和对其进行疲劳寿命预测，用哑铃状试片和比较复杂的哑铃状试柱进行了拉伸疲劳试验，并建立了哑铃状试片单轴拉伸疲劳试验与疲劳寿命预测的模型。通过一系列分析比对，研究出了用哑铃状试片替代哑铃状试柱的试验方法，这种方法与采用哑铃状试柱的试验结果有很高的一致性[20]。为橡胶隔振制品性能的分析和疲劳寿命的预测提供了更为经济实用的途径。

11.2 屈挠试验方法

11.2.1 屈挠试验的标准

屈挠试验的国际标准有 4 个，最新版本分别是：

①ISO 4666-1:2010《硫化橡胶　屈挠试验中温升和抗疲劳寿命的测定　第 1 部分：基本原理》；②ISO 4666-2:2008《硫化橡胶　屈挠试验中温升和抗疲劳寿命的测定　第 2 部分：旋转屈挠试验》；③ISO 4666-3:2016《硫化橡胶　屈挠试验中温升和抗疲劳寿命的测定　第 3 部分：恒应变试验》；④ISO 4666-4:20018《硫化橡胶　屈挠试验中温升和抗疲劳寿命的测定　第 4 部分：恒应力试验》。

JIS K 6265:2018《硫化橡胶或热塑性橡胶在屈挠试验中温升和耐疲劳性能的测定方法》是在 2010 年第 2 次发布的 ISO 4666-1、2016 年第 3 次发布的 1SO 4666-3 和 2007 年第 1 次发布的 ISO 4666-4 的基础上做了技术性修改之后，将这 3 个标准合在一起而制定成的。

关于橡胶屈挠试验，国家标准 GB/T 1687.3—2016《硫化橡胶　在屈挠试验中温升和耐疲劳性能的测定　第 3 部分：压缩屈挠试验（恒应变型）》在前言中说明，该标准拟分为 4 部分：第 1 部分，基本原理；第 2 部分，旋转屈挠试验；第 3 部分，压缩屈挠试验（恒应变型）；第 4 部分，恒应力屈挠试验。但目前只制定了第 1 部分和第 3 部分，第 4 部分，GB/T 1687.4—2021 等同采用 ISO 4666-4:2018，已经于 2022 年 5 月实施。JIS K 6265:2018 也只是包括国际标准中的第 1 部分、第 3 部分和第 4 部分。对于国际标准中的第 2 部分——旋转屈挠试验，国标和日本标准还都未作规定。

11.2.2　试样的生热与疲劳破坏

橡胶是高弹性体，在反复变形下会产生可逆形变和不可逆形变，其中不可逆形变产生的滞后损失会转化为热能，使内部温度上升，这种现象称橡胶生热。很多橡胶的疲劳破坏不仅是力学的疲劳破坏，其中还伴随着热疲劳破坏。尤其是较厚的制品如桥梁支座、铁道车辆转向架、橡胶底座等在受到反复的压缩载荷作用时，内部的热量不容易散发出来，温度越来越高，积累到一定程度，在热空气中橡胶分子就会发生氧化反应，分子链发生降解，使永久变形不断增大，最终导致制品的疲劳破坏。对于某些需在高速动态条件下使用的橡胶制品如轮胎，在行驶中反复受压缩产生的热量是造成轮胎损坏的重要原因之一。有试验表明，屈挠试验中的温升与疲劳寿命是有关联的，温度上升快则疲劳寿命就短，发热越慢动态性能越好[21,22]。

在对橡胶进行屈挠试验时，为测定疲劳寿命，需要连续试验直至试样破坏。但疲劳破坏一般首先发生在试样的内部，难以观察到。因此在屈挠试验中如何及时判断试样发生了疲劳破坏，对于能否准确地测定疲劳寿命十分重要。GB/T 1687.1 在 7.4 条 "疲劳寿命的测定" 中并没有明确规定试样破坏到什么情况终止试验。GB/T 1687.3 在 9.2.3 条 "耐疲劳性能的测定" 中指出：破坏的初期表现为温度曲线不规则（温度突然上升）或蠕变明显增加。但其中并没说明温度上升和蠕变增加到什么程度终止试验。在该条中还规定，试验结束后，沿垂直高度方向，从中间剖开试样，目视判断破坏发生的类型：初始孔隙、软化或其他变化。若试样没发生破坏，应选择更加苛刻的试验条件。JIS K 6265:2018 的第 5 章"恒应变屈挠试验"中也有类似的规定。看来疲劳试验的终止条件并不十分确切，需要试验人员凭借自己的经验决定，在试验后必须解剖试样进行分析，如果发现试样没有发生破坏或破坏的程度不够，就要重新进行试验。以此可以看出疲劳寿命的测定结果受主观因素的影响较大。

JIS K 6265:2018 的第 6 章"恒应力屈挠试验"修改采用 ISO 4666-4，在 6.3.2.2 条"疲劳寿命的确定"中规定了判定试样疲劳破坏的两种方法。其中一种方法与 GB/T 1687.3 规定的方法相同，是以往通常使用的方法。另一种方法是通过检测到的数据判断试样是否产生了疲劳破坏。

按照第二种方法，为了实现自动判定试样破坏这一目的，首先要明确试样截面出现怎样的状况才可以判定为破坏，这就要根据试样截面出现气泡的大小或数量，预先将破坏程度划分为几个级别，规定达到哪一个级别就可以判定为破坏的开始。然后在试验过程中观察测定值（一般为两个以上），其中包括试样的温升，以及蠕变、储能模量、损耗模量和损耗角正切发生的变化。这个变化的大小、随时间的变化率以及其他形态方面的变化达到一定的量，即判定发生了破坏，并终止试验。试样解剖后将破坏程度与预先规定的某一级别的破坏程度进行比对，看一下实际的破坏程度比该级别的破坏大还是小。若实际的破坏程度比该级别轻，应延长试验时间重新试验，反之应减少试验时间重新进行试验。

反复进行试验，最终找到试样实际破坏程度刚好与预先规定的某一级别的破坏相同的时间点，详细记录下该时间以及此时所选择的测定值变化情况。准备好这一切之后才能开始进行正式的试验，试验中当测定值发生的变化与预先记录下来的变化情况相同时即可终止试验，此时的时间（或循环次数）则为试样的疲劳寿命，试样内部的破坏也应当和预先规定的某一级别相同。采用这样的方法进行疲劳试验就可以大大减少主观因素对试验结果的影响。这种判断发生疲劳破坏的方法应该也适用于恒应变屈挠试验。

11.2.3　恒应变屈挠试验与恒应力屈挠试验

橡胶的屈挠试验恒应变法和恒应力法有很大的不同，前者通过试验机的重锤和偏心轮机构为试样施加静载荷和循环载荷，循环载荷使试样产生反复的恒定的应变（振幅）。后者是通过试验机的振动机构为试样施加静载荷和循环载荷，振动机构可以将根据试验条件设定的静态压缩载荷施加到试样上保持稳定，并且能够将施加在试样上的循环载荷的振幅始终保持在设定值上不变。这两种试验虽然最终试验目的是相同的，但试验的试样、试验设备以及试验方法并不一致。试验过程中试样的应变和应力的变化也有很大的差别，恒应变试验中，橡胶材料在反复变形的作用下弹性逐渐减小，在应变（变形）不变的情况下试样内部产生的应力也逐渐减小。在恒应力试验中，试样在循环载荷作用下弹性同样逐渐减小，但在相同应力条件下变形（应变）逐渐加大。两种试验的应力和应变变化如图 11-1 所示。

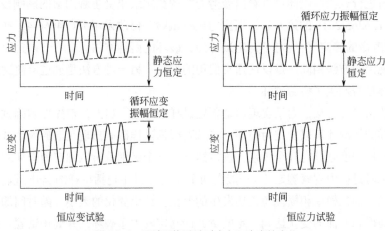

图 11-1 两种屈挠试验时应力和应变的变化

　　从这两种屈挠试验的设备以及试验方法来看，恒应变试验方法操作比较复杂而且自动化程度低，试验之前需要完成一系列的准备工作，如调整杠杆水平并固定、调整偏心机构的冲程、用黄铜标准块和测微装置调整下压板的高度、调整下横梁与压板平行并与标准块密切接触、调整螺旋机构归零并且与齿轮传动装置脱离等。试验开始后要迅速将杠杆调至水平状态，在试验中还要始终使杠杆保持水平。因此需要试验人员有丰富的经验才能准确无误地完成试验。

　　恒应力试验操作方法相对简单一些，并且试验设备的自动化程度较高，试验过程中，测量温度的针状温度传感器插入试样内部，由步进电机和变速箱带动可上下移动，无论试样产生多大的变形，测温点始终保持在试样高度的中部。操作人员只需将试样放到下加压板上，上升下加压板，直至试样的上表面与上加压板接触为止。保证试样所受的压力不得大于 5N，并且试样与加压板之间的间隙不得大于 0.5mm 即可开始试验。试验结果受主观因素的影响较小。

　　大多橡胶制品都是在压缩条件下使用，但动态压缩载荷的形式各种各样。有的载荷保持基本不变，也有的变形保持基本不变，还有一些制品在使用中载荷与变形都不断发生变化。正是因为橡胶制品形状和尺寸多样性以及在使用过程中载荷的复杂性，所以 GB/T 1687.3 和 JIS K 6265 都在标准的正文中特别说明：由于制品的使用条件差别较大，所以试验结果与实际使用状况并不一定会具有良好的相关性。所以在选择屈挠试验的种类时，必须认真分析制品使用中载荷与变形的实际情况，选择是采用恒应变试验还是恒应力试验，才能使试样结果具有一定的参考价值。例如，轮胎在行驶过程中胎面胶的温度上升，与采用恒应变屈挠试验检测到的温升基本没有相关性，采用恒应力屈挠试验却可以得到较好的相关性[23]。这可能是由于汽车在一段时间的行驶过程中其载重量是不变的，因而对于轮胎来说载荷是恒定的缘故。但目前国内还没有制定恒应力屈挠试验的标准，所以这种试验方法还应用较少，也没有厂家生产恒应力屈挠试验机。

由于疲劳寿命是在动态条件下使用的橡胶制品的重要性能，研究和生产橡胶制品的工程技术人员都想方设法提高产品的疲劳寿命，其中最主要的方法就是采用屈挠试验来尽快了解胶料的性能，通过改进配方提高疲劳寿命，然后还要经过实际使用的验证。近年来由于橡胶制品在动态条件下的应用越来越广泛，如轮胎、桥梁和铁轨的橡胶支座、动车组的空气弹簧、输送带和传动带等，都是经过了反复的动态疲劳后才出现破坏。所以屈挠试验也更加受到重视，已经发表了不少利用压缩疲劳试验来评价硫化橡胶疲劳和耐热性能的研究论文。

11.2.4 恒应变屈挠试验简介

（1）试验设备

试验设备由给试样施加静载荷和循环载荷的上下压板、测量试样高度变化的微调机构、恒温箱以及温度测量装置等构成，试验设备的动作原理如图 11-2 所示。试样为直径（17.80±0.15）mm、高度（25.00±0.25）mm 的圆柱体。试样安装部分主要由一对加压板构成，杠杆的作用力（静态压缩载荷）通过下压板传递给试样，使试样产生静态压缩应力。试样的静态压缩应力有（1.00±0.03）MPa 和（2.00±0.06）MPa两种，应力为（1.00±0.03）MPa 时，需要在惯性砝码的基础上再追加 11kg 的附加砝码。应力为（2.00±0.06）MPa 时需要再追加 22kg 的附加砝码。

上加压板与偏心机构连接，其冲程（2 倍的循环应变振幅）可在（4.45±0.03）mm、（5.71±0.03）mm 和（6.35±0.03）mm 三种数值中任意选取，使试样产生循环压缩变形。为试样施加循环压缩变形的频率为（30.0±0.2）Hz。由于冲程在试验过程中不能改变，试样的应变振幅也是恒定的，所以称为"恒应变"试验。

（2）试验方法

试验前应按照以下方法调整好试验机：①用定位销将杠杆固定在水平位置；②调整偏心机构使冲程为基准值（4.45±0.03）mm，冲程调整后，利用偏心机构，将上加压板上升到最高点度并固定；③利用微调机构使下压板与试样的接触面下降至距离杠杆上平面（67±3）mm的范围内，将用黄铜制作、尺寸与试样相同的校准块放到下压板上，然后再利用微调机构使下压板上升；④上、下加压板应平行，当确认上加压板与校准块接触后，将微调机构的指针调至零点；⑤利用微调机构使下压板下降，取出校准块，并再次确认冲程为（4.45±0.03）mm；⑥拨出定位销，确认杠杆水平，若杠杆不能保持水平，可用辅助砝码加以调整。

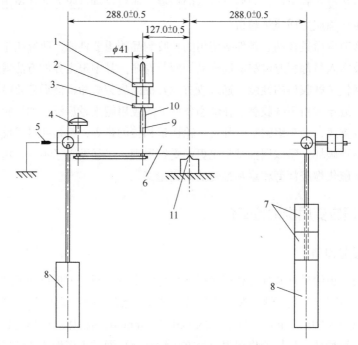

图 11-2　恒应变屈挠试验的动作原理（单位：mm）

1—上压板；2—试样；3—下压板；4—微调机构旋钮；5—水平指针；6—杠杆；7—附加砝码；
8—惯性砝码；9—螺杆；10—试样安装轴；11—刀口支撑

按照以下步骤进行试验：

①再次确认冲程为 4.45mm，用定位销固定杠杆，追加与试样的静态压缩载荷所对应的附加砝码。②用 GB/T 2941 规定的方法测量试样的高度。③利用偏心机构将上加压板上升到最高点，把试样放到下加压板上，使下加压板上升，直至试样与上加压板接触。使用恒温箱试验的情况下，应先将试样放到恒温箱的栅格上进行状态调整至少 30min，然后将试样的上下面颠倒并立即放到下加压板上。④拨出销钉，启动设备进行试验，6s 之内将杠杆调至水平状态，在试验过程中杠杆应始终保持在水平位置。若试样由于静态载荷的变形小于冲程的二分之一，试验就得不到正确

的结果。在这种情况下，应考虑是追加附加砝码还是减小冲程。⑤用自动记录仪连续记录试验过程中试样高度的变化和试样的温度，用测得的高度与 25.00mm 的差值，将微调机构的零点加以修正。

试验 25min 后通过安装在下压板中央的热电偶测量试样底面温度，如果试样可以保持正常的试验，也可延长试验时间。永久变形试验可在试验 25min 后将试样取出，在试验室标准温度下放置 1h 冷却后测量高度值，精确到 0.01mm。

疲劳寿命的测定需要将试验进行到试样破坏，破坏初期温度曲线发生异常或蠕变明显增加。试验结束后，将试样沿着高度方向从中心剖开，就会发现用肉眼可以辨别的不同程度的损伤（微小的气泡、龟裂等）。如果试样不发生破坏，可选择更加苛刻的条件试验。

蠕变可以通过试验开始（开始施加循环载荷）后 6s 测量的试样高度和从开始一直试验到规定时间时测量的试样高度来计算。

温升用式（11-1）计算。

$$\Delta\theta = \theta_{25} - \theta_0 \tag{11-1}$$

式中　$\Delta\theta$——温升，℃；

　　　θ_0——试验开始前测定的试样底面温度，℃；

　　　θ_{25}——试验 25min 后测定的试样底面温度，℃。

蠕变用式（11-2）计算。

$$F = \frac{h_6 - h_t}{h_0} \times 100\% \tag{11-2}$$

式中　F——蠕变；

　　　h_0——试验前在标准温度下测定的试样高度，mm；

　　　h_6——试验开始后 6s 测定的试样高度，mm；

　　　h_t——试验到 t 分钟后测定的试样高度，mm，标准试验时间为 25min。

试样高度 h_0 的误差范围在 ±0.2mm 以内，则试样的高度可按照标准值 25mm 计算。试验开始后 6s 必须调整杠杆至水平位置。

式（11-2）与蠕变率一般的定义不同，若试样高度变化相对于初始变形，其定义表现为式（11-3）。

$$F = \frac{h_6 - h_t}{h_0 - h_6} \times 100\% \tag{11-3}$$

式（11-2）以负载条件下的试样高度 h_6 为基准，有不需重新计算的优点。若将试样初始高度 h_0 视为定值（误差在 ±0.2mm 范围内），则$(h_6-h_t)/h_0$ 的值可以方便地由微调机构或自动补偿器读出。

永久变形用公式（11-4）计算。

$$S = \frac{h_0 - h_e}{h_0} \times 100\% \tag{11-4}$$

式中　S——永久变形；

　　　h_0——试验前在标准温度下测定的试样高度，mm；

　　　h_e——25min 试验后，试样在试验室标准温度下放置 1h 冷却后测量的高度，mm。

疲劳寿命为发现试样产生破坏，试验失效的时间或循环次数。

11.2.5　恒应力屈挠试验方法

（1）恒应力屈挠试验机

恒应力屈挠试验机由给试样施加静态载荷和循环载荷的振动装置、测量试样变形和载荷的传感器、测量试样内部温度的针状温度传感器、恒温箱、控制和计算装置等组成。其结构和原理如图 11-3 所示，试验设备如图 11-4 所示。

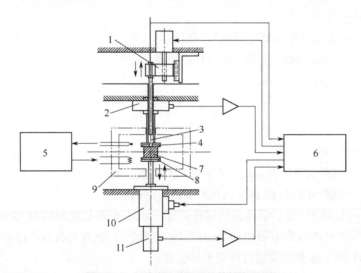

图 11-3　恒应力屈挠试验机的结构和原理
1—位置控制装置；2—测力传感器；3—针状温度传感器；4—上加压板；5—温度控制装置；6—振动控制和测定值计算装置；7—试样；8—下加压板；9—恒温箱；10—振动装置；11—位移传感器

试验机的试样安装部分由上、下加压板组成。下加压板与振动装置连接，使试样产生静态应变和循环压缩应变。上加压板将试样受到的静态以及循环压缩载荷传至测力传感器。上、下加压板设有一层热导率小于 0.28W/(m·K) 或 0.24kcal/(m·h·℃)

（1kcal=4.1868kJ）的隔热材料。上加压板、载荷传递轴和测力传感器的中央加工有通孔，以便使测量试样内部温度的针状温度传感器可以从上部贯通，一直插到试样内部。上、下加压板如图 11-5 所示。

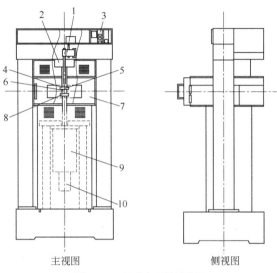

主视图　　　　　　　　侧视图

图 11-4　恒应力屈挠试验机

1—位置控制装置；2—测力传感器；3—温度控制装置；4—上加压板；5—针状温度传感器；
6—试样；7—恒温箱；8—下加压板；9—振动装置；10—位移传感器

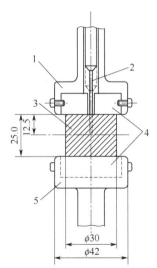

图 11-5　上、下加压板（单位：mm）

1—上加压板；2—针状温度传感器；3—试样；4—隔热材料；5—下加压板

（2）测量和控制装置

振动装置的最大载荷不小于 2kN，并可提供最大振幅 0.75kN、频率 60Hz 的循环载荷。冲程为 20~25mm。推荐使用液压伺服控制的振动装置。位移传感器用于测量下加压板的位移（试样的压缩变形量），传感器可显示 0.01mm。并且传感器的反应速度应能充分满足测量试样在最大频率下循环变形的需要。测力传感器的量程为 2.0kN，可将压缩载荷的读数显示至 5N。反应速度应能满足测量最大频率下循环载荷的需要。

恒温箱的温度控制范围为 40~100℃，最大允许误差±1℃。温度传感器测试端的高度应在上、下加压板的中间位置，距加压板端部 6~9mm。温度传感器必须有 100mm 以上的长度位于恒温箱内。恒温箱内试样状态调节用的支架，大体上与下加压板等高。试样的状态调整也可在其他恒温箱内进行。

测量试样内部温度的针状温度传感器测试端直径 1.0mm，测量最大允许误差±0.5℃。

针状温度传感器在试样内部的位置要通过位置控制装置自动调整，控制装置采用步进电机带动温度传感器支架上、下作微量移动。试样压缩时的高度变化通过位移传感器测出，位移传感器将放大后的电信号传递到电脑，控制步进电机转动，以保证在试验过程中针状温度传感器的测试端插入试样的深度应始终为平均高度的二分之一。为减少移动阻力，温度传感器支架安装在直线导轨上。试样的平均高度是在进行循环压缩时，试样一次压缩的往复过程中最大高度和最小高度的平均值。一般情况下该值随着蠕变产生会缓慢减小。

针状温度传感器以及位置控制装置如图 11-6 所示。

振动控制和测定值计算装置应具有以下功能。

① 能够将根据试验条件设定的压缩载荷施加到试样上，并保持载荷的稳定。

② 能够将施加在试样上的循环载荷的振幅始终保持在规定的设定值误差范围内。

③ 测定值的计算功能包括：能将温度传感器测出的试样内部的温度、力传感器测出的压缩载荷以及位移传感器测出的试样的压缩变形等测定值随时进行计算、显示和/或记录；在试验条件下达到设定的试验时间或测定值满足了所有预先设定的试验条件试验结束时，设备能自动停机；在根据动态特性测定疲劳寿命时，能根据各个传感器测出的数据计算出储能模量（M'）、损耗模量（M''）和损耗角正切（$\tan\delta$）等动态性能参数，并显示和/或记录。测定值应每隔 1s 计算、显示和/或记录一次。

（3）试样和试验条件

恒应力屈挠试验的试样为直径（30.0±0.3）mm、高度（25.00±0.25）mm 的圆柱体。试样的数量不少于 2 个，测量值应显示至 0.01mm。

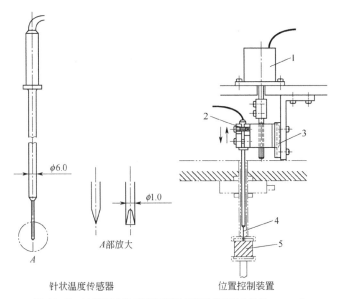

针状温度传感器

位置控制装置

图11-6 针状温度传感器及其位置控制装置（单位：mm）

1—步进电机；2—夹板；3—直线导轨；4—针状温度传感器；5—试样

　　测定温升时的试验条件和测定疲劳寿命时的试验条件如表11-1和表11-2所示，试验时间为25min。测定疲劳寿命的情况时，如果25min后未发生疲劳破坏，可在试验条件的范围内选择更为苛刻的条件再次进行试验。若疲劳破坏早于25min发生，可在试验条件的范围内选择稍缓和的条件再次进行试验。对试样施加的静态载荷、循环载荷的振幅以及频率，测定温升时可在表11-1中选择，测定疲劳寿命时可在表11-2中选择。静态载荷（或应力）应比循环载荷（或循环应力）振幅稍大一些。

表11-1　测定温升时的试验条件

项目	范围	试验条件实例（参考）
恒温箱温度	—	标准试验温度（40℃±1℃，100℃±1℃）
静载荷（应力）	250～900N（0.35～1.27MPa）	600N（0.85MPa）
循环载荷（应力）振幅	200～700N（0.28～0.99MPa）	400N（0.57MPa）
频率	5～30Hz	10Hz

表11-2　测定疲劳寿命时的试验条件

项目	范围	试验条件实例（参考）
恒温箱温度	—	标准试验温度（40℃±1℃，100℃±1℃）
静载荷（应力）　.	510～950N（0.72～1.34MPa）	680N（0.96MPa）
循环载荷（应力）振幅	500～750N（0.71～1.06MPa）	600N（0.85MPa）
频率	20～60Hz	30Hz

（4）试验方法

试验时先测量试样高度。启动振动装置，使下加压板下降到最低位置，将试样放到下加压板上。上升下加压板，直至试样的上表面与上加压板接触为止。此时试样所受的压力不得大于 5N，并且试样与加压板之间的间隙不得大于 0.5mm。试样应在恒温箱中至少放置 30min 进行状态调整。启动位置控制装置，使针状温度传感器在试样的中央从试样上表面插入试样，深度为 12.5mm。并且随着试样发生蠕变，传感器测试端的插入深度为试样平均高度的二分之一，在试验中始终保持这个深度不变。由于振动装置施加载荷的作用，下加压板会重新上升，试样在静态载荷的作用下产生压缩变形，此时位置控制装置就会有所反应，将针状温度传感器从试样中拔出压缩变形量二分之一的距离。试样被施加静载荷后 5~10s，温度显示平稳之后，振动装置将规定频率和振幅的循环载荷通过下加压板施加于试样上，开始试验。试验过程中试样所受载荷的平均值、静载荷以及循环载荷振幅均始终保持不变。

为测定疲劳寿命，必须将试验进行到试样破坏为止。疲劳寿命用试样产生破坏或损伤时所达到的循环变形次数 N 或时间表示。可以用 a 法、b 法两种方法来确定试样是否破坏并测定疲劳寿命。

a 法，试样的破坏可以通过连续测量显示系统的显示出现明显变化而发现，如温度曲线出现异常（温度急剧上升）、蠕变明显加大等。疲劳破坏也可在试验结束后，将试样沿试样高度方向的中央位置，沿与振动垂直方向切开，观察试样的损伤（试样内部的细小气泡、裂纹或橡胶的老化）程度来判断。但一般情况下在试验过程中观察到试样内部的破坏比较难，间接的判断并不可靠。对于恒应力屈挠试验，也可通过试验过程中连续测定的各种数据的变化，判定破坏的发生，这种方法即 b 法。

b 法，观察试样内部的温度（θ）、蠕变（F）、储能模量（M'）、损耗模量（M''）、损耗角正切（$\tan\delta$）五种测定值中的两个或两个以上发生变化的大小、随时间的变化率以及其他形态方面的变化情况，若这些变化达到一定的量，即判定发生了破坏，并终止试验。但要做到这些并不容易，这样的破坏判定条件需要根据事先的许多试验来确定。为了能通过检测到的数据判定试样的破坏，在试验结束将试样解剖后，必须明确试样截面出现怎样的状况才可以判定为破坏。如根据试样截面出现的破坏情况，预先将破坏程度划分为几个等级，规定达到哪一个级别就可以判定为破坏的开始。但由于破坏判定的基准必须根据制品的种类和试验的目的确定，因此标准一般不做规定。一般还要经过以下几个程序。

① 尽量选择疲劳寿命差异比较大的 5 种胶料进行试验，每种应最少制作 6 个试样。根据损耗模量和损耗角正切来判定疲劳破坏时，应选择动态性能不同的试样。

② 对试样施加的静载荷和循环载荷振幅应与制品实际使用条件相同或近似，为快速得到试验结果，试验温度和频率可以高于实际使用条件。

③ 试验时间应足够长,可将通过连续记录测定值的变化来推断的破坏发生的时间定为试验时间。

④ 试验结束后,从试样的高度方向的中间位置,沿着与振动垂直的方向切开试样,对截面进行观察。将试样破坏程度与预先规定的某一级别的破坏程度进行比对,判断实际的破坏程度比该级别的破坏大还是小。

⑤ 若实际的破坏程度比该级别的破坏小,应延长试验时间重新试验。反之应减少试验时间重新进行试验。

⑥ 反复进行④和⑤的操作,最终找到试样实际破坏程度刚好与预先规定的某一级别的破坏相同的时间点,详细记录下该时间以及此时测定值的变化情况。

⑦ 将准备好的全部试样进行④和⑤的试验。

⑧ 分析所得到的所有试验结果,用公式或图形的方法确定自动判定破坏发生的条件。

完成了以上程序,以后每次试验新的试样时,就可以按照③进行 25min 的试验,根据测定值的变化情况,就可以判断试样内部是否发生了破坏,而最终决定应如何改变试验条件再次进行试验。进行⑥的试验时,为确保结果可靠最好选择两个或两个以上试样按照同样的条件进行试验。

通过以上的程序来看,用 b 法确定试样是否破坏比较费时,但可以减小人为因素的影响,得到比较准确的试验结果。

温升和蠕变的测定应在 25min 的试验过程中连续进行,蠕变测定时,应先测量试验开始加载 6s 时的试样高度,再测量以后的试样高度。试验 25min 结束后,取出试样,在试验室标准温度下放置 1h 冷却后,测量试样高度,测量值应显示至 0.01mm。

疲劳寿命用从开始施加循环载荷(试验开始)一直到试样内部出现疲劳破坏时的时间或循环次数表示。试验时还应记录此时的试样温度,可根据动态特性测定值的变化判定发生疲劳破坏的开始时间。动态特性测定则还要通过载荷与变形的变化曲线计算储能模量、损耗模量以及损耗角正切。试验结束后,将试样从高度的中间位置沿垂直方向切断,用肉眼观察试样内部的损坏(细小气泡、龟裂以及老化)程度。

温升和永久变形的计算与恒应变试验相同,温升采用公式(11-1)计算,只是 θ_0 和 θ_{25} 在恒应变试验中是试样底部的温度,而在恒应力试验中是试样内部的温度。永久变形用公式(11-4)计算。

蠕变用公式(11-5)计算,式(11-5)采用试样在试验过程中的平均高度,这一点与公式(11-2)不同。

$$F = \frac{h_6 - h_t}{h_0} \times 100\% \tag{11-5}$$

式中 F——蠕变;

  h_0——试验前在试验室标准温度下测量的试样高度,mm;

h_6——试验开始 6s 后测定的试样平均高度，mm；

h_t——试验到 t 分钟后测定的试样平均高度，mm，标准试验时间为 25min。

公式（11-5）经过转换成为公式（11-6）。

$$F = \frac{h_0 - h_t}{h_0} \times 100\% - \frac{h_0 - h_6}{h_0} \times 100\% = F_{(t)} - F_{(6)} \quad (11\text{-}6)$$

公式（11-6）中的 $F_{(6)}$ 为初始蠕变，$F_{(t)}$ 中包含着初始蠕变的成分。F、$F_{(6)}$ 和 $F_{(t)}$ 三者之间的关系表示出了蠕变的特性。

动态性能用公式（11-7）～公式（11-10）计算。

$$|M^*| = \frac{F_A / A}{D_A / h_0} \quad (11\text{-}7)$$

$$M' = |M^*| \cos\delta \quad (11\text{-}8)$$

$$M'' = |M^*| \sin\delta \quad (11\text{-}9)$$

$$\tan\delta = \frac{M''}{M'} \quad (11\text{-}10)$$

式中　$|M^*|$——绝对复数模量，MPa；

$\quad F_A$——循环载荷振幅，N；

$\quad A$——试样横截面积，mm²；

$\quad D_A$——循环变形振幅，mm；

$\quad h_0$——试验前在试验室标准温度下测量的试样高度，mm；

$\quad M'$——储能模量，MPa；

$\quad M''$——损耗模量，MPa；

$\quad \tan\delta$——损耗角正切；

$\quad \delta$——载荷与变形的相位差角，rad。

试验结果取两个以上试样计算值的中间值并进行圆整，温升取整数位，其余的数值用两位有效数字表示。

11.3　恒应力屈挠试验的精密度

国际标准化组织在 2001 年采用相同的配方对恒应变和恒应力屈挠试验实施了试验室间的比对试验（ITP）。由于 GB/T 1687.3—2016 给出了恒应变试验的精密度结果，本章不再赘述。仅列出了恒应力试验的精密度分析计算结果。

制作试样的胶料有天然橡胶（NR）、丁苯橡胶（SBR）和氯丁橡胶（CR）三种，配方参见表 11-3。试验按照标准规定的往复频率和试验时间进行，恒温箱的温度、静态载荷以及循环载荷与标准规定的不同。试验条件如下：恒温箱温度为 55℃（试验前试样状态调节 30min）、静态载荷 707N、往返循环载荷振幅为 700N、频率 30Hz、试验时间 25min。一周内间隔 2 天每天用每种配方各制作 2 个试样进行试验，测定温升（℃）、蠕变（%）和永久变形（%）。有 8 个试验室参加试验。

表 11-3　试验胶料配方　　　　　　　　单位：质量份

胶料与配合剂	NR	SBR	CR
天然橡胶（RSS No 1）	100	—	—
SBR1502	—	100	—
CR（硫黄变形型）	—	—	100
HAF 炭黑（N330）	35	50	25
氧化锌	5	3	5
氧化镁	—	—	4
硬脂酸	2	1	0.5
防氧剂 6PPD①	2	2	2
防氧剂 TMQ②	2	2	—
石蜡	1	1	—
促进剂③	0.7	1	—
硫黄	2.25	1.75	—
合计	149.95	161.75	136.5

① N-(1,3-二甲基丁基)-N'-苯基对苯二胺。

② 聚 2,2,4-三甲基-1,2-二氢喹啉聚合物。

③ 2-叔丁基-2-苯并噻唑。

精密度计算结果列入表 11-4。

表 11-4　精密度计算结果

试验项目	试验胶种	平均值	试验室内		试验室间	
			r	（r）/%	R	（R）/%
温升/℃	NR	91.88	4.93	5.36	7.72	8.40
	SBR	74.31	4.76	6.40	10.83	14.58
	CR	36.13	3.29	9.12	4.32	11.96
蠕变/%	NR	24.80	0.40	1.62	3.05	12.3
	SBR	20.81	1.03	4.95	4.12	19.8
	CR	15.69	0.38	2.45	2.00	12.7
永久变形/%	NR	2.44	0.22	9.18	1.77	72.8
	SBR	1.27	0.34	26.40	0.60	47.2
	CR	0.50	0.21	41.55	0.26	50.8

注：r—用测定单位表示的试验室内的重复精密度；（r）—用百分比表示的试验室内的重复精密度（%），即相对重复精密度；R—用测定单位表示的试验室间的再现精密度；（R）—用百分比表示的试验室间的再现精密度（%），即相对再现精密度。

11.4 国标与日本标准的主要差别

11.4.1 拉伸疲劳试验

拉伸试验的国标和日本标准是 GB/T 1688—2008 和 JIS K 6270:2018，这两个标准对于试验机、试样以及试验方法的规定基本相同。内容不一致的地方主要有以下几处：

（1）关于环状试样的夹持器

JIS K 6270 规定为：环状试样的夹持器由可自由转动并且摩擦力尽可能小的两组辊轮组成，辊轮与试样的接触表面应光滑并且在试验中能使试样保持在固定的位置，并采用如图 11-7 的示意图加以说明。

GB/T 1688 仅用文字规定如下：对于环形试样，试验机的适当位置应有两对辊子，一对固定在机身上，另一对固定在往复部件上。为减小摩擦力，辊子应使用不锈钢或镀铬钢材制造，并被抛光，安装有自由转动的滚珠轴承座圈。装配辊子使试样在整个试验过程中被安全地固定在适当位置上。

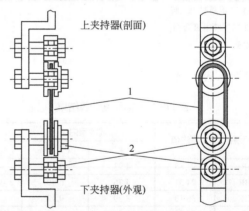

图 11-7 JIS K 6270 给出的环状试样夹持器示意图
1—环状试样；2—辊轮

（2）关于试验应变

GB/T 1688 规定："在多数情况下，试验应变应取伸长率的 50%～125%。"而 JIS K 6270 却规定："试验应变一般为 50%～125%。"这两者是有差别的，按照国标的规定，疲劳试验之前应先测定试验的伸长率，然后将测出的伸长率乘以 50%～125%

才能得出试验应变,但国标并没有说明这个伸长率是拉断伸长率还是定应力伸长率,所以操作起来有一定的困难。

(3)关于哑铃状试样的安装

GB/T 1688 在第 8.3 条中关于向夹持器中安装哑铃状试样的规定为:"在无应变状态下,将每个试样装入试验机的夹持器中,注意不要夹得过紧,否则试样可能在夹持部位过早出现损坏。用手移动试验机的往复件到最大拉伸位置,调节夹具,使试样上的标线达到所需的距离,在调整过程中,不应超过最大应变值,施加应变后到调整完成不能超过 1min。应使用卡尺或其他工具测量,确保初始最大应变在标称值的±2%(绝对)范围内。"

JIS K 6270 规定哑铃状试样的准备和安装按照以下方法进行:"将试样在无拉伸状态下安装到夹持器上,不得过度夹紧,避免试样的夹持部分产生早期损坏。缓慢地启动驱动装置,改变夹持器的间距调整试样的标线间距使试样产生的应变达到试验应变,1min 后再调整一次。标线间距的调整精度应使试样的实际应变误差不得大于试验应变的±2%,用游标卡尺等量具测量。在调整过程中应注意使试样的应变不得超过试验应变。"两个标准的规定有一定的差异。

(4)关于环状试样的安装

① GB/T 1688 在第 8.3 条对环状试样的安装做了如下规定:"调整试验机达到要求的最大拉伸距离,以使沿辊子外围一周的长度满足要求,精确到 8.3.1 哑铃状试样所规定的精度,然后,移动试验机的往复件,以使试样在无应变状态下安装。"

最大应变对应的长度按下式计算:

$$l = \left(\frac{e+100}{100}\right)l_0$$

式中 l_0——无应变时的初始标距,mm;

e——要求的初始最大应变值,%。

注:当使用 1.5mm 的首选厚度时,环状试样的内径非常接近裁刀的内径,在这种情况下,试验机辊子的位置可以根据应变直接确定。

② JIS K 6270 规定,环状试样的准备和安装按照以下步骤进行:

a. 调整夹持器两个辊轮的间距,使环状试样安装到两个辊轮上后的实际内周长等于试验应变所对应的内周长,辊轮间距的调整精度使试样的实际应变误差不得大于试验应变的±2%。试验应变对应的内周长 $l_{r,e}$ 用以下公式计算。

$$l_{r,e} = \left(\frac{e+100}{100}\right) \times l_{r,0}$$

式中　e——试验应变，%；

　　$l_{r,0}$——试验前试样的内周长，mm。

注：辊轮的间距可根据辊轮的直径和环状试样的内周长计算。

b．将辊轮的间距调整到使试样安装后处于无应变状态的位置，将环状试样安装到辊轮上。

两个标准的内容并不完全一致。

11.4.2　屈挠试验

关于恒应变屈挠试验的规定，GB/T 1687.3—2016 和 JIS K 6265:2018 并没有大的技术性差别，仅有几处细节上的不同。

（1）关于试样接触面

JIS K 6265 规定，为安装试样时定位并防止试验过程中试样产生横向移动，上、下加压板与试样的接触面的中央加工有一个直径（18.00±0.03）mm、深度（0.70±0.03）mm的凹面，如图 11-8 所示。国标无此规定。

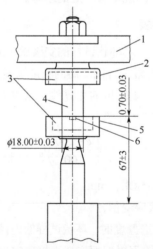

图 11-8　试样的上、下加压板（单位：mm）

1—横梁；2—上加压板；3—隔热材料；4—试样；5—下加压板；6—温度传感器（热电偶）

（2）关于恒温箱的尺寸

JIS K 6265 规定为宽 100～220mm、深 130～250mm、高约 230mm，GB/T 1687.3 规定为宽度 100mm、深度 130mm、高度 230mm。宽度和深度均为日本标准的最小值，所以日本标准规定的恒温箱稍大一些。

（3）关于对水平度偏差的检测

JIS K 6265 在第 5.1.5 条试样变形测量装置中，推荐采用差动变压器等位移传感器检测水平度偏差，自动保持杠杆水平，并记录微调机构的移动量。

（4）关于试样制作方法

GB/T 1687.3 对试样的制作方法做了规定，并严格规定了恒应变屈挠试验试样模具模腔以及旋转裁刀的尺寸。规定试样的直径为（17.8±0.15）mm、高度为（25.00±0.25）mm。硫化模具模腔直径为（18±0.05）mm、深度为（25.4±0.05）mm。旋转裁刀的直径为（17.8±0.03）mm。JIS K 6265 仅规定了试样的尺寸，与国标相同。对试样的制作方法没有特别规定，只是要求按照 JIS K 6250 第 8 章（试样的制备）的规定进行。

（5）关于循环次数

GB/T 1687.3 规定试验结果中的疲劳寿命用循环次数表示，JIS K 6265 规定用试验终止时的循环次数表示，也可用时间表示。

（6）关于试验结果

GB/T 1686.3 规定采用单个试样的测定值和所有试样的平均值表示，JIS K 6265 规定采用单个试样的测定值和所有试样的中间值表示。由于日本标准规定试样的数量应不少于 2 个，若采用 2 个试样就无法计算中间值。

第 **12** 章 热老化试验

热老化试验就是将硫化橡胶试样放置于空气中，在规定的温度下经过规定的时间后，测定其物理性能，通过与老化前的数值进行比较，对其老化性能进行分析和评价。评价橡胶材料老化性能的物理性能指标应根据实际用途确定，若无特殊规定，一般用拉伸强度、拉断伸长率、拉伸应力和硬度等物理性能指标来评价老化性能。热老化试验分为加速老化试验（accelerated ageing test）和耐热性试验（heat resistance test）两种，JIS K 6257 分别简称为 At 法和 Hr 法。加速老化试验可以在短时间内反映出自然老化的效果，试验温度比橡胶实际使用条件下的温度高。耐热性能试验的温度与橡胶实际使用条件下的温度相同。

12.1 热老化试验的标准与试验方法的分类

（1）分类

目前日本标准中关于热老化试验方法的标准是 JIS K 6257:2017《硫化橡胶或热塑性橡胶 热老化性能的测定方法》，该标准修改采用 ISO 188:2011《硫化橡胶或热塑性橡胶加速老化和耐热试验》。与此相对应的国标是 GB/T 3512—2014《硫化橡胶或热塑性橡胶 热空气加速老化和耐热试验》，等同采用 ISO 188:2011。国标和日本标准在试验方法的技术上基本上没有差别，但在试验的分类方面却明显不同。

GB/T 3512 在第 1 章范围中规定了硫化橡胶或热塑性橡胶热空气加速老化和耐热试验方法。两种方法分别为：方法 A，空气流速低的多单元或柜式热空气老化箱，每小时换气 3～10 次；方法 B，使用风扇强制通风的柜式热空气老化箱，每小时换气 3～10 次。按照国标的分类方法，热空气加速老化为方法 A，用空气流速低的多单元或柜式热空气老化箱进行试验。耐热试验为方法 B，使用风扇强制通风的柜式热空气老化箱。强制通风的柜式热空气老化箱根据气流的流动方向又分为 1 型层流空气老化箱和 2 型湍流空气老化箱。也就是说试验温度高于橡胶实际使用温度的试验使用空气流速低的老化箱，试验温度与橡胶实际使用温度相同的试验使用强制通风的老化箱。

按照 JIS K 6257 的规定，试验方法根据使用老化箱的不同而分为 A 法和 B 法。A 法在空气流通速度较高的条件下老化，采用强制通风型热老化箱。B 法在空气流通速度较低的条件下老化，采用单元型热老化箱或自然换气型热老化箱。A 法和 B 法的加热是相同的，区别就在于橡胶与新鲜空气接触的多少。热老化箱内空气移动速度不同，橡胶表面与新鲜空气接触机会的多少就会有很大差别。强制通风型热老化箱根据气流的流动方向又分为横向送风式（相当于国标中的 2 型湍流式）和纵向送风式（相当于国标中的 1 型层流式）两种。JIS K 6257 将试验种类和试验方法制成表格列出（如表 12-1 所示）。

表12-1 热老化试验种类和试验方法

试验种类	试验方法		
	试验方法的区分		使用设备
加速老化试验（At 法）比实际使用条件下的温度高	A 法	AtA-1	强制通风型热老化箱（横向送风）
		AtA-2	强制通风型热老化箱（纵向送风）
	B 法	AtB-3	单元型热老化箱
		AtB-4	自然换气型热老化箱
耐热性试验（Hr 法）与实际使用条件下的温度相同	A 法	HrA-1	强制通风型热老化箱（横向送风）
		HrA-2	强制通风型热老化箱（纵向送风）
	B 法	HrB-3	单元型热老化箱
		HrB-4	自然换气型热老化箱

注：1. 对于加速老化试验和耐热性试验，A 法和 B 法的试验结果不同。

2. 加速老化试验和耐热性试验的注意事项可参见 JIS K 6257 的附录 JA。

3. B 法的试验还可使用多单元型老化箱。

4. 试验方法代号中的 At 或 Hr 表示试验种类，A 或 B 表示试验方法，最后一位数字表示老化箱种类。

（2）热老化试验的注意事项

为提高加速老化试验和耐热性试验的精密度,试验过程中的温度必须均匀稳定,必须确认箱体内温度分布和随时间的变化在规定允许的范围内。虽然提高老化箱内的风速可以使温度的均匀性得以改善，但箱体内的空气循环以及换气都对试验结果有所影响。自然换气的低风速条件下，橡胶老化的生成物以及挥发物的累积增加会加大氧的消耗；风速高的场合，塑化剂、防氧剂以及氧化促进剂会加速橡胶的老化。

加速老化试验和热性能试验的试样，应按照将试样老化前、后进行比对的物理性能试验的要求制备并进行状态调整。尽量不用制品或从制品上切取试样。老化后的试样不做机械、化学以及加热处理。若要进行的物理性能试验或产品试验，对试样的制备和状态调整有特殊规定则应按照这些规定。

只有尺寸相同，老化条件大体一致的试样之间才能进行比对。试样的尺寸应在老化前测量,并老化后在试样上做标记,因为有些做标记的墨水会对橡胶的老化有影响。

区别试样的标记应标在不影响试验结果的区域,标记应清晰、不会在老化过程中消失并且不会对试样造成损伤。

在一个老化箱中同时试验不同配方的试样时,试样中的硫化促进剂、交联剂、防老剂、过氧化物、塑化剂等配合剂会挥发,被其他试样吸收后会使其热老化性能发生变化,因此,每个老化箱应一次仅能试验相同配方的试样。但一次试验多种配方的试样可提高试验效率,所以推荐采用单元型热老化箱进行试验。需要将多种配方的试样同时在一个老化箱内进行试验时,可与用户协商。满足以下几种情况的试样也可放在一起试验:

① 同一胶种的硫化橡胶或热塑性橡胶。

② 硫化促进剂相同并且硫黄与硫化促进剂的比例大体一致的硫化橡胶。

③ 防老剂相同的硫化橡胶或热塑性橡胶。

④ 可塑剂相同的硫化橡胶或热塑性橡胶。

一间试验室放置多台老化箱的情况下,每台老化箱排出的空气不得进入其他老化箱。

(3) JIS K 6257:2017 中试验结果的表示方法

除硬度之外的物理性能的变化率用公式(12-1)计算,性能保持率用式(12-2)计算。

$$A_{\mathrm{c}} = \frac{x_1 - x_0}{x_0} \times 100\% \tag{12-1}$$

$$A_{\mathrm{R}} = \frac{x_1}{x_0} \times 100\% \tag{12-2}$$

式中　A_{c}——老化试验后相对于老化试验前物理性能的变化率;

A_{R}——老化试验后相对于老化试验前物理性能的保持率;

x_0——老化前的物理性能测量值;

x_1——老化后的物理性能测量值。

硬度的变化用式(12-3)计算。

$$A_{\mathrm{H}} = H_1 - H_0 \tag{12-3}$$

式中　A_{H}——硬度的变化;

H_0——老化前的硬度值;

H_1——老化后的硬度值。

硬度变化的结果用整数值表示。

12.2 热老化试验与老化寿命预测

热老化试验可以测量橡胶的老化性能，用于制品的质量控制，除此之还可以利用加速老化试验预测橡胶制品的寿命，推算最高使用温度。使用寿命对于任何制品来说都是非常重要的，尽管标准和很多资料中都说明加速老化试验难以准确地再现自然老化的变化，不能反映出不同的硫化橡胶或可塑性橡胶相对的自然寿命和实际使用寿命。但超过常温或使用温度条件下的老化试验所产生的老化，同样可以对产品的预期寿命进行大致评价。在多种中间温度条件下的试验对于评价高温条件下加速老化试验的可靠性还是可以起到一定作用的。从大量发表的研究论文中可以看出，国内外的许多专家学者都在想方设法减少利用热老化试验预测橡胶寿命的误差，提高试验的可信度[24]。还有资料报道，目前我国对高分子材料的老化和制品寿命研究已经具备了相当高的水平，在材料的储存和使用寿命的预测方面总结了一套方法，积累了大量的试验数据与经验。针对多种常用的橡胶材料开展了热空气加速老化试验，科学地评价橡胶产品失效的临界值[25]。

为了评价胶料的使用寿命和测定使用温度的上限，最常用的就是 GB/T 20028—2005《硫化橡胶或热塑性橡胶 应用阿累尼乌斯图推算寿命和最高使用温度》规定的方法。根据阿累尼乌斯方程，可以确定化学反应速率与热力学温度之间的函数关系。在不同的反应温度下，老化反应的速率不同，达到临界值的时间也不一致。GB/T 20028—2005 规定，把选择的物理性能如断裂强度、断裂伸长率、压缩或拉伸松弛率、压缩或拉伸永久变形、蠕变等的原始值减少到 50% 的值作为临界值。选择足够长的老化试验时间，至少选择 3 个不同的试验温度进行试验。最低的试验温度应保证老化后试样达到所选的物理性能临界值的时间至少为 1000h，最高试验温度应保证达到临界值的时间不少于 100h。建立对数坐标系，恒坐标为时间的对数，纵坐标为临界值保持率，描绘出以所选择的物理性能测试值对应于时间的函数曲线，利用插值法即可求出试样老化试验后达到临界值所需要的时间。以所有的测试温度条件下使试样到达临界值时间（小时数）的对数为纵坐标，以热力学温度的倒数为横坐标建立坐标系。标绘各点并求出最佳拟合直线，该直线也可用统计法求出。如果所得的直线不适宜，应另外选择温度重新进行老化试验。采用外推法可以从所得的直线求出使用温度下的寿命和使用寿命达到规定时间的最高使用温度。

GB/T 20028—2005 等同采用 ISO 11346:1997，但 ISO 11346 的最新版本是 ISO 11346:2014，与 ISO 11346:1997 相比内容变化较大，看来经过将近 20 年，预测橡胶制品寿命和推算最高使用温度的方法有了一些改进。目前橡胶热老化试验研究的发展趋势是：加速老化试验方案正由单因子、非同步、非承载老化向着多因子、同步循环、复杂承载老化的方向发展；加速老化试验的测试手段比以往更加灵敏多样化；寿命评估模型摆脱了传统经验模型的束缚，计算机技术的应用以及橡胶老化规律与机理的深入研究，孕育出了一些新的值得关注的模型；国内外出现了计算机模拟环境，其被称为"计算机老化箱"，可作为老化媒介进行有关研究[25]。但无论多么精确的热老化试验都不能完全模拟制品实际使用条件，预测的结果只能作为参考。要想得到有价值的预测值，除了必须具有丰富的经验和先进的测试手段之外，还需要根据实际使用情况仔细选择合理的试验条件。

12.3　强制通风型热老化箱内空气置换率、风速和温度的测定方法

GB/T 3512—2014 在附录 A "强制通风式老化箱空气流速的测定"中仅规定了测定单层试样老化箱内空气流速的方法。JIS K 6257 的附录 A "强制通风型热老化箱内空气置换率、风速和温度的测定方法"除了规定了单层试样老化箱内空气流速的测定方法外，还详细规定了老化箱的空气置换率、两层试样老化箱的风速以及老化箱内温度的测定方法。

12.3.1　空气置换率测量

空气置换率用 1h 空气置换的次数表示，有两种计算方法：流量计法和耗电量计算法。前者可以通过试验时送入老化试验箱空气的流量和老化箱的容积计算出，后者是用消耗的电力间接地算出。

（1）用流量计直接测定的方法

① 启动风机，调整流量控制阀测量向老化箱内送入的空气流量，空气置换率用公式（12-4）计算。

$$N = \frac{60v}{V} \times k \qquad (12\text{-}4)$$

式中　N——空气置换率，次/h；

　　　v——向老化箱内送入的空气流量，L/min；

　　　V——老化箱内部容积，L；

　　　k——流量计温度修正系数。

② 在老化箱的空气入口处设置流量计，送入的空气经过老化箱后仅从排气口排出，确认排气口流量计的测量值为空气入口流量计的 90%以上。

③ 按以下顺序验证老化箱的气密性：用温度调节器调整老化箱内的温度，稳定后老化箱开始运转。调整空气置换率为 3～10 次/h。若无法确认老化箱排气口流量计的测量值不小于入口流量计测量值的 90%，则在入口和出口均应安装流量计，以保证排气口流量计的测量值不小于入口流量计测量值的 90%。

④ 流量计的测量精度为满量程的±4%。

⑤ 流量计面板上标记的温度与老化箱周围的温度不符的情况下，需要根据流量计的型号进行流量的修正。浮子式流量计需要调节其空气进入口一侧的背压。

（2）耗电量间接计算法

① 为使老化箱内的空气与外界完全隔离，关闭进风口和排气口，将箱门和其他缝隙用胶带或其他方法密封，密封通风机旋转轴间隙时应注意不要影响风机的转速。在老化箱的输入电路中接上最小刻度值为 1W·h（3.6kJ）的功率表。

② 启动通风机，使老化箱内的温度比周围温度高 82℃，保持整个老化箱内的温度稳定（大约需要 3h）之后至少 30min 后，测量消耗的电功率（W·h 或 J），精确至 1W·h（3.6kJ），求出消耗的电能（W）。

③ 取下密封材料，打开进风口和排气口，用与②相同的方法测量消耗的电功率，求出消耗的电能（W）。在整个耗电量测试过程中，老化箱内温度变化不得超过 2℃。

④ 老化箱的空气置换率用公式（12-5）计算。

$$N = \frac{3.58 \times (X - Y)}{V \times D \times \Delta T} \tag{12-5}$$

式中　N——空气置换率，次/h；

X——换气时消耗的电力，W；

Y——无换气时消耗的电力，W；

V——老化箱容积，m^3；

D——老化箱周围空气的密度，kg/m^3；

ΔT——老化箱内外的温度差，℃。

公式（12-5）中的数值 3.58 是按照 1h 等于3600s，乘以空气比热容 1.006（kJ/kg·K）的倒数换算出来的，单位是 kg·K/J。

12.3.2　风速测量

应采用便携式风速仪在与支架上试样中心高度相同的平面上选取 9 处位置测量风速，如果有两层试样，则测量位置为 18 处（参见图 12-1 和图 12-2）。测量风速时老化箱内的温度为试验室标准温度，风速测量方法如下。

① 打开老化箱门，在开口处安装厚度不小于 2mm 的透明板，板上加工有风速

仪插入孔，板的大小与老化箱开口相同，板的材料为聚乙烯或甲基丙烯酸甲酯。

② 在透明板上距离老化箱左右侧壁距离为 70mm 处各钻一个插入孔，第 3 个孔应位于透明板中央，3 个孔均与试样中心的高度一致，一层试样的老化箱，钻 3 个插入孔，两层试样钻 6 个插入孔。

③ 将风速仪测头垂直插入透明板，推送到图 12-1 所示的测量位置，在消除了测头与插入孔之间的间隙后进行测量。测量时应注意风速仪的方向性，转动手柄读取风速的最大值。

④ 一层试样的情况下，9 处测量点的测量值取平均值；两层试样时，18 处测量点的测量值取平均值。

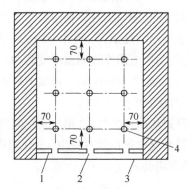

图 12-1 老化箱风速测量位置平面图（单位：mm）

1—透明板；2—插入孔；3—老化箱开口；4—测量位置

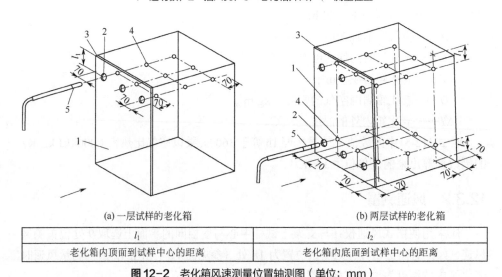

(a) 一层试样的老化箱   (b) 两层试样的老化箱

l_1	l_2
老化箱内顶面到试样中心的距离	老化箱内底面到试样中心的距离

图 12-2 老化箱风速测量位置轴测图（单位：mm）

1—透明板；2—插入孔；3—老化箱开口；4—测量位置；5—风速仪

12.3.3　温度测量

温度测量装置可将老化箱内的温度显示并记录。温度传感器应采用 2 级以上的热电偶。温度记录仪的显示误差应小于满量程的 0.5%，记录误差应小于满量程的 1.5%。温度测量位置在距离老化箱的内壁 70mm 的平面所构成的正方体 8 个顶点上有 8 处，在老化箱的中心点有 1 处，共计 9 个测温点（如图 12-3 所示）。测量时取出试样安装架，在老化箱内安装温度传感器支架，传感器支架应能将温度传感器固定在图 12-3 所示的 9 个位置。将温度传感器从老化箱的温度计插孔中插入并固定到支架上。为减少热损失，热电偶的补偿导线在老化箱内的长度不得小于 300mm。

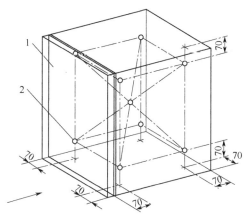

图 12-3　老化箱内的温度测量位置（单位：mm）

1—老化箱内壁；2—测量位置

将老化箱内的温度升高到试验温度，待温度稳定后开始测量，24h 测量 9 个测温点的温度，确认这 9 处测量温度的平均值在标准规定的试验温度范围内，24h 之内温度的变化不得超过 10℃。

老化箱内的温度分布用平均温度的最高值和最低值之差表示。不同试验温度下的温度分布如表 12-2 所示。横向送风的情况下，由于试样支架转动，各个试样所受到的温度分布的影响是一致的。

表 12-2　温度分布　　　　　　　　单位：℃

试验温度 T	温度分布
$T \leqslant 100$	小于 2
$100 < T \leqslant 200$	小于 4
$200 < T \leqslant 300$	小于 6

12.4 使用试管型老化箱测定热性能的方法

一般情况下每个老化箱应一次仅能试验相同配方的试样。但一次试验多种配方的试样可提高试验效率，由于试管型老化箱的每个单元进、出空气都是单独的，不相互混淆。在这种情况下应采用试管型热老化箱进行试验。

试管型老化箱实际上由 1 个或多个玻璃试管和加热装置组成。玻璃试管外径 38mm，长度约 300mm，如图 12-4 所示，在试管塞上插有空气出、入管。加热装置为金属颗粒或允许使用的加热介质。试样标线中部附近的温度必须稳定在标准规定的温度范围内。试样的夹具不得用铜或铜合金制造。用图 12-4 所示的装置，在空气温度为 100℃条件下的试验结果相当于空气置换率为 9 次/h 时的试验结果。

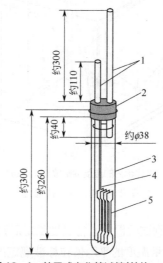

图 12-4 单元式老化箱试管(单位：mm)

1—空气出、入管；2—试管塞；3—试管；4—试样夹具（不锈钢制）；5—试样

试验时将试样装入插有空气出、入管的试管内，然后把试管插入预先调至试验温度的加热装置内加热。试样不得相互接触并不得与试管壁接触，尽量装在试管的下部。一个试管内最多装 4 个试样。空气出入管在试验前必须清洗，去除污迹。到达规定的加热时间后，取出试样，置于室温条件下冷却，在 16h 之后、6 天之内按照标准的规定测定试样的拉伸强度、断裂伸长率、拉伸应力和硬度。试验时间和试验温度在标准规定的时间和温度中选择。

试验结果的表示方法与其他类型的老化箱相同。

12.5 国标与日本标准的主要差别

关于橡胶热老化试验的规定 GB/T 3512—2014 和 JIS K 6257:2017 的主要差别如下：

① 试验的分类方法不同，详见第 12.1 节。

② 关于多单元老化箱，JIS K 6257 规定由一个或多个高度至少 300mm 的长圆柱形单元和加热装置组成。每个单元的周围用导热性能良好的加热介质（如铝合金颗粒、盐浴、饱和蒸汽）充满。温度控制装置将单元内试样的温度控制在规定的温度范围内。每个单元进、出空气都是单独的，不相互混淆。空气流速小于 0.4m/s，单元内的空气每小时置换 3～10 次，并附有如图 12-5 所示的单元内部空气流的示意图。GB/T 3512 未规定空气流速和置换率。

③ JIS K 6257 中将热空气流从老化箱侧面进入的强制通风老化箱称为横风式老化箱，并规定平均风速（0.5±0.1）m/s。GB/T 3512 中称这种老化箱为 2 型湍流老化箱，规定平均风速（0.5±0.25）m/s。JIS K 6257 中将热空气流从老化箱底部进入的强制通风老化箱称为纵风式老化箱，GB/T 3512 中称为 1 型层流老化箱。

④ GB/T 3512 中的柜式老化箱，在 JIS K 6257 中称为自然通风老化箱，并且规定了空气流速应能保证每小时将箱内的空气置换 3～10 遍，并增加了老化箱内空气流示意图，如图 12-6 所示。

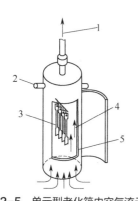

图 12-5 单元型老化箱内空气流示意
1—排气孔；2—安装轴；3—试样；
4—层流的空气；5—试样装入口

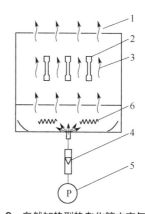

图 12-6 自然加热型热老化箱内空气流示意
1—排气孔；2—试样；3—层流的空气；
4—流量计；5—空气压缩机；6—加热器

⑤ JIS K 6257 第 10 章 "试验结果的表示方法" 增加了性能保持率的公式，规定性能保持率 A_R 等于老化之后物理性能的中间值 x_1 与老化之前物理性能的中间值

x_0 之比的百分数。国标仅在第 12 条"试验报告"中规定了以百分数形式表示性能值的变化率。

⑥ JIS K 6257 规定性能变化率和保持率用不少于 3 个试样的老化前后的测试值和这些测定值的中间值计算，GB/T 3512 则只规定了用每个试样老化前后的性能值计算，没有规定试样的数量，也没有规定要用中间值计算。关于试验报告的内容，这两个标准都规定要记录老化前后每个试样物理性能的测定值。

第13章 臭氧老化试验

硫化橡胶或热塑性橡胶老化的原因：一是由于热、大气氧化、臭氧、光照和空气中水分等因素的影响；二是受到机械力（静态或动态的压缩和拉伸）作用；三是其他物质（如油、药品等）的化学侵蚀。测定以上各因素对胶料影响的各种试验包括：①臭氧，耐臭氧龟裂试验；②光照、空气中的水分，耐候性试验；③其他物质，耐液体试验；④机械疲劳，永久变形（压缩和拉伸）试验、应力缓和（压缩和拉伸）试验、疲劳试验。

臭氧是橡胶老化的主要原因之一，它对橡胶的破坏作用主要是由于它具有很高的活性。它的稳定性比氧分子小，其分解生成的原子态氧的活性比氧分子高，所以它很容易与橡胶，特别是含有双键的橡胶发生化学作用，从而引起橡胶的老化。臭氧老化试验是以臭氧作为主要影响橡胶老化的因素而进行的试验。由于臭氧对拉伸变形的橡胶作用特别敏感，只要伸长率达 2%～5%就可引起橡胶发生臭氧龟裂[26]。因为橡胶的臭氧龟裂是在橡胶处于变形状态下才能发生的，所以臭氧老化试验一定要在橡胶试样处于拉伸变形条件下进行。

13.1 臭氧老化试验的标准与分类

日本关于臭氧老化试验的标准是 JIS K 6259，该标准分为两部分：JIS K 6259-1:2015《硫化橡胶或热塑性橡胶 耐臭氧性能测定方法 第 1 部分：静态臭氧老化试验和动态臭氧老化试验》和 JIS K 6259-2:2015《硫化橡胶或热塑性橡胶 耐臭氧性能测定方法 第 2 部分：臭氧浓度测定方法》。前者修改采用 ISO 1431-1:2012《硫化橡胶或热塑性橡胶 耐臭氧试验 第 1 部分：静态试验和动态试验》，后者修改采用 ISO 1431-3:2000《硫化橡胶或热塑性橡胶 耐臭氧试验 第 3 部分：试验室臭氧浓度的参考和替代测定方法》，该国际标准的最新版本为 ISO 1431-3:2017。JIS K 6259-2:2015 的附录 JA "紫外光度臭氧测量装置的校准"采用的是 ISO 13964《空气质量 环境空气中臭氧的测定 紫外分光光度法》中第 5 章的内容。

我国相对应的国家标准是 GB/T 7762—2014《硫化橡胶或热塑性橡胶　耐臭氧龟裂　静态拉伸试验》和 GB/T 13642—2015《硫化橡胶或热塑性橡胶　耐臭氧龟裂　动态拉伸试验》。这两个标准是非等同采用了 ISO 1431-1:2004。

以前 ISO 1431 分为 3 部分——ISO 1431-1、ISO 1431-2、ISO 1431-3，分别规定了耐臭氧老化的静态拉伸试验方法、动态拉伸试验方法和臭氧浓度的测定方法。后来又分别将 ISO 1431-1:1989 和 ISO 1431-2:1994 撤销，将耐臭氧静态拉伸试验与动态拉伸试验合并到了一起，重新制定了 ISO 1431-1:2004。国标虽然采用了 ISO 1431-1 规定的试验方法的内容，但依然沿用了以往的方法，将静态试验和动态试验分为了两个标准。臭氧浓度的测定方法标准有 GB/T 35804—2018《硫化橡胶或热塑性橡胶　耐臭氧龟裂　测定试验箱中臭氧浓度的试验方法》，该国标等同采用 ISO 1431-3:2000。关于 JIS K 6259-2 中附录 JA，原国家环境保护部标准 HJ 590—2010《环境空气　臭氧的测定　紫外光度法》中包括了这部分内容。

臭氧老化试验可分为静态臭氧老化试验和动态臭氧老化试验，动态老化试验又分为连续动态试验和动态应变与静态应变反复交替进行的间断动态试验两种，试验结果评价的方法为 A、B、C 三种。A 法（龟裂状况观察法）在静态和动态臭氧老化试验中，观察暴露的试样是否发生龟裂以及龟裂的大小和密度，并以此来判定其耐臭氧性能；B 法（龟裂发生时间测定法）在静态和动态臭氧老化试验中，测定暴露的试样发生龟裂的时间并以此判定其耐臭氧性能；C 法（临界应变和极限临界应变测定法）在静态臭氧老化试验中，根据试样暴露时间测定的临界应变或极限临界应变判定其耐臭氧性能。动态试验结果仅用 A 法和 B 法进行评价。将试验方法和评价方法汇总后列入表 13-1。

关于龟裂级别和龟裂状况的评价方法，国标是在 GB/T 7762 和 GB/T 13642 的引用标准 GB/T 11206—2009《橡胶老化试验　表面龟裂法》中规定的。

表 13-1　臭氧老化试验方法和评价方法分类

	试验方法和评价方法	试样暴露时的应变	试样暴露时间
静态臭氧老化试验	A 法（龟裂状况观察法）	20%或任意	72h 或任意
	B 法（龟裂发生时间测定法）	20%或任意	每隔一定的时间进行观察（2h、4h、8h、24h、48h、72h、96h，96h 以后任选）
	C 法（临界应变和极限临界应变测定法）	从规定的应变中选择 4 种或 4 种以上	对于每一种拉伸应变均每隔一定的时间进行观察（2h、4h、8h、24h、48h、72h、96h，96h 以后任选）

试验方法和评价方法		试样暴露时的应变	试样暴露时间
动态臭氧老化试验	连续法（动态应变连续进行）	A法（龟裂状况观察法）	0.5Hz，10%	72h
		B法（龟裂发生时间测定法）	0.5Hz，10%或任意	每隔一定的时间进行观察（2h、4h、8h、24h、48h、72h、96h、96h以后任选）
	间断法（动态应变和静态应变反复交替进行）	A法（龟裂状况观察法）	0.5Hz，10%或任意	任意（与用户协商确定）
		B法（龟裂发生时间测定法）	0.5Hz，10%或任意	任意（与用户协商确定）

13.2 静态臭氧老化试验与动态臭氧老化试验

13.2.1 试验设备

（1）臭氧老化箱

臭氧老化试验必须在专用的臭氧老化箱内进行，试验设备由试验箱、热交换器、臭氧浓度调节装置、混合气体流量调节装置、试样安装架（静态臭氧老化试验）、试样拉伸装置（动态臭氧老化试验）等组成，如图13-1所示。由于臭氧具有较强的毒性，操作时必须严格注意。应采用规定的方法使操作人员接触到的臭氧量为最小。从试验箱排出气体的臭氧浓度不得大于 0.1×10^{-6}，必须采用全封闭式或带有适当排气装置的设备。

试验箱应能使试样不与外界接触并尽量不受到外界光线照射，温度控制精度在 $\pm 2℃$范围内。试验箱还应设有观察窗和照明灯，以便观察试样。试验箱外的空气在进入臭氧发生器之前应经过热交换器进行温度调节，并通过采用活性炭或其他适当方法进行过滤的过滤器清除污染物质。臭氧浓度调节装置由臭氧发生器和臭氧浓度测定装置组成，可以自动调节臭氧的浓度，保证试验箱内的臭氧浓度在标准规定的范围内，可以避免使含有臭氧浓度比试验规定的浓度更高的空气进入试验箱。气体流量调节装置可使试验箱内混合气体循环并排出一部分，箱内气体的平均流速应不小于 8mm/s，如试验需要应能调节到 12～16mm/s。这个速度可以用送入箱内的气体流量除以试验箱的有效横截面积计算。进行比对试验时，箱内气体平均流速的变化不得大于±10%。

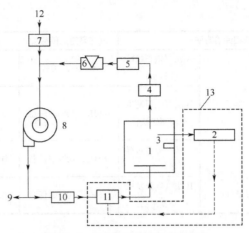

图 13-1　臭氧老化箱的组成示意图

1—试验箱；2—臭氧浓度测定装置；3—温度传感器；4—排气过滤器；5—流量计；
6—混合气体流量调节装置；7—过滤器；8—送风机；9—排气口；10—热交换器；
11—臭氧发生器；12—空气入口；13—臭氧浓度调节装置

（2）静态试验试样安装架

静态试验的试样安装架上装有使试样产生规定的拉伸应变的拉伸限位器，拉伸限位器在箱体内的布置方式应使试样排列方向与箱内气体的流动方向平行。为了使试样均匀暴露于箱内气体中，装有拉伸限位器的试样安装架应能够旋转，使试样在垂直于气体流动的平面内按 20～25mm/s 的速度转动。全体试样按照相同的轨迹运动，在试验箱内再次经过同一位置的时间约为 8～12min。试样扫过的面积至少为试验箱横截面积的 40%。

（3）动态试验的拉伸装置

动态试验的拉伸装置有一对上、下试样夹持器，一个夹持器固定，另一个夹持器按正弦波的规律上、下做往复移动。拉伸装置必须能实现：当两个夹具距离最近时，试样为无应变状态；距离最远时，试样产生的应变为试验选择的拉伸应变。往复运动的频率为 (0.5±0.025) Hz，即 (30±1.5) 次/min。夹持器应牢固地夹住试样，不得产生滑动，应设有正确安装试样的调节装置。拉伸装置安装在试验箱内，其排列位置应能使试样的长度方法与箱内气体流动的方向平行。为了使试样均匀暴露于箱内气体中，拉伸装置应按圆周轨迹做旋转运动。

（4）气体流量调节装置

试验时臭氧老化箱内气体的平均流速应不小于 8mm/s，如试验需要应能调节到 12～16mm/s。因此需要有气体流量调节装置。气体流动速度可以用送入箱内的气体流量除以试验箱的有效横截面积计算。由于试样对臭氧的消耗而会使臭氧浓度明显降低，因此箱内混合气体必须有较高的流量，气体流量即单位时间通过试验箱的气体体积。臭氧的消耗量根据橡胶的种类、试验条件以及其他原因而有所不同，一般情况下，箱内全体试样暴露于臭氧的面积与气体流量之比应不大于 12s/m。若达不到这个数值，为确保试验时臭氧的消耗，则应适当减少试样的数量。为使箱内气体混合均匀，应在箱内设置扩散板。为了在必要情况下得到较高的空气流速，应采用空气流速（600±100）mm/s 的风机。

根据全体试样的表面积（m^2）与箱内气体流量（m^3/s）之比，可计算出全部试样的面积与老化箱截面积之比。例如，若试验箱的横截面为 A（m^2），全体试样的暴露面积为 S（m^2）。试样箱内气体流速 15mm/s 的情况下，气体流量为 $0.015A$（m^3/s）。为了使全体试样的表面积与气体流量之比小于 12s/m，则应有 $S/0.015A \le 12$，$S \le 0.18A$，所以全体试样的面积不得超过试验箱截面积的 18%。同样，若箱内气体流速为 14mm/s 的情况下，可计算出 $S/A \le 0.144$。由此可以看出试验箱的横截面积相对于试样整体表面积应足够大。

13.2.2　试样

臭氧老化试验的试样有宽试样和窄试样两种，宽试样呈短条状，长度（夹持器的间距）40mm 以上，宽约 10mm，厚（2.0±0.2）mm。窄试样呈 "I" 字状，狭窄平行部分宽（2.0±0.2）mm，厚度（2.0±0.2）mm，夹持部分为边长 6.5mm 的正方形（如图 13-2 所示）。这种试样不能用于龟裂状态观察法。

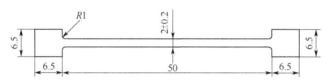

图 13-2　臭氧老化试验的窄试样（单位：mm）

试样从硫化后的胶片上冲裁或直接从制品上切取。试样表面不得有任何缺陷，切断面和打磨面不作耐臭氧评价。不同材料进行比对试验时应采用相同的方法制作试样。各种试验条件下试样的数量最少为 3 个。

在样品和试样硫化后到试验前的时间内，为避免不同配方的硫化橡胶或热可塑橡胶相互接触，使其中对臭氧龟裂有影响的抗臭氧老化剂和添加剂等产生迁移，应采用铝箔或其他适当的材料将试样隔开。也可采用其他方法防止添加剂的迁移。

静态试验的试样制作后除了要按照标准规定进行状态调节之外，在安装到拉伸夹持器上，产生规定的拉伸应变后，还要置于黑暗的无臭氧环境中进行 48～96h 的拉伸状态下的调节。

13.2.3 臭氧老化试验的评价方法

静态臭氧老化试验的评价有以下 3 种方法可以选择:

① A 法（龟裂状况观察法），使试样的拉伸变形达到 20% 后进行状态调整，将其装入试验箱，试样在标准规定温度和臭氧浓度环境中连续暴露 72h 后从试验箱中取出，观察龟裂发生的状况并记录。

② B 法（龟裂发生时间测定法），使多个试样的拉伸应变分别达到规定的不同数值，按照规定进行状态调整，若只有一种伸长率，则伸长率应为 20%。调节试验箱内的温度和臭氧浓度达到规定值。从试验开始后 2h、4h、8h、24h、48h、72h、96h 以及必要的更长的时间，观察试验箱内所有试样，确认每个不同拉伸应变下的试样发生龟裂的时间并记录。

③ C 法（临界应变和极限临界应变测定法），使多个试样的拉伸应变分别达到从标准规定选择的 4 个或 4 个以上的不同数值，按照规定进行状态调整。在规定的温度和臭氧浓度下进行试验，从试验开始后 2h、4h、8h、24h、48h、72h、96h 以及根据需要的更长时间，观察试验箱内所有试样，确认每个不同拉伸应变下的试样发生龟裂的时间并记录。

13.2.4 动态试验方法

动态试验有 A 法和 B 法。龟裂状况观察法（A 法）将试样装入试验箱内后，启动拉伸装置，试样拉伸应变一般为 10%。在试验中不得中途调节拉伸装置，因此试样无拉伸应变状态和最大拉伸应变在试验中不会发生改变,对龟裂的发生没有影响。试验后，将拉伸装置停止在使试样处于最大拉伸应变的位置上。在适当的光源下用 5~10 倍的放大镜观察试样的龟裂状况，在试验过程中可以通过安装在观察窗上的放大镜进行观察，也可将试样连同拉伸装置一起从试验箱内取出，用放大镜尽快观察。观察时不得用手接触试样，不得损伤试样。试样在规定的温度和臭氧浓度环境中连续暴露 72h 后从试验箱中取出。观察龟裂发生的状况并记录。龟裂发生时间测定法（B 法），从试验开始后 2h、4h、8h、24h、48h、72h、96h 以及必要的更长的时间，观察试验箱内试样处于最大应变状态下的状况，确认龟裂发生的时间并做记录。

动态臭氧老化试验方式又可分为连续法和间断法两种。连续法使试样仅产生动态拉伸应变进行试验，间断法是使试样反复交替产生静态拉伸应变和动态拉伸应变进行试验。试验过程中静态试验和动态试验各自的时间长短和顺序安排可与客户协商后确定，一般情况下，对于制品的实际使用状况，间断法的试验结果比连续法具有更好的相关性。

13.3 临界应变和极限临界应变

（1）测定的原理和基本方法

不发生龟裂是判断材料耐臭氧性能的基准，因此通过试样发生龟裂之前在臭氧条件下暴露时间长短以及在一定的暴露时间内不发生龟裂的拉伸应变的大小可以测定其耐臭氧水平。也就是说，在规定的暴露时间内未出现龟裂，同时可承受较高的拉伸应变；或是在规定的拉伸应变条件下经过较长暴露时间才出现龟裂，则说明材料的耐臭氧性能较好。在静态臭氧老化试验中，采用 C 法通过测定试样的临界应变，可以反映出试样所受应变的大小与发生龟裂时间之间的关系并推测出不发生龟裂的最大拉伸应变，即极限临界应变（可以认为，低于这个应变，试样发生臭氧龟裂的时间将无限延长）。

C 法的试验比较费力费时，需要采用多个试样，至少选择 4 种规定的拉伸应变，在规定的臭氧浓度下进行试验。从试验开始后 2h、4h、8h、24h、48h、72h、96h 以及根据需要的更长时间，观察试验箱内所有试样，确认每个不同拉伸应变下的试样发生龟裂的时间并记录。然后以试样的应变为纵轴，以龟裂发生时间为横轴建立对数坐标系。在坐标系中标出在各种不同拉伸应变下，试样不发生龟裂的最长时间和发生龟裂的最短时间这两个时间点。连接这两点就形成了一条平行于时间轴的线段，如图 13-3 和图 13-4 所示[27,28]。实际上发生龟裂的时间段必定在这两个时间点之间的连线上，所以在对数坐标系中，应变与发生龟裂时间两者之间的函数关系曲线必然与各种拉伸应变条件下的每一条线段都要相交。因此所有的线段可平滑地连接成一条线，利用这条函数关系曲线就可以对试验中各个时间点的应变进行评价，并以此估算出极限临界应变。对于某些橡胶，这条曲线近似于直线。

（2）根据试验数据推算临界应变和极限临界应变

但采用这种方法绘出的函数关系直线并不是唯一的，只能大体上反映出应变与龟裂发生时间的关系。从图中可以看出，与所有线段相交的直线有时会有许多条。在图 13-4 所示的情况下，可以绘出的直线就比图 13-3 情况下要少得多。理论上试样不发生龟裂的最长时间和发生龟裂的最短时间应该是一个点，但实际上龟裂的发生是一个过程并不是瞬间出现的。目前还只能通过人工观测法，按照标准规定的时间间隔观察试样是否发生了龟裂。例如某一种拉伸条件下的试样，试验开始后 24h 未发生龟裂，到了下一次的观察时间，试验开始后 48h 发生了龟裂。这并不能判断龟裂发生的准确时间，只能说明龟裂的发生的时间范围是在这 24h 之内的某一个时间段。观察的时间间隔越长，这个范围就越大，连接这两个时间点形成的平行于时间轴的线段也就越长。

因此只有尽量缩短观察的间隔时间，使连接两个时间点的线段更短一些，或者增加试样应变的种类，使线段的数量更多一些，才能在描绘直线时有更多的确定因素，使绘出的直线比较准确地反映出应变与龟裂发生时间两者之间的函数关系。推算出的临界应变与极限临界应变才会有一定的参考价值。但这些在实际试验中往往难以做到，所以这一切也就是所有标准中都说明的"临界应变测定法仅仅是一种近似的方法，有时会出现较大的误差"的原因。

表 13-2 和表 13-3 是两次试验中在不同伸长率条件下的试样发生龟裂的时间范围，图 13-3 和图 13-4 是推算临界应变时绘制的应变-时间的双对数坐标图。通过图中的直线可以大体推算出各个时间所对应的临界应变，并推算出极限临界应变。

表 13-2　不同伸长率条件下龟裂发生的时间范围（1）

伸长率/%	80	50	40	30	20	15	10
龟裂时间	2h 无龟裂	4h 无龟裂	4h 无龟裂	8h 无龟裂	8h 无龟裂	24h 无龟裂	48h 无龟裂
	4h 有龟裂	8h 有龟裂	8h 有龟裂	24h 有龟裂	24h 有龟裂	48h 有龟裂	96h 无龟裂

表 13-3　不同伸长率条件下龟裂发生的时间范围（2）

伸长率/%	80	50	40	30	20	15
龟裂时间	2h 无龟裂	8h 无龟裂	8h 无龟裂	24h 无龟裂	24h 无龟裂	72h 无龟裂
	4h 有龟裂	16h 有龟裂	16h 有龟裂	48h 有龟裂	48h 有龟裂	96h 无龟裂

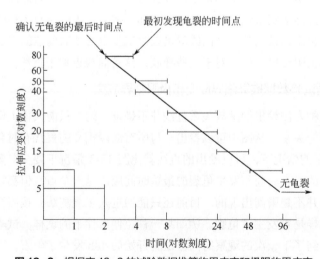

图 13-3　根据表 13-2 的试验数据推算临界应变和极限临界应变

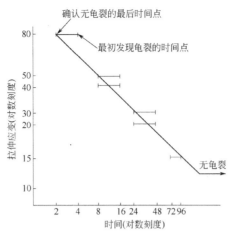

图13-4 根据表13-3的试验数据推算临界应变和极限临界应变

13.4 臭氧老化试验设备的校准

臭氧老化箱的校准规划如表13-4所示。

表13-4 臭氧老化试验设备校准规划

校准项目	必要条件	ISO 18899:2004 章条序号	校准周期①	注意事项
试验箱	采用难以分解臭氧的材料制作	C	N	如不锈钢 铝合金 应安装试样观察窗和照明灯
	尽量遮挡外部射入的光线	C	N	
试验箱内的温度	±2℃	第18条	S(1次/年)	—
箱内气体的供给	发生臭氧的紫外线灯和无声放电管	C	N	尽量不含有氮氧化物 去除污染物
	带有活性炭的过滤器	C	N	
供给臭氧发生器空气的温度	±2℃	第18条	S（1次/年）	—
相对湿度	通常65%以下	第20条	S（1次/年）	80%～90%也可
臭氧浓度	按照标准的规定,不得超过规定的臭氧浓度,观察窗开、闭后箱内的臭氧浓度在30min之内恢复到规定值	JIS K 6259-2 的附录 JA	S（1次/年）	—
箱内气体流速	箱内气体流速为8mm/s以上,应能调整到12～16mm/s,平均流速的变化不得超出±10%	16.2	S（1次/年）	需要高气体流速时应能达到600mm/s±100mm/s

校准项目	必要条件	ISO 18899:2004 章条序号	校准周期①	注意事项
扩散板	使箱内的臭氧与空气混合均匀	C	N	—
使试样长度方向与箱内气体流动方向平行的拉伸夹持器的材料	采用难以分解臭氧的材料制作	C	N	—
动态臭氧老化试验的拉伸装置	采用难以分解臭氧的材料制作	C	N	—
试样夹具	根据标准规定，夹具间距最小时试样处于无应变状态（0%），夹具间距最大时试样的应变为设定的最大应变	C	N	—
频率	0.5Hz±0.025Hz	第23.3条	S（1次/年）	—
放大镜	放大倍数5~10倍	C	N	—
其他	用耐臭氧漆将安装到拉伸夹持器上的试样两端保护起来			

① 括号内的校准周期是实际的示例。

注：C—不需要测定，但需要确认；N—仅在设备使用初期确认；S—ISO 18899 规定的校准周期。

此外，以下工具也要按照 ISO 18899 的规定进行校准：计时表、状态调整和确认温度用温度计、状态调整和确认湿度用湿度计、测量试样尺寸的量具。

13.5 臭氧老化箱内臭氧浓度的测定方法与校准

进行臭氧老化试验时，必须将试验箱内的臭氧浓度调整至符合标准要求，在更换或检查试样时开、关老化箱门后，臭氧浓度应在 30min 内恢复到试验规定的浓度。臭氧浓度的调整方法根据臭氧发生装置的不同而不一致。臭氧发生装置有发生臭氧的紫外线灯和无声放电管两种。采用紫外线灯时，臭氧的发生量可通过改变电压和空气流量以及部分遮挡空气通过的灯管等方法进行等调节。采用无声放电管时，臭氧的发生量可以采用改变电压或电极尺寸以及调整氧气流量或稀释臭氧的空气流量等方法进行调节。由于臭氧老化试验箱中臭氧浓度的误差直接影响被测样品的测试结果，所以臭氧浓度调节是否准确还要进行检测。为此专门制定了臭氧浓度检测方法的标准。

臭氧老化箱内的臭氧浓度检测方法有紫外线吸收法、仪器分析法和湿化学法 3 种。如表 13-5 所示。检测时从老化试验的试验箱内抽取含有臭氧的空气，用其中一个方法来测定浓度。

表 13-5 臭氧浓度测定方法的种类

测定方法	分类	方 法
紫外线吸收法（方法 A）	—	采用紫外光度臭氧测量装置
仪器分析法（方法 B）	方法 B₁	电化学法
	方法 B₂	化学发光法
湿化学法（方法 C）	方法 C₁	碘元素法（程序 1）
	方法 C₂	改进的碘元素法（程序 2）
	方法 C₃	恒电流电解法（程序 3）

GB/T 35804—2018 与 JIS K 6259-2:2015 虽然都是采用了 ISO 1431-3:2000，但国标并没有具体说明紫外吸收方法的内容，因此要了解紫外线吸收法还要查阅国际标准。JIS K 6259 则直接给出了紫外线吸收法的详细内容。此外湿化学法中的 3 种方法，日本标准称为碘元素法、改进的碘元素法和恒电流电解法，国标称为程序 1、程序 2 和程序 3。

紫外线吸收法作为一种非破坏性的物理检测方法，它可用于连续实时检测，而且紫外光强度一定时，臭氧的分解速率常数不变。因此测量结果比较精确，可连续在线测量，具有测定简便、迅速、抗干扰能力强的优点，已被美国等工业先进国家选为标准方法[29]。因此国标和日本标准都规定了紫外线吸收法是臭氧浓度校准的基本方法，用于对仪器分析法和湿化学法进行校准。

紫外线吸收法的原理是用产生波长 253.7nm 左右紫外线的低压水银灯管照射紫外线吸收池，吸收池内充满含有臭氧的空气。透过吸收池的紫外线由感光器检测出并转换为电信号，通过吸收池内含有臭氧的空气对紫外线吸收的多少来计算其臭氧的浓度。根据朗伯-比尔（Lambert-Beer）定律，紫外线吸收池的紫外线吸光度、吸收池的光路长度、臭氧对波长 253.7nm 紫外线的吸收系数和臭氧浓度之间有如式（13-1）所示的关系。

$$A = \lg \frac{I_0}{I_t} = aCd \qquad (13\text{-}1)$$

式中　A——紫外线吸光度；

　　　I_0——入射的紫外线的强度；

　　　I_t——透过的紫外线的强度；

　　　a——臭氧对波长 253.7nm 的紫外线的吸收系数，$1.44 \times 10^{-5} \mathrm{m^2/\mu g}$；

　　　C——紫外线吸收池内的温度压力条件下，池内空气的臭氧浓度，$\mu g/m^3$；

　　　d——光路长，m。

用紫外线吸收法测量臭氧浓度的仪器一般称为紫外臭氧测定仪或臭氧浓度分析

仪,由紫外线吸收池、低压水银灯管、补偿用感光器、空气过滤器等组成,也有些臭氧浓度传感器的测量原理与其相似。图13-5就是利用这种仪器对臭氧老化箱中臭氧浓度进行检测和调节的示意图。

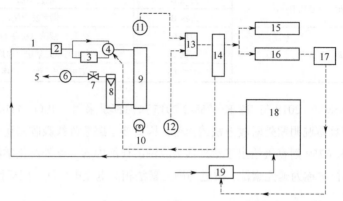

图13-5 紫外线吸收法的臭氧浓度测定和调节装置示意图

1—臭氧气体入口;2—除尘过滤器;3—空气过滤器;4—三通电磁阀;5—排气口;6—采样泵;
7—空气流量调节器;8—流量计;9—紫外线吸收池;10—低压水银灯管;11—测定用感光器;
12—补偿用感光器;13—放大器;14—运算电路;15—数字显示器;16—记录调节器;
17—电力调节回路;18—臭氧试验箱;19—臭氧发生器

ISO 13964 和 JIS K 6259-2 的附录 JA(规范性附录)中都规定了用臭氧发生器校准紫外臭氧测定仪的方法,这种方法实际上就是用臭氧发生器产生的一定浓度的臭氧气体通过紫外校准光度计(UV calibration photometer)来对紫外臭氧测定仪的显示值进行比对,达到校准的目的。紫外校准光度计的构造和原理与臭氧分析仪相似,其准确度高于±0.5%,重复性小于±1%。关于这种校准方法的详细介绍还可参阅原国家环境保护部标准 HJ 590—2010。还有一种利用臭氧标准气体发生装置产生的标准臭氧气体校准紫外臭氧测定仪的方法,图13-6是这种方法的示意图。校准时按照该图连接标准气源、流量旁路系统和被校准的仪器,如果被校准的仪器自身带有旁路系统,则可以将其直接与标准气源连接。GB/T 37397—2019《臭氧校准分析仪》对这种校准方法做了详细的规定。

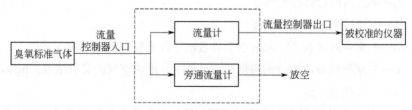

图13-6 标准气源通过流量旁路系统与被校准的仪器连接

13.6　国标与日本标准的主要差别

JIS K 6259-1:2015 和 GB/T 7762—2014、GB/T 13642—2015 在臭氧老化试验方法与臭氧浓度的测定方面的规定基本一致，只是在 A 法试验中关于评定龟裂级别的规定不同。GB/T 7762 规定，观察和评定龟裂等级的方法按照 GB/T 11206—2009 的有关规定进行。JIS K 6259-1 规定，关于龟裂的评价方法参见附录 JA，龟裂尺寸的表示方法参见附录 C。在附录 C 中将龟裂大小分为 0（无龟裂）、1（放大后可以观察到龟裂）、2（用肉眼可以观察到 0.5mm 以下的龟裂）、3（0、1、2 级以外的龟裂）四个级别，将龟裂密度分为 S（非常低）、F（比较低）、N（S 和 F 级别以外的龟裂密度）三个级别，作为评价龟裂程度的标准。附录 JA 还采用图、表的形式规定了硫化橡胶或热塑性橡胶耐臭氧老化试验后对龟裂状况的评价方法，如表 13-6、图 13-7 所示。

表 13-6　龟裂的状况①

龟裂的数量级别	龟裂的大小和深度级别
A：龟裂少 B：龟裂多 C：龟裂无数	1：肉眼看不见，10 倍放大镜才能确认 2：肉眼可以看见 3：龟裂深度比较大（不到 1mm） 4：龟裂深度大（1mm 以上，3mm 以下） 5：3mm 以上的龟裂，或试样几乎断裂

① 龟裂的状况包括龟裂的数量、大小和深度等情况的综合。

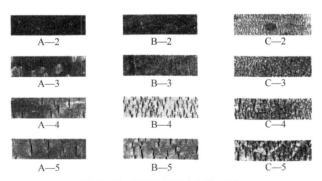

图 13-7　龟裂的状况（倍率×2）

GB/T 11206—2009《橡胶老化试验　表面龟裂法》将龟裂的宽度等级划分为 0～4 五个级别，以试样的有效工作表面出现的最大裂口宽度来区分，如表 13-7 所示。

将龟裂的密度等级划分为 a、b、c 三个级别，以试样的有效工作面积在每平方厘米（应力方向长度）内出现裂纹的平均条数（即密度）来区分，如表 13-8 所示。没有规定龟裂的深度级别。

表 13-7 试样表面龟裂宽度的等级

龟裂宽度的等级	龟裂程度与表观特征	裂口宽度/mm
0 级	没有龟裂，用 20 倍以下放大镜仍看不见	0
1 级	轻微龟裂，裂纹微小，放大镜易见，肉眼认真可见	<0.1
2 级	显著龟裂，裂纹明显，突出，广泛发展	<0.2
3 级	严重龟裂，裂纹粗大，布满表面，严重深入内部	<0.4
4 级	最严重龟裂，裂纹深大，裂口张开，临近断裂	≥0.4

表 13-8 试样表面龟裂密度的等级

龟裂密度的等级	龟裂程度与表观特征	裂纹密度/(条/cm)
a	少数龟裂，稀疏几条裂纹，极易计数	<10
b	多数龟裂，裂纹疏密散布表面，认真可数	<40
c	无数龟裂，裂纹麻密布满表面，难于计数	≥40

GB/T 11206 还规定龟裂等级的评定以裂口宽度为主，以裂纹密度为辅，将宽度等级和密度等级两者组合起来表示试验结果。例如：龟裂的宽度级别为 2 级，龟裂密度为 c 级，则试样的龟裂等级为 2c 级。

第 14 章 低温试验

低温试验就是在比标准试验室温度低的温度条件下测定橡胶试样性能的试验。

橡胶材料在温度低时会变硬，最终失去弹性，这种现象称为橡胶的玻璃化。温度越低橡胶变形恢复得越慢。许多橡胶制品需要在低温条件下使用，如轮胎、桥梁支座、航空发动机胶管和密封件等。为了解低温条件下橡胶的性能，就需要测定与使用条件相适应的低温状态下的物理性能，如拉伸性能、动态弹性模量、回弹性以及导电性能等。但橡胶的玻璃化转变温度（T_g）一般采用差示扫描量热法（differential scanning calorimetry, DSC）或动态力学分析法（dynamic mechanical analysis, DMA）进行测定，需要有专门的仪器，测定方法比较复杂。为进一步提高实用性和方便性，人们又开发出了测定橡胶低温性能的许多种常规的物理试验方法，通过这些方法来了解橡胶材料的低温特性并且为提高橡胶制品在低温条件下的使用性能提供依据。目前这些方法得到广泛应用并已经实现标准化。

14.1　低温试验方法的标准

橡胶低温性能试验方法现行的日本标准有 4 个：JIS K 6261-1:2017《硫化橡胶或热塑性橡胶　低温性能试验方法　第 1 部分：概述和指南》、JIS K 6261-2:2017《硫化橡胶或热塑性橡胶　低温性能试验方法　第 2 部分：低温冲击脆性试验》、JIS K 6261-3:2017《硫化橡胶或热塑性橡胶　低温性能试验方法　第 3 部分：低温扭转试验（吉门试验）》、JIS K 6261-4:2017《硫化橡胶或热塑性橡胶　低温性能试验方法 第 4 部分：低温弹性恢复试验（TR 试验）》。分别修改采用 ISO 18766:2014《硫化橡胶或热性塑橡胶　低温试验　概述和指南》、ISO 812:2011《硫化橡胶或热塑性橡胶低温脆性的测定》、ISO 1432:2013《硫化橡胶或热塑性橡胶　低温扭转试验（吉门试验）》和 ISO 2921:2011《硫化橡胶　低温回缩试验（TR 试验）》。这些国际标准的最新版本是 ISO 18766:2014、ISO 812:2017、ISO 1432:2021 和 ISO 2921:2019。

与这些国际标准相对应的国家标准是 GB/T 39692—2020《硫化橡胶或热塑性橡胶　低温试验　概述与指南》，等同采用 ISO 18766:2014；GB/T 15256—2014《硫化

橡胶或热塑性橡胶　低温脆性的测定（多试样法）》，等同采用 ISO 812:2011；GB/T 6036—2020《硫化橡胶或热塑性橡胶　低温刚性的测定（吉门试验）》等同采用 ISO 1432:2013；GB/T 7758—2020《硫化橡胶　低温性能的测定　温度回缩程序（TR 试验）》，等同采用 ISO 2921:2019。

14.2　低温试验简介

低温试验方法主要可分为以下 3 种：了解材料的脆化性能的低温冲击脆性试验、了解材料扭转刚性变化的低温扭转试验和了解材料伸长恢复率的低温回缩性试验。

14.2.1　低温冲击脆性试验（多试样法）

低温冲击脆性试验采用低温条件下冲击试样的方法，测定试样不产生破坏的温度。在试验中用具有规定速度的冲头从一侧冲击固定的试样，判断试样是否合格，试验在液体或气体介质中进行。测定方法可分为测定临界脆化温度、测定 50%脆化温度和在规定温度下判定试样是否合格三种。临界脆化温度是所有试样没有一个出现破坏的最低温度；50%脆化温度是只有 50%试样破坏的最低温度，再现性精密度比较高，适用于试样数量较多的情况；若评价试样低温性能，则需要在规定温度条件下来判定试样是否合格。

冲击脆性试验的试样有 A 型、B 型两种，A 型试样为长 27～40mm、宽（6.0±1.0）mm，厚（2.0±0.2）mm 的条状试样。B 型试样具有图 14-1 规定的形状和尺寸，厚（2.0±0.2）mm。试样安装到夹持器上后用螺栓压紧，应保证每个螺栓的压紧力大致相同。冲击头以（2.0±0.2）m/s 的速度运动，从试样上方垂直冲击试样。冲击运动可以选择圆弧运动方式或直线运动方式，冲击试样后，冲击头应至少可以再沿运动轨迹继续移动 6mm。之所以这样规定是为了确保冲击能量的准确，每个试样应至少得到 3.0J 的冲击能量。冲击脆性试验的几种方法如下：

① 测量临界冲击脆化温度，先将试验箱的温度降至预先测出的试样破坏温度以下，试样夹持器应预先放入试验箱内的导热介质中冷却。导热介质为液体时，试验箱中装有的介质应保证试样上端浸入深度不小于 25mm。夹持器放入导热介质中冷却至规定温度后，试样应迅速放入夹持器中固定，导热介质为液体时，浸入介质内 5min，导热介质为气体时，在介质中放置 10min。对于是特别柔软材料的试样，应使用适当的装置支撑使其处于水平状态，直至冲击头释放。试样伸出夹持器的长度不小于 19mm。

图14-1 B型试样的形状（单位：mm）

在试验温度下保持规定的时间后，记录此时的温度，冲击试样1次。取出试样夹持器和试样，在标准温度下将试样朝向冲击弯曲的方向弯曲90°，用肉眼观察试样是否发生破坏。如有破坏，再每次升温10℃，用新的试样重新进行试验，直至全部试样都不发生破坏。然后将温度降至试样出现破坏的最高温度，测定试样不发生破坏的最低温度，再重新开始升温，每次升温2℃，直至所有试样都不发生破坏。最后将测得温度作为临界冲击脆化温度记录下来。

② 测定50%冲击脆化温度，试验初始温度应刚好是期望的50%的试样产生破坏的温度，试验步骤与测定临界冲击脆化温度基本相同。若在试验的初始温度下所有的试样均发生破坏，则应将温度提高10℃重新试验，若在试验的初始温度下所有的试样均不发生破坏，则应将温度降低10℃重新试验。用新的试样进行试验，温度的升高或降低以2℃的温度间隔进行，最终确定全部试样不发生破坏的最低温度和全部试样发生破坏的最高温度。记录下每次试验的温度以及在此温度下试样发生破坏的个数。

50%冲击脆化温度用每次试验温度下发生破坏的试样百分比计算，如公式（14-1）所示。

$$T_b = T_h + \Delta T\left(\frac{S}{100} - \frac{1}{2}\right) \tag{14-1}$$

式中　T_b——50%脆性温度，℃；

　　　T_h——全部试样发生破坏的最高温度，℃；

　　　ΔT——试验温度间隔，℃，标准规定为2℃；

　　　S——试验从全部试样不发生破坏的最低温度开始试验至 T_h 为止，每个温度下发生破坏的试样的百分比之和，%。

③ 规定温度条件下的试验，应根据材料的说明书和材料的分类基准确定试验温度。否则应按照测定临界冲击脆化温度的步骤进行试验。试验结果有一个试样发生破坏则为不合格，没有一个试样发生破坏即为合格。

14.2.2　低温扭转试验（吉门试验）

在低于室温条件下测定试样的拉伸特性或压缩模量时，需要使用在恒温箱内的试验设备，并且比较费时。扭转试验几乎不用于测定室温条件下的扭转刚度，而且发现这种试验可以方便地测定试样随着温度降低而发生的刚度变化。标准规定了测定扭转刚性的吉门试验方法，该方法用扭转钢丝使试样扭转，通过测定试样扭转的角度而求出其扭转刚性。

低温扭转试验设备如图 14-2 所示，试样为长（40.0±2.5）mm、宽 3.0mm、厚（2.0±0.2）mm 的条状。试样夹持器一个固定，另一个与钢丝相连接，将钢丝扭转转过一定的角度时，试样受到一定的扭矩，产生扭转变形。若此时将显示角度的刻度盘转到零点，松开钢丝后，试样要恢复原来的形状，就会带动钢丝转过一定的角度而在刻度盘上通过指针显示出来。这个角度在试验中称为扭转角，扭转角越大说明试样的弹性越好。由于橡胶的弹性随温度变化，所以扭转角是温度的函数。

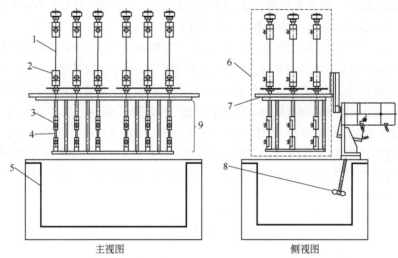

主视图   侧视图

图 14-2　低温扭转试验设备

1—扭转钢丝；2—钢丝夹具；3—试样夹持器；4—试样；5—恒温箱；6—扭转装置；
7—试样固定面板；8—搅拌机；9—进入试验箱内的浸渍部分

试样的扭转角在液体或气体介质中进行测定，操作方法基本相同，介质的温度阶段性或连续性变化。一般情况下，用不同的介质进行试验得到的试验结果相同。

试验前先要将试样安装到固定面板上放入试验箱，按照标准规定的方法测定试样在 23℃条件下的扭转角，选择扭转常数合适的钢丝。然后把试样连同固定面板从试验箱中取出，将试验箱内的温度降至规定的冷冻温度。再次将试样和固定面板一起放入试验箱，试样上端浸入导热介质的深度至少 25mm。在这个温度下保持 15min，依次测定所有试样的扭转角度，必须在 2min 之内测定完毕。所有试样完成冷冻条件下的试验后，使试验箱内升温，选择以下两种升温方式中的一种进行试验。

① 间隔 5℃升温，每种温度下保持 5min 后按照与基准测定同样的方法进行试验，并在 2min 之内测定完所有的试样。

② 按照每分钟 1℃的速度连续升温，按照与基准测定同样的方法进行试验，测定的时间间隔不得大于 1min。

一直试验到试样的扭转角与 (23±2)℃时的扭转角之差不大于 10°时为止。记录各个试验温度以及在该温度下的扭转角，并绘制扭转角与温度的关系曲线，图 14-3 所示的是由试验得到的扭转角与温度关系曲线的实例。

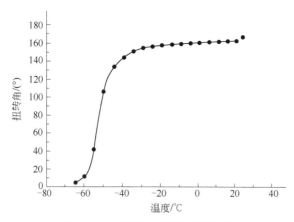

图 14-3　扭转角与温度的关系曲线

试样的扭转模量用公式 (14-2) 计算:

$$\frac{180-\alpha}{\alpha} \tag{14-2}$$

式中　α——试验温度下试样的扭转角度，(°)。

模量比是 (23±2)℃下的模量与实际试验温度下的模量之比，用式 (14-3) 计算。

$$M_\mathrm{R}=\frac{(180-\alpha_1)/\alpha_1}{(180-\alpha_0)/\alpha_0} \tag{14-3}$$

式中　M_R——模量比;

α_0——(23±2)℃条件下试样的扭转角度，(°);

α_1——实际试验温度条件下试样的扭转角度，(°)。

按照公式 (14-2) 就可以计算出各种不同的初始扭转角以及模量比所对应的实际扭转角。试验时根据标准给出的模量比 M_R 对应的扭转角 α，可以查出试样在各种初始扭转角条件下模量比等于 2、5、10、100 时的扭转角，再根据试验得出的扭转角与温度的关系曲线，就可以得到模量比等于 2、5、10、100 时的温度 t_2、t_5、t_{10}、t_{100}。

14.2.3　低温回缩性试验（TR 试验）

　　将试样在标准试验室温度下拉伸到规定的长度，再放到低温条件下冷冻后，除去拉伸力并以规定的速度升温，试样弹性恢复后长度开始收缩。低温回缩性试验就是测定试样回缩达到规定回缩率时的温度。

　　低温回缩试验设备包括拉伸试样并使试样保持伸长状态的试样固定板、长度测量装置和试验箱等。试样固定板能将试样的伸长率拉伸到 350%，并使试样在导热介质中保持垂直。试样的下夹持器固定在该板上，上夹持器可以上下移动，摩擦阻力应尽量小，并且可以在任意位置锁紧和松开。试样长度测量装置的测量精度为±0.25mm，当采用狭窄部分长度为 50mm 的试样时，测量精度应达到±0.125mm。试验箱为能够装满规定的导热介质的隔热容器，介质为液体时应使用搅拌机，介质为气体时应采用通风机使介质充分循环。使用搅拌机时，应使液体沿垂直方向循环移动以保持温度均匀。

　　标准试样的形状和尺寸如图 14-4 所示，中间狭窄部分两边平行，长度 l_0 有（100.0±0.2）mm 和（50.0±0.2）mm 两种，试样数量不小于 3 个。

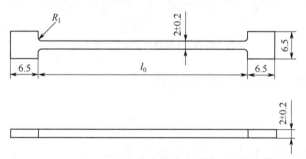

图 14-4　低温回缩试验标准试样形状和尺寸（单位: mm）

　　通常对于不考虑试样结晶化影响的试验，采用 50% 的伸长率。对于考虑试样结晶化影响的试验，采用 250% 的伸长率。若无法得到 250% 的伸长率，可采用二分之一拉断伸长率作为试验伸长率。若试样的拉断伸长率超过 600%，则应采用 350% 的伸长率。用不同伸长率所做的试验，结果不一定相同。

　　试验时首先在试验箱中加满浸渍试样的导热介质，将试验箱内的温度降至−73～−70℃。将试样安装到上下夹持器中，利用上夹持器将试样拉伸，通过长度测量装置进行测量，使试样狭窄部分的伸长率达到规定值，用锁紧装置将上夹持器的位置固定。将装有试样的试样固定板放入试验箱内，试样浸入导热介质的深度至少为 25mm，并保持（10±2）min。松开上夹持器的锁紧装置，使试样能够自由收缩，此时还应使试样内部保持 10～20kPa 的拉应力以保证其不会由于松弛而弯曲。将试验箱内的温度以 1℃/min 的速度上升。记录下−70℃时试样狭窄部分的长度，然后每隔 2min 记录一次试验箱内的温度和试样狭窄部分的长度，试验至试样的收缩率达到 71%时为止。用于材料的开发以及研究结晶和长时间处于低温条件下对试样性能的影响等方面的试验，应根据试验的目的和材料，使试样在多种不同温度下长时间保持拉伸状态。

各温度测定点试样的回缩率用式（14-4）计算。

$$r = \frac{l_1 - l_2}{l_1 - l_0} \times 100\% \tag{14-4}$$

式中　r——回缩率；

　　　l_0——拉伸前试样狭窄部分长度，mm；

　　　l_1——达到规定伸长率时试样狭窄部分长度，mm；

　　　l_2——在温度测定点测定的试样狭窄部分长度，mm。

图 14-5 是根据各个测定点的温度和在该测定点测定的试样收缩率绘制的温度-收缩率曲线。根据温度-回缩率曲线可以求出回缩率为 10%、30%、50%和 70%时的温度，分别称为 T_{10}、T_{30}、T_{50} 和 T_{70}。

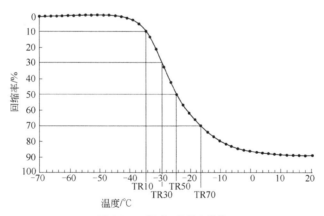

图 14-5　温度-回缩率曲线

14.3　国内关于橡胶低温性能试验方法的其他标准

我国在橡胶低温性能试验方面目前还执行一些其他的标准，主要有 GB/T 1682—2014《硫化橡胶　低温脆性的测定　单试样法》、HG/T 3866—2008《硫化橡胶　压缩耐寒系数的测定》和 HG/T 3867—2008《硫化橡胶　拉伸耐寒系数的测定》等。

其中 GB/T 1682 规定的单试样法是我国独有的。关于压缩和拉伸耐寒系数的测定方法，在 20 世纪 80 年代参照苏联的标准制定了 GB/T 6034—1985《硫化橡胶　压缩耐寒系数的测定》和 GB/T 6035—1985《硫化橡胶　拉伸耐寒系数的测定》。后来被 HG/T 3866—2008 和 HG/T 3867—2008 所替代。

（1）低温脆性试验的单试样法和多试样方法

JIS K 6261-2 与 GB/T 15256 都是采用多试样法，与多试样法的试样水平放置而冲头从试样上方垂直冲击不同，GB/T 1682 规定的单试样法的试样是垂直放置，冲头沿水平方向从试样的侧面冲击。单试样法有 A、B 两种试验，试验 A 在每种温度下冲击 1 个试样来测定脆性温度，试验 B 在每种温度下冲击 3 个试样来判定试样的破坏与否。多试样法有 A、B、C 三种试验，分别测定试样的脆性温度、50%脆性温度和判定试样是否发生破坏。在每种温度条件下均同时冲击 5 个试样。显然多试样法试验冲击的试样多，同时还规定了测定 50%试样发生破坏的 50%脆性温度，试验结果的科学性和可靠性高。在单试样法的早期版本 GB/T 1682—1994 中还特别说明："建议产品标准中橡胶脆性温度的测定积极采用 GB/T 15256 方法。现采用 GB/T 1682 方法的可进行 GB/T 15256 和 GB/T 1682 方法的对比试验，积累数据，向 GB/T 15256 方法转换。"也就是希望用多试样法取代单试样法。但时隔 20 年单试样法却又有了新的版本 GB/T 1682—2014。这两种试样方法看起来差别并不大，但由于冲击的方式和冲击速度不同、冲击点到试样夹持器的距离不同，受到冲击后试样产生的应力和变形并不一致，因此要想将两种方法进行比较，找出其中的规律非常难。另一方面单试样法有操作简单的优点，试验结果也具有一定的参考价值，因此在产品生产过程的质量检验以及制品性能的检测中也还有比较广泛的应用。所以目前在国内，橡胶的脆性温度就有"单试样"和"多试样"两种测定方法。

（2）耐寒系数试验

测定压缩耐寒系数和拉伸耐寒系数也是目前国内在评价橡胶低温性能时较常采用的试验。压缩耐寒系数的测定方法标准虽然制定得比较早，方法和试验仪器比较简单，但多年来并没有多大的变化。计算出试样压缩后恢复的高度 h_2 减去试样压缩后的高度 h_1 的差以及试样的原高度 h_0 减去试样压缩后的高度 h_1 的差，压缩耐寒系数 K_c 就是两个差值之比，即

$$K_c=(h_2-h_1)/(h_0-h_1)$$

试验时先将压缩装置浸入比试验温度低 4～5℃的导热介质中保持至少 15min，然后将压缩装置从导热介质中取出，调整介质的温度比试验温度低 1～2℃。将试样装在压头和压缩平台之间，在 5s 之内测量试样的原始高度 h_0。迅速将试样压缩到原始高度的 80%并记录压缩高度 h_1，将压缩装置和试样放入导热介质中，在试验温度

下保持 5min，然后再在 10s 内除去压缩载荷，使试样在低温下恢复 3min，通过压缩装置上的百分表测得试样的恢复高度 h_2。

拉伸耐寒系数的测定方法标准也是如此，多年来基本没有变化。拉伸耐寒系数 K 用试样在低温下的伸长 L_2 与常温下的伸长 L_1 的比值表示。即 $K=L_2/L_1$，试样在常温和低温下所受载荷相同。试验时先要在试样的中部划上间距为 (25±0.5) mm 的两条平行的标线，在 5s 之内将试样拉伸至原标线间距的 145%～155% 后，试样在自由状态下放置 15～120min。将装有试样的容器浸入常温酒精中，在试验室标准温度下停放 3min，1min 之内给试样施加适当的载荷，使试样在 5min 内拉伸至原标距的 90%～110%，从刻度尺上测出试样的伸长 L_1，然后取下试样停放 15～120min。将试样重新装入容器浸入到调整至试验温度的低温酒精中，停放 3min，给试样施加相同的载荷，并作用 5min，通过刻度尺测出此时试样的伸长 L_2。

（3）橡胶的玻璃化转变温度

橡胶的玻璃化转变温度 T_g 是橡胶从玻璃状态向高弹性状态转化的温度，决定了橡胶制品的使用温度下限，可以说是判定橡胶低温性能的重要指标之一。因此在一些有条件的企业和研究机构，在设法改善橡胶制品低温性能时都要测定 T_g，并将其作为配方调整的依据。测定 T_g 采用的差示扫描量热法（DSC）是一种热分析法。在程序控制温度下，测量输入到试样和参比物的功率差（如以热的形式）与温度的关系，再通过计算机进行分析测定出玻璃化转变温度，这不属于一般橡胶物理试验的范畴。关于测定橡胶的玻璃化转变温度的具体方法可参阅 GB/T 29611—2013《生橡胶　玻璃化转变温度的测定　差示扫描量热法（DSC）》。

低温性能试验有这么多种，每种试验方法都规定了相应的技术指标，在研究和改进配方、评价产品的低温性能时自然不可能进行所有的低温试验，应当根据产品的实际使用情况选择适当的技术指标。橡胶制品的种类非常多，而且实际应用状态十分复杂，不同的制品在低温条件下分别受到不同的载荷如拉伸、压缩、扭转、冲击、剪切等外力作用，因此选低温试验方法评价某种制品的低温性能时就应当多方面考虑。既要考虑使用的最低温度，也要考虑制品在使用中的状态等因素。如静态密封圈或密封条，就应当以脆性温度和压缩耐寒系数作为低温性能的控制指标；对于减震制品就应当通过脆性试验和吉门扭转试验来考察其低温性能；对于一些要求较高的制品，除了要测定脆性温度之外，还应在拉伸或压缩耐寒系数、吉门扭转试验、TR 试验中再选择一种才能保证其低温性能可靠[30]。此外也有资料表明，橡胶的玻璃化转变温度 T_g、脆性温度以及 TR 试验中的 10% 收缩率对应的温度 TR10 都可以表征材料的低温性能，但 T_g 和 TR10 侧重的是材料在低温下的弹性，而脆性温度更侧重的是材料在低温下的韧性[31]。

14.4　长时间处于低温条件下的扭转试验

从理论上讲，无论哪一种低温试验，都可以使试样在低温条件下比标准试验保持更长时间，从而来进行结晶效应以及可塑剂对试样性能的影响等方面的研究。因此进行长时间处于低温条件下的扭转试验，就必须使试验设备能够利用气体导热介质将试验箱内的温度长时间保持在规定范围内，最大允许误差为±1℃。导热介质可以是空气、二氧化碳和氮气，并且在物理或化学方面对试样无影响。

试验采用与低温扭转试验相同的试样。由于结晶的状况与橡胶的种类和所处的低温环境有关，应根据试验以及研究的目的确定试验温度和在试验温度下保持的时间。钢丝的扭转角度为180°，钢丝扭转保持的时间为10s。

试验时按照与低温扭转试验相同的方法安装试样。将安装好试样的固定面板放入充满（23±2）℃气体的试验箱内，采用与低温扭转试验相同的方法测定在室温条件下的扭转角。然后将试验箱冷却至规定的温度，经过规定的时间后进行同样的操作，测定低温条件下的扭转角。应在每一个规定的时间点进行测定。

结晶的状况以及长时间处于低温条件下扭转刚性的变化，如图14-6扭转模量比随时间的变化曲线所示。通常，在根据研究目的的某一温度下，用最初的测定值（扭转模量）作为初始值，计算这个初始值与在试验各个时间点的测定值的比值，通过这些比值的变化曲线可表现出低温条件下试样性能的变化。

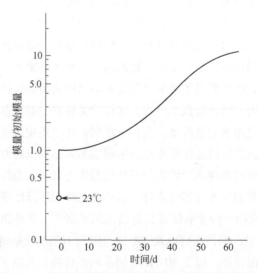

图14-6　低温下的保持时间与模量比之间的关系曲线实例

14.5 表观刚性扭转模量计算公式的推导

试样在各种不同温度下的扭转模量称为表观刚性扭转模量, GB/T 6036 和 JIS K 6261-3 都规定了计算表观刚性扭转模量的公式, 该计算公式的推导过程如下:

① 试样所受到的扭矩 T_1 用式 (14-5) 计算。

$$T_1 = \frac{GJ\pi\alpha}{180L} \tag{14-5}$$

式中　T_1——试样所受扭矩, mN·m;

　　　　G——表观刚性扭转模量, MPa;

　　　　J——试样的扭转常数, mm^4;

　　　　α——试样的扭转角, (°);

　　　　L——试样夹持器的间距, mm。

② 钢丝所受的扭矩 T_2 用式 (14-6) 计算。

$$T_2 = \frac{\pi K(180-\alpha)}{180} \tag{14-6}$$

式中　T_2——钢丝所受的扭矩, mN·m;

　　　　K——钢丝的扭转常数, mN·m;

　　　　α——钢丝的扭转角, (°)。

③ 由于 $T_1=T_2$, 因此根据式 (14-5)、式 (14-6) 可得到式 (14-7)。

$$\frac{GJ\pi\alpha}{180L} = \frac{\pi K(180-\alpha)}{180}$$

$$G = \frac{KL(180-\alpha)}{J\alpha} \tag{14-7}$$

④ 试样的扭转常数 J 可由式 (14-8) 和式 (14-9) 计算。

$$J = \frac{1}{3}bd^3\left[1 - \frac{192}{\pi^5} \times \frac{d}{b} \times \sum_{n=1}^{\infty}\frac{1}{(2n-1)^5}\tanh\frac{(2\pi-1)\pi b}{2d}\right] \tag{14-8}$$

$$J = bd^3 \times \frac{\mu}{16} \tag{14-9}$$

式中　b——试样宽度, mm;

　　　　d——试样厚度, mm;

　　　　μ——根据 b/d 确定的常数。

⑤ 根据式（14-7）和式（14-9）可导出表观刚性扭转模量的计算公式（14-10）。

$$G = \frac{16KL(180 - \alpha)}{bd^3 \mu \alpha}$$
(14-10)

式中　G——表观刚性扭转模量，MPa；

　　　K——钢丝的扭转常数，mN·m；

　　　L——试样夹持器间距，mm；

　　　b——试样宽度，mm；

　　　d——试样厚度，mm；

　　　μ——根据 b/d 确定的常数；

　　　α——实际试验温度下的扭转角，(°)。

14.6　国标与日本标准的主要差别

14.6.1　低温冲击脆性试验

　　关于低温冲击脆性试验的国标和日本标准是 GB/T 15256—2014 与 JIS K 6261:2017，这两个标准均采用了 ISO 812:2011，两者之间的差别有以下几处：

　　① 试样夹持器。两个标准规定的试样夹持器有所不同，国标规定的试样夹持器如图 14-7 所示，其中的试样夹是一个呈直角的零件，安装到夹持器内比较困难。日本标准规定的试样夹持器如图 14-8 所示，用一块小的金属制作的压紧块压紧试样，安装比较方便，结构也简单一些。

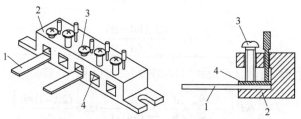

图 14-7　GB/T 15256 规定的试样夹持器

1—试样；2—试样夹持器；3—压紧螺栓；4—试样夹

　　② 螺栓的压紧力。试验中螺栓对试样的压紧力的大小十分重要，压力太小试样夹不紧，压力过大试样会发生翘曲或变形，对试验结果会产生一定的影响。因此这两个标准对试样的压紧力都有所要求。JIS K 6261-2 规定：试样应在正常状态下使

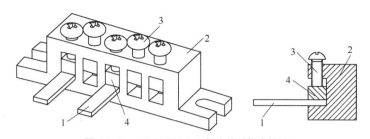

图 14-8 JIS K 6261-2 规定的试样夹持器
1—试样；2—试样夹持器；3—压紧螺栓；4—试样压紧块

用扭矩螺丝刀或扭矩扳手安装，以保证所有试样受到相同的夹紧力，并且不使试样产生翘曲等过大的变形。例如若试样的夹持面积为 80mm²，可以用 M4 或 M5 的螺栓并采用 0.15～0.25N·m 力矩拧紧，可以得到稳定的效果。而 GB/T 15256 的规定是："适当地拧紧夹持器是非常重要的，夹持器应紧固以使每个试样有近似相同的夹持力。"并在后面的注 2 中说明：夹持力可以影响试样的断裂温度，建议夹持力为 0.15～0.25N。但规定夹持力在实际操作时无法控制，除非在螺栓下安装测力传感器。规定拧紧力矩实现起来比较方便，只要根据扭矩扳手上的刻度将螺栓拧紧即可。ISO 812 也规定用扭矩扳手拧紧螺栓，推荐拧紧力矩为 0.15～0.25N·m。通过这个力矩范围也可以大体估算出螺栓对试样的压力。根据机械零件设计手册[32]，螺栓的预紧力与拧紧力矩之间的近似关系如式（14-1）所示。

$$T = KF_0 d \tag{14-11}$$

式中　F_0——螺栓的预紧力，N；

　　　T——拧紧力矩，N·mm；

　　　d——螺栓公称直径，mm；

　　　K——拧紧力矩系数。

若采用 M5 的螺栓压紧试样，夹持器与螺栓均电镀，根据资料[32]，可查得 K=0.22。

因此可以计算出若螺栓拧紧力矩为 0.15～0.25N·m 时，压紧力约在 136～227N 之间。若试样的压紧面积以 80mm² 计算，单位面积上的压紧力约为 1.7～2.8MPa。与国标的规定相差其远。

③ 日本标准认为试样夹持器的边缘若有损伤或磨损则会影响试验精度，因此 JIS K 6261-2 规定试样夹持器的边缘不得有磨损现象，不得有圆弧和倒角（如图 14-9 所示）。并且将此规定作为提案向国际标准化组织提出。

④ 关于冲击头的运动方式，JIS K 6261-2 规定："冲击头以（2.0±0.2）m/s 的速度运动，从试样上方垂直冲击试样。冲击运动可以选择圆弧运动方式 [如图 14-9 (a)]

或直线运动方式 [如图 14-9（b）]，冲击试样后冲击头应至少再继续移动 6mm。"
GB/T 15256 规定："冲击头沿着垂直于试样上表面的轨道运动，以（2.0±0.2）m/s
的速度冲击试样。冲击后冲击头的速度至少应维持在 6mm 行程范围内。"在这里只
规定了一种运动方式。在图 14-9 中显示了冲击头运动的直线和圆弧两种运动方式。

⑤ JIS K 6261-2 规定每种温度对应的试样数量不少于 10 个，并且试验 5 个 A
型试样或 B 型试样时，若冲击头的冲击能量符合规定，则可以将全部 5 个试样同时
进行冲击。国标对此无规定。

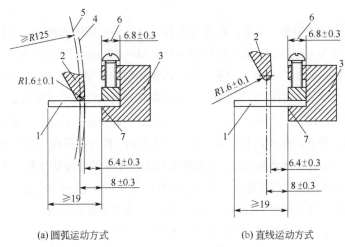

(a) 圆弧运动方式　　　　　　　　　(b) 直线运动方式

图 14-9　试样夹持器与冲击头的位置关系（单位：mm）

1—试样；2—冲击头；3—试样夹持器；4—冲击头运动轨迹；5—冲击点运动轨迹；
6—试样夹持部分；7—试样夹持器边缘（不得有倒角和圆弧）

14.6.2　低温扭转试验

关于低温扭转试验的国标和国际标准是 GB/T 6036—2020 和 JIS K 6261-3:2017，
这两个标准关于低温扭转试验的规定基本相同，无技术上的差异，只是日本标准在
介绍低温扭转试验设备时为便于理解增加了试验仪器的示意图，如前面的图 14-2 所
示，还规定扭转角度测定器的摩擦阻力应尽量小，分度值为 1°。

此外温度和扭转角的关系曲线对于试验结果十分重要，试验时先测出试样在
（23±2）℃下的扭转角，查表得出与这个角度相对应的相对模量为 2、5、10、100 的
扭转角度之后，还需要根据试验得出的温度和扭转角的关系曲线才能求出这些扭转
角对应的温度，即 t_2、t_5、t_{10} 和 t_{100}。JIS K 6261-3 给出了根据试验得出的一个温度-
扭转角关系曲线的实例，如前面的图 14-3 所示。

14.6.3　低温回缩试验

关于低温回缩试验的国标和日本标准是GB/T 7758—2020和JIS K 6261-4:2017。GB/T 7758—2020采用国际标准的版本比日本标准采用的版本新，在附录B中增加了日本标准中所没有的回缩试验的精密度的内容，低温回缩试验结果的精密度试验（ITP）是2017年实施的，日本标准采用的是国际标准2011年的版本，因此没有这方面的内容。此外JIS K 6261-4按照ISO 2921:2011，规定每隔2min记录一次试验箱内的温度和试样狭窄部分的长度，试验至试样的回缩率达到75%时为止。而GB/T 7758则按照ISO 2921:2019规定试验到试样的回缩率达到71%为止。其他不同有以下几处。

① 温度测量装置。关于温度测量装置，GB/T 7758规定：温度测量的最大允许误差为0.5℃。关于试样架的长度测量装置则规定：长度测量装置的最大允许误差为0.25mm，甚至要求更高。除此之外还规定：如果试样长度测量装置准确到0.125mm甚至更高，则可使用50mm的试样测试50%的伸长率。而JIS K 6261-4在这方面的规定是：温度测定装置的测量允许误差在全部试验温度的范围内为±0.5℃，试样长度测量装置的最大允许误差为±0.25mm，当采用狭窄部分长度为50mm的试样时，最大允许误差应减小到±0.125mm。其实两者并没有实质性的不同，只是叙述的方式不一样。按照国家计量技术规范JJF 1001—2011《通用计量术语及定义》的规定，最大允许测量误差，简称最大允许误差的定义是：对给定的测量、测量仪器或测量系统，由规范或程序所允许的，相对于已知参考量的测量误差的极限值。通常术语"最大允许误差"是用在有两个极限值的场合。因此最大允许误差的数值前应当加"±"符号。

② 试样架。GB/T 7758关于试样架的规定是："试样架应设计成使试样保持轻微的张力（在空气中10～20kPa），并可使其被拉伸的最大伸长率为350%。""试样架在使用的液体中保持10～20kPa的轻微张力。设置额外的轻微张力把上夹具放到试样伸长部位的中间位置并保持上夹具不动。然后增加负荷使张力处在10～20kPa的范围内。以上步骤需在标准实验室温度下进行。"国标反复强调了这个"轻微张力"。

JIS K 6261-4并未对试样架单独加以规定，而是在试验方法中作了如下说明："……试样浸入导热介质的深度至少25mm，并保持10^{+2}_0min。松开上夹持器的锁紧装置，使试样能够自由收缩，此时还应使试样内部保持10～20kPa的拉应力以保证其不会由于松弛而弯曲。将试验箱内的温度以每分钟1℃的速度上升……"按照日本标准，试样保持一定的轻微张力只不过是为了在松开夹持器的锁紧装置后保证试样自由回缩时不产生弯曲的一个措施。

③ GB/T 7758规定，试样应在-73～-70℃的冷却介质中保持（10±2）min。日

本标准规定保持的时间为 10_0^{+2}min。日本标准协会曾经向国际标准化组织提出将试样在冷却介质中的保持时间改为保持 10_0^{+2}min，但国际标准并没有采纳，在最新版的 ISO 2921:2019 中仍然保持了原来的规定。

④ 为便于理解收缩率与温度之间的关系，JIS K 6261-4 增加了根据各个测定点的温度和对应这些温度测定出的试样收缩率而绘制的温度-回缩率曲线的一个实例，如前面的图 14-5 所示。

第 **15** 章 应力松弛试验

应力松弛就是在变形一定的情况下，应力随时间的增加而逐渐减小的现象，其本质就是材料受力后从一种不稳定态向稳定态的转变。橡胶是黏弹性物质，由于黏性的影响，所施加外力瞬间内不可能均匀分布。经过分子链移动重排后，内应力才能逐渐消除而达到平衡状态。因此橡胶的应力松弛现象比一般的弹性体更为明显，橡皮筋拉伸一段时间会变松就属于典型的应力松弛现象。应力松弛试验是在试样达到规定的应变条件下，测定作用于试样的初始作用力和达到规定时间的作用力，通过计算这两个力的变化量与初始作用力之比来评价试样的应力松弛性能。

15.1 应力松弛试验方法标准与压缩应力松弛试验

15.1.1 标准的概况

（1）国际标准与国标的概况

任何一种形式的外力使材料产生变形后，在保持应变恒定的情况下都会产生应力松弛现象，因此应力松弛可分为拉伸应力松弛、压缩应力松弛和扭转应力松弛。国际标准化组织最初在 ISO 3384 中规定了硫化橡胶压缩应力松弛的试验方法，后来将 ISO 3384 分成了两部分，于 2011 年发布了 ISO 3384-1:2011《硫化橡胶或热塑性橡胶　压缩应力松弛的测定　第 1 部分：恒温下的测定》，2012 年又发布了 ISO 3384-2:2012《硫化橡胶或热塑性橡胶　压缩应力松弛的测定　第 2 部分：循环温度下测定》，目前这两个国际标准的最新版本分别是 ISO 3384-1:2019 和 ISO 3384-2:2019。按照国际标准的方法，国家标准也将压缩应力松弛试验方法分为两部分，即 GB/T 1685.1《硫化橡胶或热塑性橡胶　压缩应力松弛的测定　第 1 部分：恒定温度下试验》和 GB/T 1685.2《硫化橡胶或热塑性橡胶　压缩应力松弛的测定　第 2 部分：循环温度下试验》。但目前仅等同采用 ISO 3384-2:2012，制定出了第 2 部分 GB/T 1685.2—2019。在恒温下进行应力松弛试验的现行标准仍然是 GB/T 1685—

2008《硫化橡胶或热塑性橡胶 在常温和高温下压缩应力松弛的测定》，该国标修改采用 ISO 3384:2005。

（2）日本标准的概况

日本标准的橡胶应力松弛试验方法标准是 JIS K 6263:2015《硫化橡胶或热塑性橡胶 应力松弛试验方法》，修改采用 ISO 3384-1:2011 以及该标准 2013 年的修改单而制定，其中还另外包括了国际标准和国标中均未规定的拉伸应力松弛试验方法，因此标准的题目中没有"压缩"两字。日本标准未规定在循环温度下测定应力松弛的方法。

国标 GB/T 9871—2008《硫化橡胶或热塑性橡胶老化性能的测定 拉伸应力松弛试验》（等同采用 ISO 6914:2004《硫化橡胶或热塑性橡胶 用应力松弛测量法测定老化特性》）中也涉及了拉伸应力松弛，但与日本标准内容不同的是，该标准的主要目的是通过测定拉伸变形的薄胶片试样的应力变化，来了解硫化橡胶的老化性能，与 GB/T 3512《硫化橡胶或热塑性橡胶 热空气加速老化和耐热试验》一起，可以视为是两个相互补充的试验方法标准。橡胶试样在一定的变形条件下，其应力随时间的变化是物理和化学作用同时存在的结果。当薄试样长期暴露在含有氧的空气中，其变质主要是以化学过程为主。虽然橡胶的应力松弛产生的原因与老化有一定的关联，但 JIS K 6263 中规定的拉伸应力松弛试验与老化试验的目的完全不同，它并不研究试样的老化性能，主要是为了测定试样的耐应力松弛性，是一种从使用的角度出发研究制品工作性能的试验。此外，两个试验的方法也不相同，试样厚度也不一致，JIS K 6263 规定试验拉伸后应变始终保持不变，试样厚度多为 2mm。GB/T 9871 中规定仅采用 A 法试验时，试样的拉伸应变保持不变，并需要连续测量拉力随时间的变化。而 B 法和 C 法都是将试样拉伸到规定的应变，测量拉伸力后将其放松，达到规定时间再次拉伸试样并测量拉伸力。试样的厚度仅有 1mm。

15.1.2 恒温下测定压缩应力松弛的试验方法

压缩应力松弛试验是使试样产生规定的压缩变形，通过测定在规定的温度条件下达到规定时间时，维持压缩变形的压缩力与初始压缩力的差别来判断其应力松弛性能。试验有 A 法和 B 法两种，试样可采用气体加热或液体加热。

（1）试样及其压缩装置

试样压缩装置由两个相互平行的、经过抛光的压缩板构成，上、下压缩板表面应采用磨削加工并抛光，必须十分光滑并且保持平行，在压缩试样时不得产生变形。为使试验温度保持稳定，试验箱应有温度控制装置，用液体加热时，浸渍容器应能将整个压缩装置完全浸入到试验液体中，如果试验液体有毒或具有挥发性，容器必须能够密闭。容器中还应设有加热器和液体循环装置。

试样有圆柱状和环状两种，圆柱状试样有大型和小型两种。为消除试样内部的应力，提高试验结果的再现性，试验之前应按照标准的规定对试样进行必要的状态调节、热调节和机械调节。试验时间一般为 168^0_{-2}h。试验过程中测量压缩力的时间为 $3h^0_{-10min}$、$6h^0_{-20min}$、$24^0_{-0.5h}$ 和 72^0_{-1h}。若需要更长的试验时间，则应采用对数坐标的时间间隔。

由于压缩应变与厚度有关，所以应在试样的热调节后、机械调节之前并且在试验室标准状态下按照标准的规定仔细测量。圆柱状试样测量试样中心部分的厚度，精确至 0.01mm。环状试样在试样圆周上间隔 90°分别测量其厚度和截面直径，精确至 0.01mm，取 4 点厚度的平均值作为试样的厚度、4 点截面直径的平均值作为试样的截面直径。同一试样 4 个点的测量值相差超出 0.05mm 的试样应废弃。

（2）试验方法

试验可分为 A 法和 B 法两种。

A 法的试验先将试验箱和压缩装置预热达到试验温度。在液体中试验的场合，将试样和压缩板表面涂一薄层试验液体，在气体中试验的场合涂一薄层对硫化橡胶无影响的润滑剂。试样安装到压缩装置中放入试验箱内应最少预热 30min。150℃以上的试验应采用更长的预热时间。试样应在 30～120s 之内压缩到规定的试验应变，然后保持这个压缩率至试验结束。试验应变一般为（25±2）%，如果试样硬度较高压缩不到 25%，也可采用更低的应变进行试验。试样压缩后开始计时，至（30±1）min 时测量初始压缩力 F_0，精确至测定值的 1%。达到规定的时间时测量压缩力 F_t。压缩力的测量全部在试验温度下进行。

B 法的试验步骤与 A 法略有不同，先在试验室标准温度下将试样装到两压缩板之间，在 30～120s 之内压缩到规定的试验应变，与 A 法相同。试样压缩后开始计时，至（30±1）min 时测量压缩力 F_0，精确至测定值的 1%。将试样在压缩状态下连同压缩装置一起放入预先加热到规定温度的试验箱内加热，并保持箱内温度与试样的压缩率不变。达到规定的时间后，将试样在压缩状态下连同压缩装置一起从试验箱中取出，2h 之内恢复到试验室标准温度。在试验室标准状态下测量压缩力 F_t，然后重复以上操作，每到规定时间进行压缩力的测量。压缩力的测定全部在试验室标准温度下进行。

15.1.3 循环温度下测定压缩应力松弛的试验方法

（1）试验方法和温度变化曲线

GB/T 1685.2—2019 规定的在循环温度下进行应力松弛试验的试样也有圆柱状

和环状两种，环状试样与恒温试验的试样相同，但圆柱状试样仅有直径（13±0.5）mm，高度（6.3±0.3）mm一种。循环温度下进行试验的压缩装置、恒温箱和浸渍容器、试样的调节、试样压缩产生的应变、压缩力测量方法以及试验结果的计算方法等均与在恒温试验相同，只是在试验过程中温度按照一定的规律变化。根据温度变化的方式不同，试验也可分为A法和B法两种。A法试验从高温开始，在试验温度下压缩试样，30min时测量初始压缩力F_0。保持试验温度168h，以（1±0.5）℃/min的速度降温至规定的低温，保持1h再以（1±0.5）℃/min的速度升温至规定的高温，一个循环结束后再开始下一个循环，直至试验结束。温度变化曲线如图15-1所示。试验过程中连续测定压缩力，第一天每隔1min测量一次，后续的第一周每隔10min测量，剩余的时间内每隔60min测量。B法试验在试验室标准温度下压缩试样，压缩30min测量初始压缩力F_0。然后以（1±0.5）℃/min的速度升温至规定的高温，保持1h再以（1±0.5）℃/min降温至规定的低温，在该低温下保持1h，每天重复此循环2～4次，总计3～5个循环。温度变化曲线如图15-2所示。试验过程中连续测定压缩力，最大时间间隔为5min。

（2）测量的时间点

在规定时间的应力松弛$R_c(t)$用初始压缩力F_0与规定时间测定的压缩力F_t之差和初始压缩力F_0之比表示，取3个试样的中间值。高温下的压缩力F_{th}应在保持高温1h后测量，低温时的压缩力F_{tl}应在保持低温1h后测量，测量的时间点如图15-1和图15-2所示。

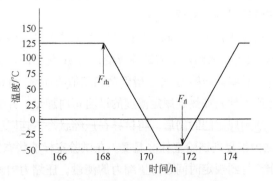

图15-1 试验方法A的温度变化曲线

由于循环温度可以包括0℃以下的低温（如-40℃），而橡胶在低温下会有结晶现象，从而进一步加剧其收缩，有很多密封制品在常温下能很好地工作而在低温下就会出现泄漏现象就是很典型的例子，因此在循环温度下进行应力松弛试验具有重要意义。

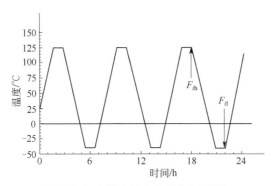

图15-2 试验方法 B 的温度变化曲线

15.2 压缩力的测量

压缩应力松弛试验一般用专门的应力松弛仪进行，也可以利用通用的拉力试验机进行。应力松弛试验结果用公式（15-1）计算。

$$R_c(t) = \frac{F_0 - F_t}{F_0} \times 100\% \qquad (15\text{-}1)$$

式中 $R_c(t)$——t 时间后的压缩应力松弛；

         F_0——30min 后的压缩拉伸力，N；

         F_t——t 时间后的压缩力，N。

由此可看出，压缩应力松弛是通过测量出的压缩力计算得出的，所以压缩力的测量对试验结果的准确性至关重要。标准按照测定压缩力时温度的不同将试验方法分为 A 法和 B 法，按照 A 法试验时压缩力全部在试验温度下测量，按照 B 法试验时压缩力全部在标准试验室温度下测量。此外标准还根据测量是否连续性将压缩力的测量方式分为连续测量和间断测量两种。

连续测量的压缩力测量装置是一个连续测量系统，能在整个试验期间对试样进行监测，并能够连续测量出压缩力随时间的变化。在试验过程中试样的应变始终保持不变，与计算试验应变有关的试样厚度测量值的极限偏差为±0.01mm。间断测量就是仅在达到规定的时间时测量压缩力。与间断测量相比，连续测量由于具有以下优点而成为首选的压缩力测量方式：①人工操作少，试验开始后整个试验可以自动完成；②由于试验结果可以连续自动记录，在试验结束时能够获得整个试验过程中任何时间的测量值；③可以自动绘制出应力松弛随时间的变化曲线，便于对试验结果进行分析；④试验开始后压缩装置和试样不需要移动，测量精度高。目前生产的应力松弛仪可以完全满足试验要求，既可进行连续测量也可以进行间断测量。早期使用陆卡斯式压缩应力松弛仪只能实现间断测量，这种仪器带有一套夹具对试样进行压缩，还有专用天平杠杆和砝码组成的负荷测定仪。试验时先用夹具上的丝杠将试样压缩，使其应变达到试验规定，然后把夹具装到负荷测定仪上施加一个比试样的反作用力稍大一些的负荷（不大于 1N），该负荷正好可以切断电路，并给指示器提供了一个电路断开的信号，这样就可以测出施加在试样上的压缩力。目前这种松弛仪已经基本被淘汰。根据最新版本的国际标准 ISO 3384-1:2019 推荐，在恒温下测定应力松弛的试验中，连续测量主要用于 A 法，间断测量主要用于 B 法。

在电子拉力试验机上也可以进行应力松弛试验，但进行压缩应力松弛试验时需要有一套如图 15-3 所示的压缩装置才能将拉伸力转化为压缩力。如果采用 B 法并间断测量，试验时可用加压丝杠推动上压缩板将试样压缩，使其产生规定的试验应变，用螺母将丝杠锁紧。测量压缩力时需要用拉力试验机使上压缩板再继续压缩试样一小段距离（不大于 0.05mm），使丝杠的压缩端与上压缩板刚好离开，此时压缩试样的力就可以完全由拉力试验机承担，并由试验机的测力传感器测出，如图 15-4 所示。测力后使试样继续保持试验应变，将压缩装置与试样一起卸下放入预热好的试验箱内加热，达到规定测量时间将其取出，2h 后恢复至试验室标准温度，再将其安装到拉力试验机上，进行压缩力的测量。如果采用 A 法并连续测量压缩力则需要用带有高低温试验箱的拉力试验机，试验时不需要用丝杠压缩试样，用拉力试验机通过压缩装置压缩试样并直接测量压缩力即可，试验机的位移传感器可显示试样的压缩变

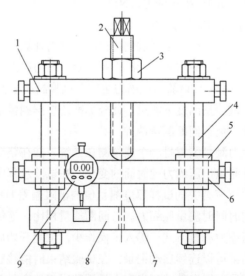

图 15-3 用于拉力试验机的压缩装置（压缩试样时的示意图）

1—固定板；2—加压丝杠；3—锁紧螺母；4—导向柱；5—直线轴承；6—上压缩板；
7—试样；8—下压缩板；9—数显百分表

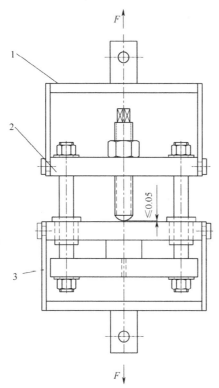

图 15-4 用拉伸试验机测量压缩力示意图

1—上拉伸夹具；2—试样压缩装置；3—下拉伸夹具

形。测力后可用拉力试验机本身的高低温试验箱对试样加热。由于橡胶应力松弛的试验一般为 168h 或更长，除非进行专门的研究，这样长时间地占用一台拉力试验机进行试验并不合适。因此若使用拉力试验机进行应力松弛试验，最好采用 B 法并选择间断测量压缩力的方式。

15.3 拉伸应力松弛试验方法简介

拉伸应力松弛试验是采用条状试样使其产生规定的拉伸变形，通过测定在规定的温度条件下达到规定时间时，维持拉伸变形的拉伸力与初始拉伸力的差来判断其应力松弛性能。拉伸变形可用夹持器的间距计算。与压缩应力松弛试验相同，拉伸应力松弛试验也有 A 法和 B 法两种。

A 法是将装有试样的拉伸装置预热，达到试验温度，在试验温度下拉伸试样并测量初始拉伸力和达到规定时间的拉伸力。

B 法是在试验室标准状态下拉伸试样，测量初始拉伸力。在保持拉伸变形不变的情况下加热到规定的温度并保持到规定的时间，然后再回复到试验室标准状态下测量达到规定时间的拉伸力。

拉伸应力松弛试验一般采用拉伸试验机和恒温试验箱进行。拉伸试验机应具有 1 级精度，试样的形状和尺寸如表 15-1 所示。

表 15-1　拉伸应力松弛试验用试样的形状和尺寸　　　　　　单位：mm

试样	厚	宽	长	夹持器间距
1 号条状试样	2.0±0.2	5.0±0.1	100	40.0±0.4
2 号条状试样	2.0±0.2	10.0±0.1	60	20.0±0.2
3 号条状试样	1.0±0.1	4.0～25.0①	70～80	50.0±0.5

① 用同一种宽度的试样进行同样的试验时，宽度的极限偏差为±0.1mm。

拉伸应力松弛试验试样的数量和试样的保管、测量以及状态调节方法均与压缩应力松弛试验相同。试验的时间和温度也与压缩应力松弛试验一致。

拉伸应力松弛试验方法如下：

（1）A 法

首先将试验箱和拉伸试验夹具预热达到试验温度，把试样在无变形状态下装入拉伸试验机的夹持器中，放入试验箱。为使试样的温度达到平衡，在试验温度下最少预热 10min。试样装入夹持器时以及在加热过程中会产生屈挠现象，为避免试样发生屈挠，需要给试样施加不超过 0.05N 的拉伸力。

拉伸试样，使其在 1min 之内达到试验应变，并将这个应变一直保持到试验结束。试验应变可由夹持器的间距计算得出，通常为（50±5）%，如果拉伸不到 50%，也可采用（20±2）%的应变或由 20%依次递增 5%的应变进行试验。

试样拉伸后开始计时，70℃及以下的试验至 3min 后测量拉伸力 F_0，70℃以上的试验 30s 后测量拉伸力 F_0。每次达到规定的时间时测量拉伸力 F_t，拉伸力的测量全部在试验温度下进行。试验结束后观察试样表面，若出现龟裂现象应在试验报告中说明。

（2）B 法

在试验室标准状态下将试样装入拉伸装置的夹持器中，将试样拉伸，使其在 1min 之内达到试验应变，并将这个应变一直保持到试验结束。试样拉伸后开始计时，经过 3min 测量初始拉力 F_0。将试样保持规定的试验应变放入已经加热到试验温度的试验箱内。达到规定的时间后将试样取出，2h 之内使试样以及拉伸装置恢复到试验室标准状态。在试验室标准状态下测量拉伸力 F_t。然后重复以上操作，每次达到规定时间后测量拉伸力。

拉伸力的测量全部在试验室标准状态下进行，试验结果的表示方法与压缩应力试验相同。

拉伸应力松弛用式（15-2）计算。

$$R_{\mathrm{T}}(t) = \frac{F_0 - F_t}{F_0} \times 100\% \tag{15-2}$$

式中　$R_{\mathrm{T}}(t)$——t 时间后的拉伸应力松弛；

　　　F_0——30min 后的初始拉伸力，N；

　　　F_t——t 时间后的拉伸力，N。

试验结果用每个试样计算值的中间值，按照规定的方法圆整至整数位。

如果某一试样的计算值与中间值的偏差超出 10%,应另外取 3 个试样重新试验，求出所有试样计算值的中间值。此外还应绘制出拉伸应力松弛 $R_{\mathrm{T}}(t)$对应于时间 t 的曲线。

15.4 应力松弛试验的实际应用

应力松弛橡胶对制品的使用性能有很大影响，密封制品如 O 形圈、各种形式的油封、密封垫等，受到一定程度的压缩后在密封面上产生反作用力，起到密封的作用，这个反作用力也称为"密封力"。随着应力松弛的产生，密封力逐渐减小，密封效果也逐渐降低。因此应力松弛试验能够直接测定橡胶制品对固体密封面所施加的力随时间的变化，该力及其保持的情况与密封能力直接相关。因此在橡胶密封制品中应力松弛试验是提高密封性能所必须采用的试验之一。

封隔器是石油勘探开发中的重要井下工具，对密封性能要求很高。但由于使用条件恶劣，温度变化很大，在高温条件下会导致应力松弛的程度增加，但温度降低应力松弛并不能恢复。

有工程技术人员对压缩式封隔器氟橡胶密封筒进行了高温下的单轴拉伸试验和应力松弛试验，通过建立封隔器的有限元模型并进行仿真分析，结果发现橡胶材料在高温条件下的应力松弛使封隔器胶筒与钻井井壁之间的剪切应力、接触应力、线压和面压均有不同程度的降低，其中最大接触应力下降 15%,并有呈对数函数下降的趋势，有效密封长度减少 16.93%,直接导致封隔器的密封性能和密封可靠性下降[33]。

除了密封制品之外，一些由橡胶以及由橡胶和金属组成的减震器都是在周期性的动载荷下工作的，而橡胶的动态力学行为是一种接近实际使用条件的黏弹性行为，在外力作用下高聚物材料的变形行为介于弹性材料和黏性材料之间，制品的使用性能受到力、变形、温度和时间等因素的影响。所以在对这些制品进行检验时，就应当考察在一定温度下，当应力恒定时变形随时间延长而逐渐增大的蠕变现象，还应考察在一定温度下，当应变恒定时应力随时间延长而逐渐衰减的应力松弛现象[34]。对一些广泛使用的减震、隔振制品，尤其是对用于铁路、列车、桥梁、飞机上的橡胶减震制品（如轨道橡胶枕垫、桥梁橡胶支座、车厢空气弹簧底座、轴箱拉杆弹性体、电机悬挂橡胶垫等）进行一系列的严格检验中也大都包括蠕变和应力松弛试验。

资料表明，早在 20 世纪 60 年代，就有研究人员利用阿累尼乌斯公式对采用应力松弛试验估计橡胶制品存放期的方法进行了研究[35]。在该项研究中试验人员测出了试样在恒定的变形条件下初始应力 f_0 和到达一定时间后的应力 f_t，并将 f_0/f_t 称为相对应力。经过试验证明，一般材料达到某一应力比（f_0/f_t）所需时间的对数（$\ln t$）随热力学温度 T 的倒数（$1/T$）而变化，在坐标系中呈直线关系。根据以上理论，可以选择几个高温点进行试验，用较短的时间得出在这几个温度下达到某一程度相对应力所对应的时间后，以 $\ln t$ 对 $1/T$ 作图，将坐标系中几个对应的点连成一直线，再采用外推法，将直线适当延长就可以得到在常温下达到该种程度相对应力所需要的时间。如果能根据制品的使用性能得知其临界应力比的大小，就可以利用以上方法预测出制品的存放期。

应特别说明的是该资料在试验中采用了拉伸应力松弛试验，试样为外径 56mm、内径 44mm 的环形试样，拉伸比为 72%。其实日本标准规定的拉伸松弛试验对于受拉伸力作用的橡胶制品也是非常重要的。即使是密封制品，也有受拉伸的情况。例如用于活塞密封的 O 形圈，由于活塞杆安装 O 形圈沟槽的直径要大于 O 形圈的内径，O 形圈在拉伸状态下安装到活塞杆上，内径越小拉伸变形越大，直径 200mm 左右的 O 形圈，拉伸应变为 5%~7%；直径 15mm 左右的 O 形圈，拉伸应变最大可达 25%以上。所以与活塞杆之间的密封力实际上是由拉伸力提供的，若产生较大的拉伸应力松弛，就会使密封力减小从而在密封圈与活塞杆之间产生泄漏。活塞杆的密封属于动密封，要求比较严格。在使用中的受力也很复杂，O 形圈安装在活塞上受一定程度的拉伸，却又受缸体的压缩，而且活塞运动时还要受剪切力的作用。因此对于这种活塞密封圈，为提高密封性能应综合考虑其受力情况进行试验。

15.5 国标与日本标准的主要差别

关于应力松弛试验的国标和日本标准是 GB/T 1685—2008 与 JIS K 6263:2015，这两个标准整体上差别不大，主要不同有以下几处：

① 国标与日本标准均规定了两种圆柱形试样,日本标准规定的小型试样与国标的 II 型试样相同,但又规定了一种直径为 29mm 的大型试样,如表 15-2 所示。国标规定的 I 型试样直径和高度均为 (10mm±0.2)mm。

表 15-2   JIS K 6263 规定的圆柱形试样的尺寸   单位：mm

类型	直径	厚度
小型试样	13.0±0.5	6.3±0.3
大型试样	29.0±0.5	12.5±0.5

② 国标和日本标准都规定试验应变为 (25±2)%。但对于硬度较大的橡胶若压缩不到 25% 的情况下,国标规定可以采用 15% 或更低的应变,分步压缩,每次压缩 5%。日本标准也规定可以采用 15% 或更低的应变,但并没有规定需要分步压缩,而是规定了试样应变可以依次递减的间隔为 5%。

③ 关于温度测量,GB/T 1685—2008 规定:"用符合要求的传感器元件,温度传感器应安装在距试样表面不超过 2mm 的压缩板内。"JIS K 6263:2015 未说明传感器的具体位置,仅规定了:"温度测量仪表应选用适当精度的传感器,传感器安装在能够准确测量试样温度的位置上。"

④ JIS K 6263:2015 在附录 B 中对试验设备的校准做了规定,GB/T 1685—2008 对此未做规定。

表 15-3 为压缩应力松弛试验设备的校准规划与校准周期。

表 15-3   压缩应力松弛试验设备的校准规划与校准周期

校准项目	必要条件	ISO 18899 的章、条序号	校准周期	注意事项
压缩装置	两个平行的压缩板用耐腐蚀的材料制作,表面经过抛光	C	N	压缩板表面粗糙度 $Ra<0.4\mu m$
	压缩试样时压缩板的变形不得大于 0.01mm	15.2	S	—
	没有试样时两个平板的平行度误差不得大于 0.01mm	15.5	S	—
	压缩板的大小应保证试样完全在其范围内并且在试样受压缩时能自由向四周膨胀	C	U	—
	压缩环形试样的压缩板中部加工有不小于 2mm 的通孔	15.2	N	—
	压缩板应与压缩力测量装置连接并压缩试样	C	N	—

校准项目	必要条件	ISO 18899 的章、条序号	校准周期	注意事项
压缩力测量装置	压缩力测量装置的测量精度应在测定值的 1%以内	21.2	S	—
	压缩力测量装置应能始终保持试样的变形在初始变形的 ±0.01mm 以内	15.2	S	—
	在规定的时间间隔测量压缩力的情况下,增加的压缩变形应尽可能小,对于杠杆砝码式试验机,其增加的压缩力不应超过 1N,对于应力/应变型试验机,使试样增加的压缩变形应不大于 0.05mm 再次压缩试样时,压缩变形应保持为初始变形,极限偏差为 ±0.01mm	21.2 或 15.2	S	—
试验箱	能满足 JIS K 6257 规定的耐热性能试验	JIS K 6257	JIS K 6257	—
压缩板	压缩板上加工有可以使试验液体循环的通孔	C	N	—
浸渍容器	容器中设有加热器和液体循环装置能够保持规定的试验温度	C	N	—
温度测量仪表	温度传感器的安装应能够保证准确地测量试样的温度	C18 条	N S	—
拉力试验机	具有 JIS K 6272 规定的 1 级精度	JIS K 6272	JIS K 6272	—

注:1. C—仅确认,不需要测量;N—初期确认;S—ISO 18899 规定的标准校准周期;U—每次试验。

2. 校准必需的测量器具包括计时器、测量试样尺寸的量具。

第 16 章 耐液体试验

硫化橡胶在有机溶剂等介质中会产生溶胀，这是由于溶剂分子进入到橡胶高分子链的空隙中，增大了链段间的体积，引起了高分子物质体积变大。同时液体介质还可能从硫化橡胶中抽出某些可溶性的配合剂，导致体积减小产生收缩，通常溶胀或收缩程度随制品与溶液接触时间的增加而增大，直至体积变化达到平衡。橡胶溶胀和收缩会使力学性能大幅下降，其制品的使用寿命也会受到一定的影响，所以一般的橡胶制品应尽量避免接触到各种有机溶剂。但也有许多制品在使用过程中不可避免地处于各种油类或腐蚀性介质浸泡和接触的环境中，并且随着科学技术的发展橡胶制品使用日益广泛，其使用条件也越来越苛刻，因此提高制品的耐油、耐腐蚀性，尤其是提高在高温条件下的这些性能，具有重要的实用价值。评价硫化橡胶耐油、耐化学溶剂性能的耐液体试验，是研究橡胶材料耐液体介质浸泡性能的重要手段，使用十分广泛。

16.1 耐液体试验的标准和试验方法

耐液体试验是测定试样在受到液体浸渍前、后各项性能的变化，以此来判断其耐液体性能。试验采用的各种液体均是橡胶制品中经常使用的，如石油的衍生物、有机溶剂以及其他液体等。目前耐液体试验方法的国家标准是 GB/T 1690—2010《硫化橡胶或热塑性橡胶耐液体试验方法》，修改采用 ISO 1817:2005《硫化橡胶或热塑性橡胶——耐液体测定方法》。日本耐液体试验方法的标准是 JIS K 6258:2016《硫化橡胶或热塑性橡胶 耐液体性能测定方法》，该标准修改采用 ISO 1817:2015。GB/T 1690—2010 与 JIS K 6258:2016 相比在试样、试验设备以及试验程序方面的规定相差不大。只是 ISO 1817:2015 在 ISO 1817:2005 的基础上增加了"试验设备的校准"和"试验精密度"的内容，推荐使用的试验液体也略有不同。为查阅方便，ISO 1817:2015 在附录 A"试验用液体"中，对于市面出售的几种含有或不含氧化物质（乙醇）的标准试验液体，注明了 CAS 的注册号。这些也都是 JIS K 6258:2016 与 GB/T 1690—2010 的不同之处。

耐液体试验分为全浸泡试验和单面浸泡试验两种，前者是将试样完全浸泡在液体中，测定浸泡前、后的尺寸、硬度、体积、表面积以及拉伸应力-应变性能的变化，并且测定干燥后的抽出物质的质量。后者的试样仅一个表面与液体接触，测定单位面积的质量变化和厚度变化，适用于橡胶膜片以及厚度较小的试样。

全浸泡试验在专用的容器中进行，为最大限度地防止试验液体的蒸发和空气的侵入，在设计和制造容器时应考虑在浸泡温度条件下试验液体的挥发性。在试验温度明显低于试验液体沸点的情况下，可使用带有盖子的容器。在接近试验液体沸点的温度条件下，容器中应装有循环冷却器或其他适当的装置来控制试验液体的蒸发。为保证试样完全浸泡在液体中并相互之间不接触。容器的尺寸应能使试验液体的体积不小于试样总体积的 15 倍，并且瓶内的剩余空间应尽量小。试样可安装在用棒和线悬挂的夹具上，试验时将相邻的试样用与液体不发生反应的垫隔开。

标准规定的单面浸泡试验装置由底板、圆筒形容器、压紧螺栓、蝶形螺母等组成。底板上加工有直径约 30mm 的孔，以便观察试样不与液体接触的一面的情况。圆筒形容器顶部的开口处带有密封盖。

计算试样在浸泡前后的尺寸变化率、体积变化率和表面积变化率时需要准确测量出试样的尺寸，标准规定精确至 0.01mm。而且还规定，采用挥发性试验液体的情况下，试样表面清除残存试验液体后应在 1min 之内完成尺寸的测量。由于橡胶具有一定的弹性，用普通量具按照标准的规定迅速准确地测量尺寸比较困难，因此标准推荐采用非接触式（激光测量仪）的测量仪器。

测定干燥后的性能变化应将浸泡后的试样充分干燥后进行，方法是将浸泡后的试样放入约 40℃和 20kPa 条件下进行干燥，每隔 30min 测量试样的质量，判断试样干燥的标准是两次测量的质量差小于 1mg。试样干燥后将试样在试验室标准温度下至少放置 3h，冷却到试验温度后再进行试验。

- -

16.2 试验用液体

如果要了解硫化橡胶实际接触到某种液体后会发生怎样的变化，就需要选用这种液体作为试验液体。但实际接触的液体多从市场购得，其成分不稳定，因此试验结果还需与性能已知的试验液体的试验结果进行比对。矿物油的苯胺点是其芳香族成分含量的指标，一般在其他条件相同的情况下，苯胺点越低，对橡胶溶胀的作用就越大。但仅用苯胺点来评价矿物油的性能并不充分，还应考虑密度、折射率以及运动黏度等重要指标。

燃料油特别是汽油，尽管等级相同但成分却不完全一致，而化学成分的细小差别会对橡胶产生较大的影响，因此也必须将燃料油的详细情况在试验报告中加以说明。还应根据硫化橡胶或热塑性橡胶的分类和性能以及试验目的，选用由具有明确定义的化合物或混合物组成的液体作为试验液体。GB/T 1690—2010 和 JIS K 6258:2016 均在附录 A 中列出了几种标准试验液体的成分。

试验液体的成分在浸泡试样过程中不得发生较大的变化，考虑到由于试验液体的老化和与试样的相互作用，试验液体中存在活性添加剂、从橡胶中抽出和被橡胶吸收的物质以及与橡胶的反应等，在试验液体的成分发生明显变化的情况下，应适当补充试验液体或更换试验液体，更换周期应与被试验方协商。

16.2.1 试验用液体的分类

GB/T 1690—2010 和 JIS K 6258:2016 在附录 A 中将试验用液体分为标准模拟液体（日本标准称为试验用燃料油）、试验用标准油（日本标准称为试验用润滑油）以及其他试验液体几大类。其中试验用标准油又可分为低添加剂矿物油和含有添加剂的模拟工作液两种。并规定了这些试验液体的主要成分，可以根据试验检测目的选择使用。

（1）标准模拟液体

标准模拟液体可按照是否含有氧化物（乙醇）来分类, 这两类液体成分如表 16-1 和表 16-2 所示。这两个表可作为配制其他试验液体时的依据，配制时可采用市面上出售的试剂。如果相关的试验燃料液体中不含乙醇，就不能选用含有乙醇的液体。

表 16-1　不含氧化物质（乙醇）的标准模拟液体（燃料油）

液体	成分	CAS 注册号	体积分数/%
A	2,2,4-三甲基戊烷（异辛烷）	540-84-1	100
B	2,2,4-三甲基戊烷（异辛烷）	540-84-1	70
	甲苯	108-88-3	30
C	2,2,4-三甲基戊烷（异辛烷）	540-84-1	50
	甲苯	108-88-3	50
D	2,2,4-三甲基戊烷（异辛烷）	540-84-1	60
	甲苯	108-88-3	40
E	甲苯	108-88-3	100
F	直链烷烃（C_{12}～C_{18}）	68476-34-6	80
	1-甲基萘	90-12-0	20

注: B、C 和 D 是不含有氧化物的石油系列燃油（汽车燃油）的替代品，F 是柴油、民用灯油以及轻质燃油的替代品。

表 16-2　含有氧化物（乙醇）的标准模拟液体（燃料油）

液体	成分	CAS 注册号	体积分数/%
1	2,2,4-三甲基戊烷（异辛烷）	540-84-1	30
	甲苯	108-88-3	50
	二异丁烯	25167-70-8	15
	乙醇	64-17-5	5
2	2,2,4-三甲基戊烷（异辛烷）	540-84-1	25.35[①]
	甲苯	108-88-3	42.25[①]
	二异丁烯	25167-70-8	12.68[①]
	乙醇	64-17-5	4.22[①]
	甲醇	67-56-1	15.00
	水	7732-18-5	0.50
3	2,2,4-三甲基戊烷（异辛烷）	540-84-1	45
	甲苯	108-88-3	45
	乙醇	64-17-5	7
	甲醇	67-56-1	3
4	2,2,4-三甲基戊烷（异辛烷）	540-84-1	42.5
	甲苯	108-88-3	42.5
	甲醇	67-56-1	15

① 这 4 种成分的合计占总体积的 84.5%。

注：含有氧化物（乙醇）的燃料液体，作为添加乙醇的汽车用燃油的替代品。

（2）试验用标准油

试验用标准油为低添加剂矿物油，根据使橡胶溶胀的程度分为三种。1 号油为低溶胀油，GB/T 1690—2010 定义为 ASTM No.1，JIS K 6258:2016 和 ISO 1817:2015 定义为 IRM（industrial reference material）901；2 号油（IRM 902）为中溶胀油；3 号油（IRM 903）为高溶胀油。

国标 GB/T 1690—2010 定义的含有添加剂的模拟工作液有 101、102 和 103 三种。其中 102 工作液是高压液压油的替代品，是由 95%（质量分数）的 1 号油、5%（质量分数）的碳氢混合添加剂组成的混合液体。添加剂中含有 29.5%～33%（质量分数）的硫，1.5%～2%（质量分数）的磷和 0.7%（质量分数）的氮。

由于国际标准 ISO 1817:2015 已删除了 102 工作液，日本标准仅将其作为资料保留。

16.2.2　标准油型号改变对试验结果的影响

近年来由于 ISO 1817:2005 和 GB/T 1690—2010 定义的、作为试验用标准油 1 号油的 ASTM No.1 油已经停止生产，供应商提供的替代品为 IRM 901 油。因此 ISO 1817:2015 和 JIS K 6258:2016 将旧标准中的 ASTM No.1 油改为 IRM 901 油,这两种标准油的主要性能如表 16-3 所示。

表16-3　两种试验用标准油的性能比较

性能	ASTM No.1	IRM 901
苯胺点/℃	124±1	124±1
运动黏度/ (×10⁻⁶m²/s)	20±1[①]	18.12~20.34[①]
闪点（最低）/℃	243	243
API 度（16℃）	—	27.8~29.8
密度（15℃） / (g/cm³)	0.886±0.002	—
黏重常数（VGC）	—	0.790~0.805
环烷烃含量（C_N）/%	—	27（平均）
石蜡含量（C_P）/%	—	不大于 65

① 测定时的温度为 99℃。

日本橡胶技术人员用这两种标准油对橡胶试样实施了浸泡试验，以证实这两种试验液体试验结果基本一致，JIS K 6258:2016 在附录 JA 中给出了此次试验的内容和结果。

试验根据橡胶溶胀程度的不同，采用 5 种橡胶试样：高丙烯腈丁腈橡胶（NBR）、低丙烯腈丁腈橡胶（NBR）、丙烯酸酯橡胶（ACM）、氯丁橡胶（CR）和三元乙丙橡胶（EPDM）。关于这 5 种胶料的配方和硫化条件，可参阅 JIS K 6258:2016 附录 JA 中的表 JA.2。此次试验共有 5 个试验室参加，试验条件和测定的项目如下：

浸泡温度为 100℃（ACM，150℃），浸泡时间 70h，测定的项目包括硬度变化（邵尔 A 型）、拉伸强度变化率、断裂伸长率变化率和体积变化率。从试验结果的图 16-1～图 16-6 可以看出，用这两液体试验产生的差异在试验精度允许的范围之内，因此可以认为试验结果没有差别。

ASTM No.1 油与 IRM 901 油的比对试验结果如下。

① 硬度变化的比对如图 16-1 和图 16-2 所示。

② 拉伸试验的比对如图 16-3 和图 16-4 所示。

③ 体积变化率的比对如图 16-5 和图 16-6 所示。

16.2.3　标准油闪点的改变对试验结果的影响

试验用 2 号标准油为 IRM 902 油，其燃点 ASTM D471-06 规定为 240℃，后来 ASTM D471-12 更改为 232℃。因此 ISO 1817:2015 和 JIS K 6258:2016 也将旧标准中 2 号油的闪点由 240℃改为 232℃。

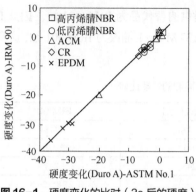

图16-1 硬度变化的比对（3s 后的硬度）

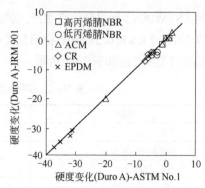

图16-2 硬度变化的比对（1s 后的硬度）

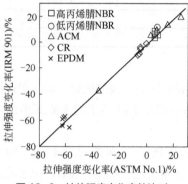

图16-3 拉伸强度变化率的比对

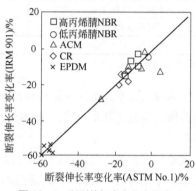

图16-4 断裂伸长率变化率的比对

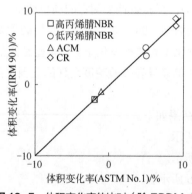

图16-5 体积变化率的比对（除 EPDM 之外）

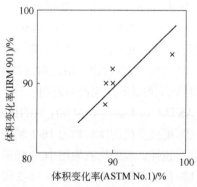

图16-6 体积变化率的比对（EPDM）

新、旧两种 IRM 902 号油的性能比较如表 16-4 所示。

日本橡胶技术人员也用这两种标准油对橡胶试样实施了浸泡试验，以证实这两种试验液体试验结果基本一致。JIS K 6258 的附录 JB 中给出了此次试验的内容和结果。

表 16-4 两种 IRM 902 号油的性能比较

性能	ASTM D471-06	ASTM D471-12
苯胺点/℃	93±3	93±3
运动黏度/ $(\times10^{-6}m^2/s)$	19.2~21.5	19.2~21.5
闪点（最低）/℃	240	232
环烷烃含量（C_N）/%	≥35	≥35
石蜡含量（C_P）/%	≤50	≤50

试验根据橡胶溶胀程度的不同，采用 3 种橡胶试样：高丙烯腈丁腈橡胶（NBR）、低丙烯腈丁腈橡胶和三元乙丙橡胶（EPDM）。关于这 3 种胶料的配方和硫化条件，可参阅 JIS K 6258:2016 附录 JB 的表 JB.2。此次试验共有 5 个试验室参加，试验条件和测定的项目如下：

浸泡温度为 100℃，浸泡时间 70h，测定的项目包括硬度变化（邵尔 A 型）、拉伸强度变化率、断裂伸长率变化率和体积变化率。从试验结果的图 16-7～图 16-11可以看出，用这两种液体试验产生的差异均在试验精度允许的范围之内，因此可以认为试验结果没有差别。

新、旧两种标准油比对试验结果如下。

① 硬度变化的比对如图 16-7 所示。

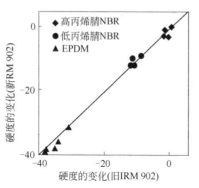

图 16-7 硬度变化的比对

② 拉伸性能的比对如图 16-8 和图 16-9 所示。

③ 体积变化率的比对如图 16-10 和图 16-11 所示。

16.2.4 国产标准油与 JIS K 6258 给出的标准油性能比对

GB/T 1690—2010 定义的国产 1 号、2 号和 3 号标准油的主要性能，与 ISO 1817:2015和 JIS K 6258:2016 定义的标准油性能略有不同，将其列入表 16-5 以供参考。

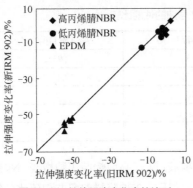

图 16-8 拉伸强度变化率的比对

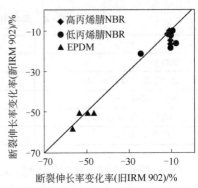

图 16-9 断裂时伸长率变化率的比对

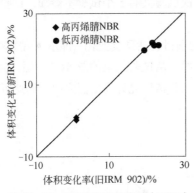

图 16-10 体积变化率的比对（NBR）

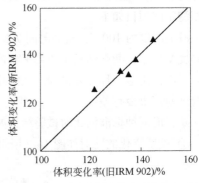

图 16-11 体积变化率的比对（EPDM）

表 16-5 试验用润滑油的规格及性能

| 性能 | | JIS K 6258:2016（ISO 1817:2015） | | | GB/T 1690—2010 | | | | | |
| | | | | | 标准油 | | | 国产标准油 | | |
		1号油 （IRM 901）	2号油 （IRM 902）	3号油 （IRM 903）	ASTM No.1	IRM 902	IRM 903	1号油	2号油	3号油
苯胺点/℃		124±1	93±3	70±1	124±1	93±3	70±1	124±1	93±3	70±1
运动黏度 /（×10⁻⁶m²/s）		18.12～ 20.34①	19.2～ 21.54①	31.9～ 34.3②	20±1①	20±1①	33±1②	20±1①	20±1①	33±1②
闪点（最低）/℃		243	232	163	243	240	163	240	240	160
API 度（16℃）		27.8～29.8	19.0～21.0	21.0～23.0	—	—	—	—	—	—
密度 /（g/cm³）	15℃时	—	—	—	0.886± 0.002	0.933± 0.006	0.921± 0.006	0.886± 0.002	0.9335± 0.065③	0.9213± 0.0060
	20℃时	—	—	—	—	—	—	0.882± 0.002	0.9300± 0.0065	0.9181± 0.0060
黏重常数		0.790～ 0.805	0.860～ 0.870	0.875～ 0.885	—	0.865± 0.005	0.880± 0.005	—	—	—
环烃含量（C_N）/%		27（平均）	≥35	≥40	—	≥35	≥40	—	—	—

性能	JIS K 6258:2016（ISO 1817:2015）			GB/T 1690—2010					
	1号油 （IRM 901）	2号油 （IRM 902）	3号油 （IRM 903）	标准油			国产标准油		
				ASTM No.1	IRM 902	IRM 903	1号油	2号油	3号油
石蜡含量（C_P）/%	≤65	≤50	≤45	—	≤50	≤45	—	—	—
芳香烃含量（C_A）/%	3	12	14	—	12	14	—	—	—
倾点/℃	−12	−12	−31	—	−12	−31	—	—	—
ASTM 色度	L3.5	L2.5	L0.5	—	—	—	—	—	—
折射率（20℃）	1.4848	1.5105	1.5026	1.4860	1.5105	1.5026	1.4860± 0.005	1.4860± 0.005	1.5130± 0.005
紫外线吸光度	0.8	4.0	2.2	—	—	—	—	—	—
最大含硫量/%	—	—	—	—	—	—	0.3	0.3	0.3

① 测定温度 99℃。

② 测定温度 37.8℃。

③ 标准原文如此，疑有误，疑似应为"0.0065"。

16.3 试验设备的校准

JIS K 6258:2016 在附录 B 中规定了试验设备的校准规划与周期，如表 16-6 所示。表中表示每个校准项目校准周期的字母含义如下。

表 16-6 校准规划与周期

校准项目	必要条件	ISO 18899 的 章、条序号	校准周期①	注意事项
浸泡试验装置	能够容纳浸没试样所有表面的试验液体的容器的容积	15.8，19.1	U	
	试验用液体的体积不小于试样总体积的 15 倍	15.8，19.1	U	
	试验用液体不与试样发生任何反应	15.8，19.1	U	
	使用带有盖子的容器	19.1	U	试验温度远低于试验液体的沸点
	容器中带有循环冷却或其他适当的装置	19.1	U	试验温度与试验液体的沸点接近
单面浸泡试验装置	如标准给出的图 1 所示	—	N	
天平	称量精度 1mg	22.1	S（1 次/年）	

校准项目	必要条件	ISO 18899 的章、条序号	校准周期[①]	注意事项
测厚计	参见 JIS K 6250 第 10.2 条"试片厚度的测定"	15.1, 16.6	S（1 次/年）	
尺寸测量器具	测量精度 0.01mm	15.1	S（1 次/年）	推荐使用非接触式的测量仪器
表面积变化的尺寸测量器具	测量精度 0.01mm	15.3	S（1 次/年）	推荐使用非接触式的测量仪器
试验液体	参见标准的附录 A	—	N	
蒸馏水、滤纸或不掉纤维的布	按照 JIS K 6258:2016 第 8.1.3 的规定	—	U	

① 括号内的校准周期是实际的示例。

注：N—初期确认；S—ISO 18899 规定的标准校准周期；U—每次试验。

除了表 16-6 校准项目之外，所有计量器具均需要按照 ISO 18899 的规定进行校准，其中包括：计时器，状态调节和监控试验温度用的温度计，状态调节和监控试验湿度的湿度计以及测定物理特性所需要的各种设备如硬度计、拉力试验机等。

16.4 耐液体试验的精密度

耐液体试验的试验室间试验（ITP）是 2011 年实施的，对该试验结果的重复性和再现性精密度进行评估。试验按照 ISO/TR 9272 规定的方法进行，精密度的术语和定义按照 ISO/TR 9272 的规定。本次 ITP 共有 12 个试验室参加，样品和试样完全由一个试验室制备。由天然橡胶、丁腈橡胶、氢化丁腈橡胶和氟橡胶的混炼胶料制成的 4 种试样，试样的配方和硫化条件如表 16-7 所示。

表 16-7 ITP 试验的试样配方和硫化条件　　　　单位：质量份

成分		配方			
		配方 A	配方 B[②]	配方 C[②]	配方 D[①]
橡胶	天然橡胶（TSR L）	100	—	—	—
	丁腈橡胶（丙烯腈含量 28%）	—	100	—	—
	氢化丁腈橡胶（丙烯腈含量 39%）	—	—	100	—
	氟橡胶（VDF/HDF 的聚合物）	—	—	—	100
炭黑	HAF（N330）	30	—	—	—
	FEF（N550）	—	65	50	—
	MT（N990）	—	—	—	25

成分		配方			
		配方 A	配方 B⑨	配方 C⑩	配方 D⑪
加工助剂	氧化锌	3	3	2	—
	氧化镁	—	—	2	3
	氧化钙	—	—	—	2
	硬脂酸	—	1	—	—
防老剂	IPPD①	1	—	—	—
	TMQ②	—	2	—	—
	苯乙烯化二苯胺	—	—	1	—
硫化促进剂	MBTS③	1.7	—	—	—
	TMTD④	—	2.5	—	—
	CBS⑤	—	1.5	—	—
	有机磷酸盐⑥	—	—	—	0.44
硫化剂	三丙基异氰酸酯	—	—	1.5	—
	硫黄	2.5	0.2	—	—
	过氧化物（质量份 40%）⑦	—	—	7.5	—
	双酚⑧	—	—	—	1.35
配方总份数		138.2	177.2	164.0	131.79
硫化条件（温度×时间）	加压硫化+开放式（二次烘箱）硫化	150℃×18min	160℃×20min	180℃×10min	180℃×7min+220℃×16h

① N-异丙基-N'-苯基对苯二胺。

② 2,2,4-三甲基-1,2-二氢化喹啉聚合体。

③ 二硫化二苯并噻唑。

④ 二硫化四甲基秋兰姆。

⑤ N-环己基-2-苯并噻唑次磺酰胺。

⑥ 有机磷酸盐（例如：苄基三苯基溴化磷等）。

⑦ 1,3-双(叔丁基过氧异丙基)苯。

⑧ 2,2-双(对羟基苯基)丙烷。

⑨ 配方 B 源自 ISO 13226 SRE-NBR 28/SX。

⑩ 配方 C 源自 ISO 13226 SRE-HNBR/1X。

⑪ 配方 D 源自 ISO 13226 SRE-FKM/2X。

　　试验测定以下 5 个项目：质量变化率、体积变换率、尺寸变化率、硬度变化以及拉伸应力-应变特性变化率。采用直径 36.6mm 的圆盘状试样和 2 号哑铃状试样。

　　浸泡温度为试验室标准温度和 70℃两种，浸泡条件的详细说明参见表 16-8。各个试验室自行准备试验液体。

表 16-8 ITP 试验条件一览

测定项目	试验条件		试验用液体[①②]			配方[②]				试验结果精度[③]
	浸泡温度	浸泡时间	燃料油 B	燃料油 E	润滑油 3号	A	B	C	D	
质量	试验室标准温度	2h 及 6h	●	—	—	●	●	—	—	表 C.3
										表 C.4
	试验室标准温度	24h	●	—	—	●	●	●	—	表 C.5
			—	●	—	—	—	—	●	
	70℃	7d	—	—	●	—	—	—	●	表 C.6
体积	试验室标准温度	24h	●	—	—	—	●	●	—	表 C.7
			—	●	—	—	—	—	●	
	70℃	7d	—	—	●	—	—	—	●	表 C.8
尺寸	试验室标准温度	24h	●	—	—	●	●	—	—	表 C.9
硬度	试验室标准温度	24h	●	—	—	●	●	—	—	表 C.10
	70℃	7d	—	—	●	—	—	●	—	表 C.11
拉伸应力-应变性能	试验室标准温度	24h	●	—	—	—	—	●	—	表 C.12
			—	●	—	—	—	—	●	表 C.14
	70℃	7d	—	—	●	—	—	●	—	表 C.13
										表 C.15

① 参见表 16-1、表 16-5。

② 试验用液体栏和配方栏中的"●"表示该种试验就是使用了这些配方的试样和采用该种试验液体浸泡。

③ 所列为 JIS K 6258:2016 附录 C 中表格编号。

此次 ITP 全部（4 种）配方，全部测定项目（5 种），经过了 4 周并且在每周指定的时间内进行试验，试验结果取中间值，通过分析得出了本次精密度试验结果。每个试验室所有项目测定均由两名具有同等技术水平的试验员进行。试验员 1 在第 1 周和第 2 周进行试验，试验员 2 在第 3 周和第 4 周进行试验。这样做的目的是使本次 ITP 在采用不同的试样、不同的时间、由不同的测试人员进行试验的情况下得到试验的精密度。因此与通常的 ITP 结果相比，具有更高的可信度和实用价值。

此次 ITP 得到的精密度结果可参阅 ISO 1817:2015 和 JIS K 6258:2016 附录 C 中的表 C.3～表 C.15，但这些结果不能用于判断材料或制品合格与否的试验。

16.5 耐液体试验的应用

许多橡胶制品如汽车发动机油封、液压油缸的各种形状的密封圈等在使用过程中大部分表面均与液体介质接触。而胶管、化工反应釜的橡胶衬里以及管道控制阀门中的膜片则是单面接触液体介质的典型代表。近年来国外的一些传动带生产厂家开发了一种耐油的同步带，用于汽车发动机中的凸轮轴驱动，这种同步带可以像链条一样整体直接与润滑油接触，降低了带齿的摩擦系数，省略了张紧轮，使发动机的结构更为紧凑，同时也改变了传动带不能接触矿物油的传统观念。这种带的带体用高丙烯腈的 HNBR 制造，强力层为高强度复合玻璃纤维或碳纤维线绳[36]。以上这些橡胶制品在开发研制过程中，为不断改善其抵抗介质侵蚀的能力，不可避免地要进行耐液体试验。

另一方面，普通的汽油是最常见燃料油，根据环保的要求，降低汽油中的含铅量，提高汽油的辛烷值，常在汽油中加入甲醇或乙醇，或加入甲基叔丁基醚，或增加芳烃族化合物的含量，得到混合型燃料油，或者在燃料油中添加过氧化物得到氧化燃料油，这样会加速硫化橡胶的损坏。此外，一般合成润滑油由基本液体和添加剂两部分组成，多数添加剂的化学性质都比基本液体活泼，对橡胶侵蚀作用远比燃料油和矿物油更大更复杂。由于这些原因使得一些橡胶制品的使用条件更加苛刻，同时也对其耐液体性能提出了更高的要求。于是人们便想方设法不断研制新的合成橡胶材料或改进胶料的配方来满足越来越苛刻的使用条件，在这个过程中耐液体试验是必不可少的，这方面有许多应用的实例。

有研究资料表明，增速剂 TP-95、A8200 和补强剂（炭黑）的种类对丁腈橡胶（NBR）的耐油性能有所影响。在添加分量相同的情况下，采用小分子量增塑剂 TP-95，浸泡后试样的体积变化率较小。而采用大分子量增塑剂 A8200 的试样，浸泡后体积变化率较大，如图 16-12 所示。另外，从图 16-13 可看出补强剂的比表面积对 NBR 试样的体积变化率影响不大，但对拉伸性能变化率有较大影响[37]。这个研究中采用的耐液体试验是按照 ASTM D 471-12 的规定进行的。

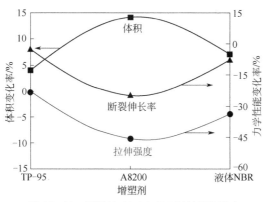

图 16-12 增塑剂对 NBR 的耐油性能的影响

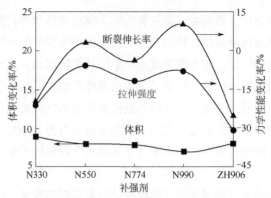

图 16-13 补强剂对 NBR 耐油性能的影响

　　氢化丁腈橡胶（HNBR）是将冷却的乳聚丁腈橡胶粉碎，溶解于适当的溶剂，在钯催化剂存在下，进行选择性加氢反应而成的新型高聚物弹性体。具有较高的弹性和强度，同时还具有优异的耐热性、耐老化性、耐油性、耐特种燃料性，在汽车发动机等需要耐高温耐油的环境中得到广泛应用。

　　有人对 HNBR 的配合技术进行了研究，主要目的是了解橡胶补强剂（SRF）、过氧化物硫化剂（DCP）、助交联剂（SR-350）对氢化丁腈橡胶性能的影响。其中有一项内容就是用 ASTM No.3（现已被 IRM 903 替代）对 HNBR 试样进行浸泡试验，温度 150℃，时间为 72h。结果发现当 DCP 的用量为 5.4～70 份，SRF 用量为 45～60 份时，浸泡后拉伸强度出现最大值。拉伸强度随着 SRF 用量的增加而逐渐提高，但随着 DCP 用量的增加，拉伸强度还会出现上升到顶点后又下降的现象，如图 16-14 所示。通过试验得出的 DCP 与 SRF 相关图（图 16-15）和 DCP 与 SR-350 相关图（图 16-16）还可以发现浸泡后伸长率随着 DCP 用量的增加而逐渐减小，当用量达

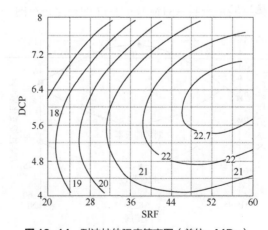

图 16-14 耐油拉伸强度等高图（单位：MPa）

到 4.4 份时，伸长率的最大值是 430%，用量每增加 1 份伸长率降低 50%。SRF 的用量为 20～40 份时伸长率基本不变，当 SRF 用量继续增加，伸长率呈下降趋势，而 SR-350 用量的递增伸长率的变化却很小[38]。从以上试验可以看出，耐液体试验对于提高橡胶制品耐介质侵蚀具有十分重要的意义。

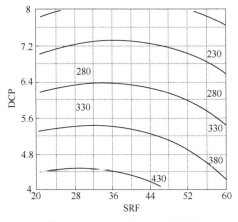

图 16-15　DCP 与 SRF 相关图

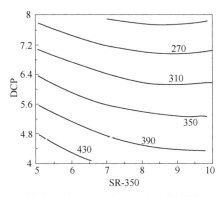

图 16-16　DCP 与 SR-350 相关图

第 17 章 黏合试验

硫化橡胶具有较高弹性，可以产生大的变形，而且耐磨、能吸收冲击与振动，但强度较低。为了使橡胶制品在使用中能够承受各种外力作用，满足实际使用需要，需要将纤维织物、纤维线绳或钢丝线绳以及各种板材等与橡胶结合在一起构成复合材料的制品。这些织物、线绳和板材称为制品的骨架。骨架材料承担着作用于橡胶制品的绝大部分负荷，同时还能在使用中保持制品形状和尺寸稳定。橡胶保持制品应有的弹性，同时还起到保护骨架材料的作用。正是由于采用了骨架材料，才使橡胶制品的使用越来越广泛。通过合适的配方和胶黏剂，橡胶与经过表面处理的骨架材料才能牢固地结合在一起，两者结合的牢固程度即黏合强度，黏合强度则必须通过黏合试验才能测定。但橡胶制品以及骨架材料的种类繁多，必须针对橡胶制品的受力情况和不同的骨架材料，制定不同的黏合强度试验方法及其标准，因此硫化橡胶黏合强度测定的试验方法标准与其他试验方法标准相比数量非常多。

17.1 黏合试验主要的方法及相关标准简介

橡胶的骨架主要可分为纤维织物、帘线（纤维帘线和钢丝帘线）以及硬质板材（包括金属板）3 类，主要采用的试验方法有剥离、抽出以及拉伸等。应根据制品实际受力情况和骨架材料的种类选择适当的试验方法。

17.1.1 剥离试验

与织物的剥离试验是采用粘于两层织物之间或单面粘有织物的硫化橡胶组成的条状试样，测定该试样剥离时所需要的力，主要适用于测定橡胶与织物之间的黏合强度。此外在橡胶与硬质板材黏合面垂直方向上进行拉伸，使橡胶和硬质板产生剥离的试验，按照标准的名称也属于一种剥离试验，主要测定橡胶与硬质板材在受到垂直于黏合面的作用力时的黏合强度。

剥离试验的国家标准有 GB/T 532—2008《硫化橡胶或热塑性橡胶与织物粘合强度的测定》该标准等同采用 ISO 36:2005《硫化橡胶或热塑性橡胶与织物黏合强度的

测定》。对应的日本标准是 JIS K 6256-1:2013《硫化橡胶或热塑性橡胶 黏合性能的测定方法 第 1 部分: 与织物的剥离强度》, 修改采用 ISO 36:2011, 该国际标准的最新版本是 ISO 36:2020。橡胶与硬质板材的 90°剥离强度试验的国家标准是 GB/T 7760—2003《硫化橡胶或热塑性橡胶与硬质板材粘合强度的测定——90°剥离法》, 该标准修改采用 ISO 813:1997《硫化橡胶或热塑性橡胶 与刚性体黏合强度的测定 90°剥离法》。对应的日本标准是 JIS K 6256-2《硫化橡胶或热塑性橡胶 黏合性能的测定方法 第 2 部分: 与硬质板的 90°剥离法》, 修改采用 ISO 813:2010, 该国际标准的最新版本是 ISO 813:2019。虽然国标与日本标准采用的国际标准的年代相差比较大, 但标准的内容基本相同。

进行剥离试验时应特别注意观察剥离面的破坏状态, 若黏合的界面未被剥离而是构成试样最薄弱的材料产生破坏, 这种情况下测出的剥离强度往往会比实际的小。试验过程中若剥离出现在黏合层之外 (例如组成的材料中出现断裂) 的现象, 应使用刀片将这部分进行分割, 使剥离重新恢复到黏合面。标准还规定了试样被剥离时破坏状态的类型和用英文大写字母的表示方法, 如 R 表示橡胶层破坏、RA 表示在织物剥离时橡胶层与胶黏剂的界面剥离、RC 表示与刚性体黏合强度的 90°剥离时橡胶层与胶黏剂的界面剥离、RB 表示两层织物之间的橡胶层破坏、T 表示织物破坏、S 表示硬质板破坏等。试验后要记录每个试样剥离时破坏状态的类型。

(1) 织物剥离试验

织物剥离的试样宽 (25.0±0.5) mm, 长度不小于 100mm (但由于夹持部分的长度约 50mm, 实际上试样长度应不小于 150mm), 试样的厚度应能保证在试验过程中试样在小于剥离力的作用下不至于断裂。试样可按照以下两种方法裁切: ①试样的长度方向与织物的经向纤维平行, 宽度方向与织物的纬向纤维平行; ②试样的长度方向与织物的纬向纤维平行, 宽度方向与织物的经向纤维平行。如果纤维的方向不完全一致, 就会有些纤维在裁切的过程中被裁掉, 这种情况下需要将试样裁得稍宽一些, 仅将剥离层的宽度裁成 25mm。

如果试样的厚度过大, 会使剥离点偏离拉伸力的作用线, 如图 17-1 所示。在这种情况下应调整试样厚度, 比对试验时试样的尺寸 (特别是厚度) 应一致。

剥离试验前先将试样端部的织物和橡胶手工剥离 50mm, 作为夹持部分, 最好用手术刀片或类似的工具进行剥离。为了使剥离力均匀作用到试样上, 夹持器安装到试验机上时试样不得产生扭曲。试验时一个夹具固定, 另一个夹具可移动, 试样被剥离时, 两个剥离开的面形成的夹角应如图 17-1 所示为 180°, 并且在同一平面内。试验时夹持器移动速度为 (50.0±5.0) mm/min, 剥离长度不小于 100mm, 并记录剥离力的曲线, 按照 ISO 6133《橡胶和塑料 撕裂强度和黏合强度测定中多峰曲线分析》的规定求出剥离力。

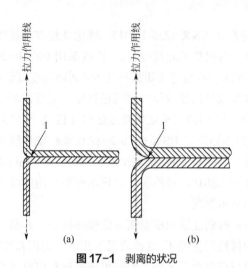

图 17-1　剥离的状况
（a）理想状态，剥离点位于拉力作用线上；（b）非理想状态，剥离点偏离拉力作用线
1—剥离点

（2）橡胶与硬质板 90°剥离

标准给出的橡胶与硬质板 90°剥离试验时，试样夹具安装到试验机上固定后的状况如图 17-2 所示。其实这只是一个示意图，实际操作过程中不会是这样。开始拉伸时由于上、下夹持器的中心线重合，并且下夹持器在水平方向并不能移动，所以作用于硫化橡胶拉伸力方向与硬质板的夹角只能是近似 90°，随着试验的进行，剥

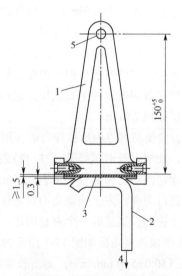

图 17-2　试验夹具和试样安装示意图（单位：mm）
1—试验夹具；2—硫化橡胶；3—硬质板；4—拉伸方向；5—与试验机的连接件

橡胶物理试验方法
　——中日标准比较及应用

离点的位置发生改变，拉伸方向与硬质板之间的夹角也会产生变化，剥离到某一位置时（大约在硬质板的中部）才能等于90°。因此为使试验结果具有较好的重复性，最好使每个试样角度的变化一致，所以黏合面应尽量位于硬质板的中部。

硬质板材与橡胶黏合的试样一般用模具硫化制作，制作试样的模具有一次硫化一个试样和一次硫化多个试样两种，硫化多个试样的模具如图17-3所示。

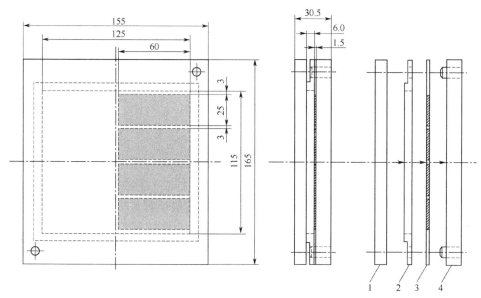

图 17-3 一次可硫化多个试样的模具（单位：mm）

1—上模；2—中模；3—硬质板厚度调整垫；4—下模

同一种配方用相同的胶黏剂制作多个试样的情况下，应采用一次硫化多个试样的模具，这种类型的模腔尺寸如下：与硬质板纵向平行的尺寸为125mm、与硬质板横向平行的尺寸根据一次硫化试样的数量而定。橡胶部分所占的模腔深度为(6.00±0.05)mm，整个模腔深度根据相应的硬质板厚度而有所不同。

仅制作一个试样的情况下，除了单个模腔的横向尺寸与试样宽度不同的情况之外，也可使用一次硫化多个试样的模具。制作试样时将未硫化橡胶的胶片切成与模腔（长125mm，宽根据硫化试样的数量而定）相应的尺寸，对应于模腔的深度，胶片应具有足够的厚度，以便在硫化试样时对硬质板和胶片施加足够的压力。硫化后可用小刀或剪子等锋利的工具将试样分离开，为使硬质板两侧的边缘与橡胶齐平，可用砂带打磨机等工具将试样两侧进行打磨，但应注意打磨时不得使试样温度上升，不得使试样的宽度小于规定的尺寸。

剥离试验前，先用锋利的刀片将硬质板与橡胶分离开大约 2mm 作为剥离的起点。在标准温度之外进行试验时，应将试样在试验箱内的试验温度下放置足够的时间。试样安装到夹具上后应使剥离面朝向试验人员，剥离面以拉力作用线为对称轴左右对称。将试样的橡胶部分安装到夹持器上夹紧，夹具以（50.0±5.0）mm/min 的速度移动直至试样完成剥离。记录下剥离所需要的最大力。

17.1.2　抽出试验

抽出试验是用拉伸的方法将埋在橡胶块中的帘线抽出，通过测定出的抽出力和埋入橡胶块中帘线长度之比来判断帘线与橡胶黏合强度的方法。在拉伸力作用下，帘线和橡胶的黏合界面受到剪切作用，最终导致帘线被抽出，因此抽出试验实际是一种剪切试验。只有在橡胶本身的剪切强度大于黏合强度时，试验结果才具有参考价值。

（1）纤维帘线的抽出

纤维帘线抽出试验的国家标准是 GB/T 2942—2009《硫化橡胶与纤维帘线粘合强度的测定　H 抽出法》该标准修改采用 ISO 4647:1982《硫化橡胶与纺织帘线静态黏合强度的测定　H 抽出试验》，目前该国际标准的最新版本是 ISO 4647:2021。日本标准没有将抽出试验列入橡胶物理试验的范畴，在 JIS L 1017:2002《轮胎用化纤帘线的试验方法》的附录 1 中规定了抽出试验的方法。该附录规定的抽出试验分为 a 法和 b 法 2 种，前者称为 T 抽出，后者称为 U 抽出。所谓"H 抽出""T 抽出"和"U 抽出"是根据试样的形状（如图 17-4 所示）与英文大写字母"H""T""U"近似而对抽出试验的一种称呼。GB/T 31333—2014《浸胶线绳　黏合强度试验方法》中采用 T 抽出法测定橡胶和线绳的黏合强度。

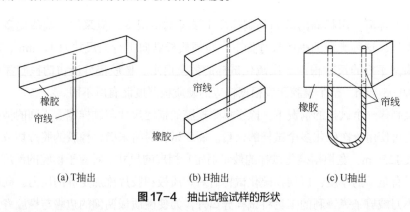

(a) T抽出　　　　　　　(b) H抽出　　　　　　　(c) U抽出

图 17-4　抽出试验试样的形状

抽出试验的试样需要用模具硫化制作，标准对试样的硫化模具都做了规定，制备试样时先将适当宽度的未硫化胶条放入模腔的底部，胶条的厚度大约等于试样厚度的二分之一。再将帘线按照模具上加工的定位槽位置整齐排列，并施加一定的张紧力将线绳拉直。最后在模腔线绳上方再放入相同的胶条。一般情况下，帘线黏合强度试验取 10 个以上的线绳进行试验。有些试样橡胶块的两侧需要用平纹的织物补强，在这种情况下可以用单面粘有织物的未硫化胶片制作试样。

GB/T 31333—2014 规定，T 抽出试样模具的模腔宽度和深度均为（10±0.1）mm，试验时应将夹具安装在试验机的上端，下夹持器夹紧线绳，如图 17-5（a）所示。试样硫化后在标准大气环境下至少放置 16h 才能进行试验。试验时按照产品标准规定的拉伸速度将帘线抽出，记录下抽出力的数值。

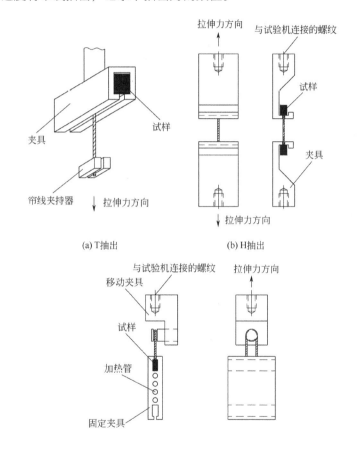

(a) T抽出　　　　　(b) H抽出

(c) U抽出

图 17-5　纤维帘线黏合强度试验夹具

JIS L 1017:2002 规定的 T 抽出试样帘线的埋入长度（即橡胶块厚度）为 5.0～10.0mm，橡胶块宽度为 5～12.5mm、长度不小于 10mm。试样硫化后至少放置 30min

后才能进行试验。试验时夹持器以 100～300mm/min 之间的某一恒定速度，将帘线抽出，记录下抽出力的最大值。

GB/T 2942—2009 规定的 H 抽出试验夹具如图 17-5（b）所示，试样的帘线埋入长度（即橡胶块宽度）为 6.4mm。橡胶块厚度 3.2mm、长约 25mm。试样硫化后 16h 以上至 4 星期之内进行试验，至少用 8 个试样。试验时夹持器的移动速度为（100±10）mm/min，记录下帘线抽出时的最大力值，精确至 0.1N。高温试验应在带有恒温箱的拉伸试验机中进行，试样在恒温箱中的加热时间至少为 15min，但不得超过 1h。也可在拉伸试验机附近的高温箱中加热试样，然后逐个取出并在 15s 内进行试验。

JIS L 1017:2002 规定的 U 抽出试验夹具如图 17-5（c）所示，试验时试样的帘线挂在可移动夹具上，橡胶块则嵌在固定夹具的沟槽中。固定夹具中装有加热管为橡胶块加热，温度 125℃，加热 3min。试样帘线埋入长度（即橡胶块的宽度）6.4mm，橡胶块厚度 2.7～2.8mm。试样硫化后至少放置 30min 后才能进行试验。试验时夹持器以 100～300mm/min 之间的某一恒定速度将帘线抽出，记录下抽出力的最大值。试验结果用 10 个试样的平均值表示。

相对于 GB/T 2942 规定的静态黏合强度试验方法，我国还制定了 GB/T 39639—2020《浸胶帘线、线绳动态黏合性能试验方法》。这种试验是将试样两端的帘线或线绳与重锤相连接，通过重锤把帘线或线绳拉直，并固定在带有加热装置的试验设备上，如图 17-6 所示。试验时利用摆动机构使试样中的橡胶与帘线或线绳之间沿线绳拉直的方向产生一定幅度和频率的相对移动，在橡胶和帘线或线绳的黏合界面产生动态剪切力，在剪切力的反复作用下，黏合强度逐渐下降。可以用 2 种方法表示试样的黏合强度：①试验到设定的时间为止，根据动态试验前、后的黏合强度计算出黏合强度保持率。②试验至试样破坏，记录下往复剪切的次数。摆动机构的摆动幅

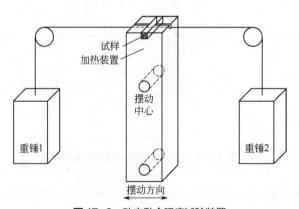

图 17-6　动态黏合强度试验装置

度为 1.0～2.5mm，频率可在一定范围内调整，试验温度可在室温～100℃范围内调整，调整精度±5℃。动态黏合试验方法一般在帘线或线绳的生产企业中用于研究和提高帘线和线绳与橡胶的黏合性能以及对产品质量的控制。

（2）钢丝帘线的抽出

钢丝帘线主要应用于子午线轮胎，GB/T 16586—2014《硫化橡胶　与钢丝帘线粘合强度的测定》对钢丝帘线和橡胶黏合强度的测定方法做了规定。该标准修改采用 ISO 5603:2011《硫化橡胶　与钢丝帘线黏合强度的测定》，目前该国际标准的最新版本是 ISO 5603:2017。

钢丝帘线的抽出试验也是采用拉伸试验机将埋在橡胶块中的钢丝抽出，试样的形状与纤维帘线抽出试验的试样不同，如图 17-7 所示。标准规定了 A、B 两种试验方法。A 法的试样：钢丝埋入长度 L 为 10mm，试样最小宽度 W 为 6mm，帘线最小间距 S 为 L 的 62.5%，试样需要用 0.5mm 厚的金属片或具有一定抗弯强度，厚度为 (2.5 ± 0.1) mm 的钢丝帘布作为补强层。B 法的试样：钢丝埋入长度、试样宽度和帘线的间距均为 12.5mm，不需要补强层。由于试样不同，这两种方法的试验结果没有可比性。

试验时将试样装入夹具，安装到试验机上，如图 17-8 所示。用 50～150mm/min 之间某一恒定的拉伸速度将帘线抽出，记录下最大的力。抽出一根帘线后，试样上其余的帘线重复同样的方法进行试验，同一种钢丝帘线试验的数量不得少于 10 根。

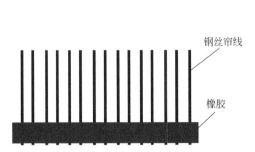

图 17-7　钢丝帘线黏合强度试验的试样

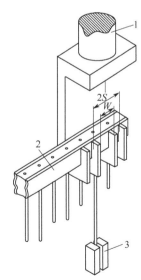

图 17-8　钢丝帘线黏合强度试验的试样与夹具
1—夹具；2—试样；3—试验机夹持器

17.1.3　橡胶与金属和刚性材料的黏合强度试验

橡胶与金属和刚性板的黏合强度试验在拉力试验机上进行，由于试样本身的结构不同，虽然都是受拉伸力的作用，但橡胶和金属板黏合界面的受力状况可分为拉伸和剪切两种。

（1）拉伸试验

通过拉伸力测定金属与橡胶黏合强度试验方法的国家标准有 GB/T 11211—2009《硫化橡胶或热塑性橡胶　与金属粘合强度的测定　二板法》和 GB/T 7761—2003《橡胶　用锥形件测定与刚性材料的粘合强度》。前者是等同采用 ISO 814:2007《硫化橡胶或热塑性橡胶　对金属黏合强度的测定　二板法》，目前该国际标准的最新版本是 ISO 814:2017。后者是修改采用 ISO 5600:1986《橡胶　用锥形件测定与刚性材料的黏合强度》，该标准目前的最新版本是 ISO 5600:2017。日本橡胶物理试验方法的标准中只有 JIS K 6256-3:2006《硫化橡胶或热塑性橡胶　黏合性能测定方法第 3 部分：与金属的黏合强度》与 GB/T 11211 相对应，该日本标准修改采用 ISO 814:1996，虽然版本的年代相差较大，但 GB/T 11211—2009 和 JIS K 6256-3:1996 在技术上并无差别。

GB/T 11211 和 JIS K 6256-3 规定的试样由硫化橡胶或热塑性橡胶和两块金属板组成，用硫化的方法制作。橡胶为厚度（3.0±0.1）mm、直径 35～40mm 的圆柱形。金属板厚度不小于 9mm，日本标准推荐使用 Q235 圆钢加工而成，粘在橡胶的上、下表面上。为避免拉伸试验中金属板的边缘使橡胶出现裂纹，橡胶应比金属板周边大出 0.05mm。两金属板的黏合表面应平整光滑，为了使拉伸力均匀分布在试样截面上，与橡胶黏合后必须平行，如图 17-9 所示。

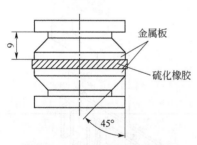

图 17-9　与金属黏合强度的标准试样（单位：mm）

标准推荐使用如图 17-10 所示的夹具，可以方便地将试样与拉伸试验机连接，由于试验机连接轴和连接螺母采用 R50 的球面接触方式（如图 17-10 所示），可以确保在拉伸过程中上下夹持器拉力作用线与试样垂直。试样及夹具安装到试验机上后，调整试样夹具，使拉伸力作用线通过试样中心。以（25.0±5.0）mm/min 的速度拉伸试样，直至橡胶与金属板脱离或断裂，记录下最大的力。用最大黏合力与试样截面积之比表示黏合强度。试验时还应注意试样的破坏状况，在试验报告中用标准规定的表示方法记录下破坏的类型。硫化橡胶层破坏为 R、硫化橡胶与黏合剂的分离为 RC、黏合剂表面与黏合剂主体分离为 CP、金属板与黏合剂分离为 M。

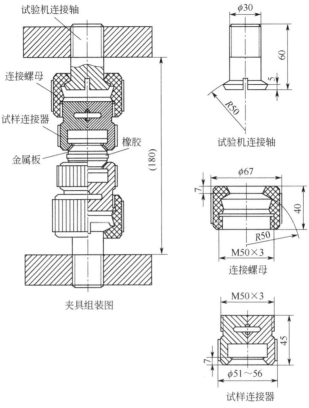

图 17-10　安装标准试样的夹具（单位：mm）

GB/T 7761 规定的试样如图 17-11 所示，由两个带有圆锥形端面的圆形刚性件和橡胶组成。如无特殊规定，圆锥端头一般由低碳钢制作。试样用专用的夹具安装到试验机上，以（50±5）mm/min 的速度拉伸至破坏，记录下力的最大值作为拉伸强度。

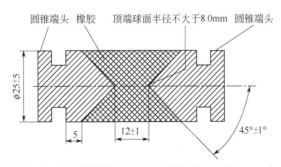

图 17-11　采用锥形件测定黏合强度的试样（单位：mm）

这种试样橡胶与刚性件黏合的界面为 45°的圆锥面，受到拉伸时，界面上不仅有正应力还有剪应力，受力状况比较复杂。因此除有特殊规定，一般不采用这种方法测定黏合强度。

（2）剪切试验

GB/T 12830—2008《硫化橡胶或热塑性橡胶　与刚性板剪切模量和粘合强度的测定　四板剪切法》中规定的方法是通过拉伸试样使橡胶和刚性板黏合的界面产生剪切力，试验包括测定橡胶弹性模量的方法 A 和测定黏合强度的方法 B。该标准等同采用 ISO 1827:2007《硫化橡胶或热塑性橡胶　剪切模量和与钢板黏合强度的测定——四板剪切法》，该国际标准的最新版本是 ISO 1827:2016。日本标准的物理试验方法中没有与此相对应的标准。

GB/T 12830 规定的试样由 4 块刚性板和橡胶组成，可采用硫化胶片用模具硫化制作，也可以用 4 块相同的硫化胶块与硬质板黏合而成，如图 17-12 所示。中间的两块硬质板（内板）带有柱销孔，以便与试验机相连。试样制成后两个柱销孔的中心线应平行，并且中心线连线应与试样的中心线重合，才能使试样受到拉伸后不产生额外的附加应力。因此硫化试样的模具应有适当的定位装置，用胶块黏合试样在制作时应采用适当的工装定位。

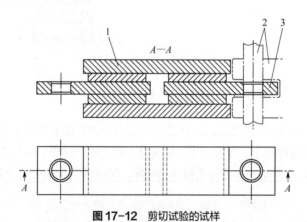

图 17-12　剪切试验的试样
1—外板；2—与试验机连接的柱销和夹具；3—内板

按照 A 法试验，试样数量为 3 个。试样需要进行机械调节的情况下，应对每个试样循环加载 5 次，使每次产生的应变都达到 30%。试验时夹持器拉伸速度为 (5 ± 1) mm/min，直至应变达到规定的最大值（即 30%）为止。记录下力-变形曲线，由于试样剪切应变 γ 等于变形 d 与厚度 $2c$ 之比，即 $\gamma=d/2c$。c 为一个橡胶块的厚度，对于标准试样 $c=4$mm。根据该式求出应变为 25%时试样的变形 d_{25}，从力-变形曲线中测出该变形时的剪切力 F_{25}。用 F_{25} 除以剪切面积 $2A$ 求出该力作用下的剪应力 τ_{25}，即 $\tau_{25}=F_{25}/2A$。A 为一个橡胶块的面积，对于标准试样，$A=25\text{mm}\times20\text{mm}=500\text{mm}^2$。用 τ_{25} 除以 0.25 即可得到试样在应变 25% 时的剪切模量 G，即 $G=\tau_{25}/0.25$。计算 3 个试样剪切模量的平均值。

按照 B 法试验，需要 5 个试样。试验时用（50±5）mm/min 的拉伸速度，直至试样破坏。记录下力的最大值 $F_{\max}$，并观察破坏状态。黏合强度用最大力值 $F_{\max}$ 与试样受力面积 $2A$ 之比计算，即黏合强度 $=F_{\max}/2A$，试验结果包括每个试样的黏合强度。

17.2 黏合试验在橡胶制品中的应用

各种不同的骨架材料广泛应用于橡胶制品中，要使制品具有令人满意的使用性能，必须使橡胶与骨架材料有较大的黏合强度。由于橡胶制品的多样性，以上所述的通用黏合强度试验方法标准并不能满足所有制品的要求，因此还要针对各种橡胶制品，如轮胎、输送带、胶管、传动带以及密封制品等制定各自的黏合强度测定方法。

（1）输送带

我国输送带产品的试验方法中，关于黏合性能的标准有 GB/T 6759—2013《输送带 层间粘合强度 试验方法》，该标准等同采用 ISO 252:2007《输送带 层间黏合强度 试验方法》。日本在 JIS K 6322:1999《织物芯输送带》第 9.3.6 条 "剥离试验" 中规定了输送带各层之间黏合强度试验方法，其所对应的国际标准是 ISO 252:1988。中、日两个标准都是根据 ISO 36 采用剥离法的原理对输送带各层织物之间、覆盖胶与带芯之间的黏合强度进行试验。试样从输送带上沿纵向或横向裁切，宽（25±0.5）mm，长至少 200mm，为带体全厚度。试验时夹持器拉伸速度为（100±10）mm/min（JIS 6322:1999 规定拉伸速度为 50mm/min±5mm/min），剥离长度为 100mm，记录下拉伸曲线。黏合力多峰曲线按照 ISO 6133 规定的方法处理，以中峰值作为平均黏合力，以最小峰值作为最小黏合力。用平均黏合力除以试样公称宽度计算出平均黏合强度，用最小黏合力除以试样公称宽度计算出最小黏合强度。

GB/T 6759—2013 规定剥离方法有 A、B 两种，A 法是先对第 1 个试样的上覆盖胶与第 1 层织物进行剥离，然后对第 1 层织物和第 2 层织物进行剥离，直至剥离到中间层。对于第 2 个试样的剥离是从下覆盖胶开始，每次剥离一层直至到中心层，用 2 个试样完成对每一层的剥离。B 法是先对覆盖胶和第 1 层织物进行剥离，然后每次剥离两层织物，如果中间织物层数为双数，剥离到最后一层刚好为覆盖胶，如果为单数，最后剩下覆盖胶和一层织物。对于第 2 个试样是先将覆盖胶连同第 1 层织物一起对第 2 层织物进行剥离，然后每次剥离两层织物，直至最后一层。这样无论中间层的数量是双数还是单数，用 2 个试样也可以完成对每一层的剥离。在剥离过程中试样是没有支撑的。

（2）胶管

胶管各层之间的黏合强度也是采用剥离法进行试验，原理与 ISO 36 相同。ISO 8033《橡胶和塑料软管 层间黏合强度的测定》规定了胶管内衬层和增强层、外敷层和增强层、增强层之间、外敷层和外贴层等各个层之间的黏合强度的测定方法，还根据胶管制品的形状和特点规定了各种从胶管成品上裁切试样的方法。适用于所有尺寸以及各种不同结构的软管。GB/T 14905—2020《橡胶和塑料软管 各层间粘合强度的测定》等同采用 ISO 8033:2016。JIS K 6330-6:1998《橡胶和塑料软管 第 6 部分：层间剥离强度测定方法》修改采用 ISO 8033:2006，这两个标准的内容基本相同。

标准中规定了 1 型～8 型 8 种不同的试样类型，对每种类型试样从胶管成品上的裁切方法做了规定，对不同尺寸和结构的胶管以及不同黏合层进行黏合试验，采用试样的类型也不一样。应按照标准的规定选择试样的类型。试验时的剥离速度，1 型～7 型试样为（50±5）mm/min，8 型试样为（25±2.5）mm/min。剥离长度至少 100mm，记录下拉伸曲线。如果试样长度小于 100mm，则记录剥离的最大距离所需要的力。

黏合力多峰曲线按照 ISO 6133 规定的方法处理，从曲线图中测出力峰值的中位数，将力峰值的中位数除以试样的有效宽度得到黏合强度。

（3）传动带

传动带的骨架材料主要有包布和线绳，因此橡胶与骨架黏合强度测定的方法有剥离和抽出两种，其中最典型的制品就是汽车同步带。GB/T 10716—2012《同步带传动 汽车同步带 物理性能试验方法 》的第 6.3 条"齿面包布黏合强度试验"和第 6.4 条"芯绳抽出力"规定了同步带体与齿包布和芯绳之间黏合强度的试验方法。该标准修改采用 ISO 12046:2012《同步带传动 汽车同步带 物理性能测定》。日本汽车工业标准 JASO E 110:2000《汽车同步带试验方法》对汽车同步带齿面包布以及芯绳的黏合强度试验做了同样的规定。

按照 GB/T 10716—2012 规定，试验前从带上截取 2 段长度大于 100mm 的带体作为试样，用手工将试样一端的包布剥开足够长度的夹持部分。用上夹持器夹住剥离了包布的带体，用下夹持器夹住剥开的包布，将未剥开的第 1 个齿的齿根位于上、下夹持器之间，如图 17-13 所示。以（50±5）mm/min 的速度对试样施加拉力，将包布从带齿上剥离，记录下 3 个连续齿的剥离力。

包布在齿侧和齿顶部位的剥离力用试验中两个试样所得到的 6 个峰值中的最小值表示，该值与试样宽度之比即为包布在齿顶和齿侧的剥离强度。包布在齿根部位的剥离力用两个试样在第一个齿根剥离结束时的谷底值中较小的一个表示，该值与试样宽度之比即为包布在齿根的剥离强度，如图 17-14 所示。

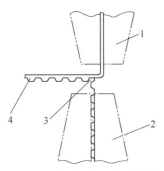

图 17-13　齿包布剥离试验试样的安装

1—上夹持器；2—下夹持器；3—未剥离第 1 个齿的齿根；4—完整的带体

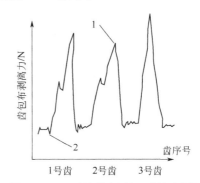

图 17-14　3 个连续齿剥离强度试验曲线

1—包布在齿顶和齿侧部位剥离力 3 个峰值中的最低值；2—包布在齿根的剥离力

汽车同步带芯绳抽出强度试验的试样直接从带体上切取，长度不小于 100mm，如图 17-15 所示。试样安装到试验机的夹持器中，以（50±5）mm/min 的拉伸速度将两根芯绳抽出。如果芯绳没有被抽出而是被拉断，则应重新制作试样，并适当减小切断长度，直至芯绳被完整抽出。以两个试样抽出力中的较小值作为抽出强度。切断长度不足 30mm 的试样，应将测得的实际抽出长度的抽出力按照公式（17-1）换算成抽出长度为 30mm 的抽出力。

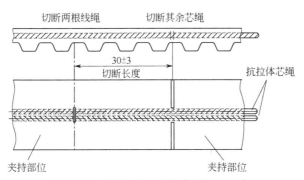

图 17-15　芯绳抽出力试样（单位：mm）

$$F = \frac{F_{\mathrm{m}}}{L} \times 30 \qquad (17\text{-}1)$$

式中 F——芯绳抽出力，N；

F_m——实际抽出长度下的抽出力，N；

L——实际抽出长度，mm。

以上所述是为了说明黏合强度试验在橡胶制品中的重要地位，此外在轮胎、密封制品以及其他橡胶制品领域中还有不少关于黏合强度试验方法的标准，由于这些标准不属于橡胶物理试验的范围，本章不再赘述。

17.3 黏合强度对橡胶制品的影响

橡胶与骨架材料的黏合强度主要由骨架的处理方法、胶黏剂的选择、橡胶配方的设计以及胶料混炼等因素决定，其中某一个环节处理不好都会使黏合强度大大降低，对制品产生较大影响。

目前在高速动车组中普遍使用空气弹簧减振装置，如图 17-16 所示，而橡胶堆是空气弹簧的重要组成部件，与气囊串联实现承载和减振的功能，并且在空气弹簧无气状态时，可单独承载，为车辆安全运营提供所需的垂向刚度，提高列车运行的安全系数。橡胶堆一般用模具硫化制作，是橡胶与金属板黏合的典型用例。橡胶堆不仅要承担车厢的垂直载荷，在列车转弯时由于空气弹簧要产生的较大水平位移，如图 17-17 所示，因此还要求橡胶堆能够承受最大可达 150mm 的水平变形[39]。所以在列车运行时橡胶堆中钢板和橡胶黏合界面之间的受力状况十分复杂。由于这些原因，它们之间采用直接黏合的方法难以满足使用要求，通常是通过两种胶黏剂将钢板和橡胶黏合在一起。胶黏剂分为底涂胶黏剂（底胶）和面涂胶黏剂（面胶），底胶与金属板之间、面胶与橡胶本体之间、底胶与面胶之间通过物理吸附和化学反应黏合，

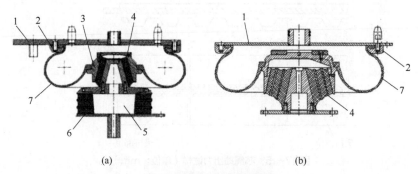

(a)   (b)

图 17-16 空气弹簧的结构

1—盖板；2—扣环；3—锥形橡胶堆；4—锥形橡胶堆橡胶；5—平板橡胶堆；
6—平板橡胶堆橡胶；7—橡胶囊

如图 17-18 所示,若其中的任何一个界面出现问题都会影响黏合强度。有研究表明:金属骨架表面处理不当、底涂胶黏剂使用不当、制造过程中底胶表面被污染、两种胶黏剂使用不合适以及面涂胶黏剂厚度太薄、脱模不当或胶黏剂选择错误等原因都会造成橡胶堆出现鼓包和开裂等缺陷,其中鼓包现象最为常见。若情况严重就会在胶囊充压不足或无气时使整个空气弹簧失去应急减震功能[40]。

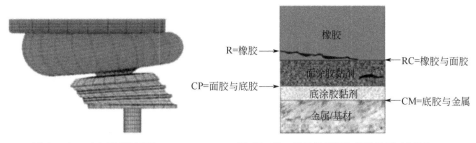

图 17-17　空气弹簧胶囊和　　　　　图 17-18　橡胶堆钢板与橡胶的黏合界面
　　　　　橡胶堆的水平位移

骨架油封通过密封唇与旋转轴的接触防止润滑油泄漏,金属骨架则起到支撑和固定作用,使密封唇与旋转轴同心。根据密封的特点,骨架油封的胶料应具有较低的摩擦系数、较高的耐磨耗性能以及与金属较好的黏合性能。但在配方设计时为提高橡胶的黏合性能却会在一定程度上增加摩擦系数和降低耐磨性。反之若降低摩擦系数提高耐磨性能就会在一定程度上降低黏合性能。对于一般的耐油橡胶如 NBR 可以采用折中配方。但在高温条件下使用的大型氟橡胶骨架油封,采用折中方法往往得不到良好的黏合性能,还会在黏合面上出现气泡点,降低产品的合格率。有资料介绍,使用适当的黏合促进剂可以大幅度提高氟橡胶与金属骨架黏合的可靠性,在大型骨架油封中的效果尤为明显。为满足使用性能和加工性能之间相互矛盾的要求,可以分别在黏合部位和唇口部位采用不同配方,只要硫化体系相同,硫化同步即可。采用这种方案,降低了配方设计的难度也满足了骨架油封的使用要求[41]。

钢丝帘线是子午线轮胎最主要的骨架材料,与轮胎胎体的黏合强度直接影响轮胎的使用寿命,为此人们在这方面进行了诸多研究。钢丝帘线与橡胶的黏合机理一般认为是镀层中的铜与橡胶胶料中的硫相互结合,在界面形成硫化铜,即在硫化时橡胶胶料中的硫不仅起交联作用,同时也起黏合作用。因此,橡胶胶料中的硫化体系和钢丝帘线镀铜层的质量对黏合性能具有非常显著的影响。GB/T 11181—2016《子午线轮胎用钢帘线》第 7.6 条 "镀层的性能" 中严格规定了镀铜层的厚度以及铜的成分。GB/T 33159—2016《钢帘线试验方法》第 8 章"黏合性能试验方法"中还规定了钢丝帘线与橡胶黏合强度的试验方法，该方法与 GB/T 16586 规定的 B 法基本相同。不仅如此，为配合国家标准 GB/T 33159—2016《钢帘线试验方法》的实施，中国橡胶工业协会橡胶测试专业委员会还在 2017 年开展过一次"硫化橡胶与钢帘线黏合性能试验方法"的比对实验，这一切都是为了确保钢丝帘线与橡胶黏合强度满足轮胎性能的要求而采取的措施。

第 **18** 章 密度试验

　　在物理学中把某种物质单位体积的质量称为这种物质的密度，它是反映物质基本特性的物理量。在橡胶物理试验方法中，密度的测定由于经常使用而占有重要地位。例如在橡胶磨耗试验中密度用来计算体积磨耗量，在生产过程中密度的测定用来对不同批次的胶料进行有效地质量校验和质量控制等。物质的密度 ρ 是质量 M 和体积 V 的比值，即 $\rho=M/V$。橡胶行业常用兆克每立方米（Mg/m^3）或克每立方厘米（g/cm^3）表示。理论上只要通过测出试样的尺寸计算出试样的体积，再称出试样的质量就可以计算出密度。由于橡胶变形大，具有一定的弹性，而且试样尺寸也并不均匀，要想精确计算出体积有一定的难度。尤其是测定一些橡胶制品的密度时更是无法通过测定尺寸的方法计算出体积。因此人们设计出了许多测定密度的方法，这些方法经过长期使用逐渐成熟，已经实现标准化。密度测定方法基本上是通用的，有些标准虽然并不是完全针对橡胶而制定，但也可以用于测定橡胶试样的密度。

18.1　用于橡胶密度试验的方法和标准

　　橡胶的密度基本都是将试样浸入到液体中，利用试样受到的浮力来测定的，由于物体在液体受到的浮力与液体的密度有关，水的密度为 $1g/cm^3$，为计算方便，橡胶的密度通常是将试样浸入到蒸馏水中进行测定，也可采用两种不同密度的液体测定密度，主要方法有以下几种：①用分析天平和烧杯的方法；②用比重瓶的方法；③用密度梯度柱的方法；④滴定法。

　　关于密度测定的国家标准主要是 GB/T 533—2008《硫化橡胶或热塑性橡胶　密度的测定》，该标准等同采用 ISO 2781:2007《硫化橡胶或热塑性橡胶——密度的测定》。标准中将用分析天平和烧杯测定橡胶密度的方法规定为 A 法，将用比重瓶测定橡胶密度的方法规定为 B 法。日本标准 JIS K 6268:1998《硫化橡胶　密度测定》等同采用 ISO 2781:1988，内容与国标基本相同，目前该国际标准的最新版本是 ISO 2781:2018。GB/T 1033.1—2008《塑料　非泡沫塑料密度的测定　第 1 部分：浸渍法、液体比重瓶法和滴定法》等同采用 ISO 1183-1:2004《塑料　测定非泡沫塑料密

度的方法　第 1 部分：浸渍法、液体比重瓶法和滴定法》。其中的浸渍法和液体比重瓶法与 GB/T 533 规定的 A 法和 B 法基本相同。滴定法适用于无孔塑料，也完全适用于橡胶。目前，该国际标准的最新版本是 ISO 1183-1:2019。GB/T 1033.2—2010《塑料　非泡沫塑料的测定　第 2 部分：密度梯度柱法》适用于非泡沫塑料固体颗粒，也同样可以测定较小橡胶试样的密度，该标准修改采用 ISO 1183-2:2004《塑料　测定非泡沫塑料密度的方法　第 2 部分：密度梯度柱法》。目前该国际标准的最新版本是 ISO 1189-2:2019。在日本，规定了密度梯度柱试验方法的标准是 JIS K 7112《塑料　非泡沫塑料的密度和相对密度测定方法》。

此外我国还单独制定了 GB/T 4472—2011《化工产品密度、相对密度的测定》，其中规定了两种测定固体材料密度的方法：密度瓶法和静水力学称量法，分别与 GB/T 533 中的 B 法和 A 法相同。

为了使密度的测定更加方便快捷，许多厂家根据橡胶密度测定的原理专门设计制造了各种测定橡胶试样密度的仪器。有老式的机械式橡胶密度计和比较新型的电子式橡胶密度计。这些仪器可以直接读出试样的密度，使用非常方便，经过长期使用也实现了标准化。我国的化工行业标准 HG/T 2728—2012《橡胶密度的测定　直读法》中对这两种可以直接读取密度值的测定方法做了规定。

18.2　硫化橡胶密度测定方法简介

18.2.1　用分析天平和烧杯测定橡胶密度

（1）试验步骤

采用此方法测定橡胶试样的密度，试样的质量至少 25g。测定时先用适当长度的细丝将试样吊在天平的挂钩上，试样的底边距水平跨架 25mm 左右，跨架不得与天平盘以及吊篮接触。细丝的材料应不溶于水，并且吸水量不足以对试验结果产生影响。细丝的质量可以忽略也可以单独称量，单独称量时应从称得试样的质量中减去细丝的质量。首先在空气中称出试样的质量，精确至 1mg。

将烧杯放到水平跨架上，注入煮沸后冷却的蒸馏水。将试样浸入水中。在（23±2）℃或（27±2）℃条件下称量试样在水中的质量，如图 18-1 所示。

称量时应清除试样上的气泡，并注意观察天平的指针，待指针不再漂移时读取称量值，精确至 1mg。如果试样的密度小于 1g/cm³，应使用吊坠将试样全部浸入水中。

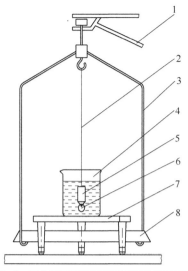

图18-1 用分析天平和烧杯测定橡胶密度示意图

1—天平横梁；2—细丝；3—吊篮；4—烧杯；5—试样；6—吊坠；7—水平跨架；8—天平盘

（2）测定结果的计算

密度 δ 用公式（18-1）计算，单位为 $\mathrm{Mg/m^3}$。

$$\delta = \rho \frac{m_1}{m_1 - m_2} \tag{18-1}$$

式中　ρ——水的密度，$\mathrm{Mg/m^3}$；

　m_1——试样在空气中的质量，g；

　m_2——试样在水中的质量，g。

由于浮力作用，试样在水中的质量 m_2 要比试样的实际质量轻。

将计算结果精确至小数点后两位。

使用吊坠的情况下，计算密度的公式修正为（18-2）：

$$\delta = \rho \frac{m_1}{m_1 + m_2 - m_3} \tag{18-2}$$

式中　ρ——水的密度，$\mathrm{Mg/m^3}$；

　m_1——试样在空气中的质量，g；

　m_2——吊坠在水中的质量，g；

　m_3——吊坠和试样在水中的总质量，g。

由于浮力作用，吊坠在水中的质量 m_2 要比吊坠的实际质量轻。

18.2.2 用密度瓶测定橡胶密度

密度瓶是相对密度的专用精密仪器，常用的有带温度计的精密密度瓶和带毛细管的普通密度瓶。常用的密度瓶规格是 25mL 和 50mL 两种。通常用来测定液体的密度，由于密度瓶的容积一定，所以在一定温度下，用同一密度瓶分别称量样品溶液和蒸馏水的量，两者之比即为该样品溶液的相对密度。但在橡胶物理试验中常用密度瓶来测定橡胶的密度。

（1）试验步骤

称出洗净并干燥后的密度瓶和瓶塞的质量，放入切成适当大小的试样，再称出密度瓶和试样的质量。试样保持原有硫化试片的厚度，短边不大于 4mm，长边不大于 6mm，在此范围内试样应尽量大一些。切断的部位表面应光滑，装入试样后将密度瓶注满标准温度（23℃±2℃或 27℃±2℃）的蒸馏水。除去附在试样表面和密度瓶内的气泡，还应注意除去毛细管中的气泡，盖上瓶塞，将密度瓶外侧充分干燥，称出密度瓶、试样和水的总质量。将密度瓶内的试样和水倒出，再装满新的蒸馏水，称出密度瓶和水的质量。以上称量精确至 1mg。

（2）密度的计算

密度 δ 用公式（18-3）计算：

$$\delta = \rho \frac{m_2 - m_1}{m_4 - m_3 + m_2 - m_1} \tag{18-3}$$

式中　ρ——水的密度，Mg/m^3；

　　　m_1——密度瓶的质量，g；

　　　m_2——密度瓶与试样的质量之和，g；

　　　m_3——密度瓶、水和试样的总质量，g；

　　　m_4——装满水后的密度瓶质量，g。

用这种方法测定密度需要将胶片切成小块，并且需要 4 次称量，计算公式也稍微复杂一些。比采用天平和烧杯测定密度的方法烦琐，此外切小的试样是否容易存有空气仍是疑问[42]。由于以上原因，这种方法使用相对较少。

18.2.3 用密度梯度柱测定橡胶密度

密度梯度柱是利用悬浮原理测定固体密度的一种方法，将两种密度不同而又能相互混合的液体进行适当混合后注入较长的、直径不小于 40mm 柱状容器中。密度小的液体在容器上部，密度大的液体在容器下部。两种液体在交界处相互扩散，由于扩散作用使混合的液体从上部到下部的密度逐渐增加,连续分布形成一定的梯度,因此成为密度梯度柱。试验时将一小块橡胶试样放入密度柱中,当其在某一高度位置静止不动时,则说明试样的密度与周围液体的密度一致。因此只要测定试样静止后在密度柱中的高度,根据密度-高度曲线或采用内插法求出试样的密度。密度梯度柱的测定精度取决于柱的长度和密度的梯度范围。由于柱状容器可以制作得比较长,一般可达 1000mm 或更长,而柱的上、下两端的密度差可以很小。因此密度柱测定的分辨率很高,可以得到很高的精度[42]。

(1)密度梯度柱的配制

GB/T 1033.2 对密度柱的配制、使用以及密度的计算方法等做了规定。

标准推荐了两种配制密度柱的方法:方法 1,采用毛细管注入液体,容器按照图 18-2 组装;方法 2,采用虹吸管注入液体,容器按照图 18-3 组装。这两种方法都要求采用缓慢加温、抽真空或超声波等方法去除液体中的空气。

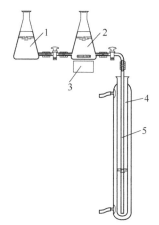

图18-2 采用毛细管注入液体的方法(方法1)
1—容器1(里面装重液);2—容器2(里面装轻液);
3—磁力搅拌器;4—密度梯度柱;5—毛细填充管

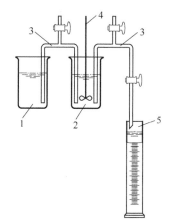

图18-3 采用虹吸管注入液体的方法(方法2)
1—容器1(里面装轻液);2—容器2(里面装重液);
3—虹吸管;4—搅拌器;5—密度梯度柱

配制密度梯度柱时需要将其放入液体恒温浴中。若需要测定密度的精度为 $0.001g/cm^3$,温度控制精度为±0.5℃,整个柱上、下两端的密度差应小于 $0.2g/m^3$。若需要测定密度的精度为 $0.0001g/cm^3$,温度控制精度为±0.1℃,整个柱上、下两端的密度差应小于 $0.02g/m^3$。密度梯度柱最顶端和最底端的数据一般不使用。

方法 1 是将容量为密度梯度柱二分之一的密度小的液体(轻液)注入容器 2,打开磁力搅拌器。将同容量的密度大的液体(重液)注入容器 1,打开容器 2 的阀门使密度小的溶液充满毛细管,用毛细管控制液体的流动速度。打开容器 1 的阀门,通过毛细管向密度梯度柱的底部开始缓慢注入液体,直至液面达到柱的顶端。

方法 2 是将密度小的溶液和密度大的溶液分别倒入容器 1 和容器 2，用虹吸管将溶液从容器 1 注入容器 2 再注入密度梯度柱。与柱顶端相连接的虹吸管末端为毛细管，上面装有阀门控制液体的流速，液体沿着柱的侧壁缓慢流下。

一般情况下配制一个密度柱需要 1～1.5h 或更长的时间。注入液体时应注意不要将空气带入。

（2）密度梯度柱的标定和使用

在试验之前将精确校准过的不同密度的玻璃浮子放入这个梯度柱中，过一段时间，这些玻璃浮子便在柱中均匀散开，正好悬浮在与溶液密度相匹配的某一点处。否则就应将浮子捞出，废弃混合液体，重新配制密度梯度柱。配制好的密度梯度柱，盖上盖子在恒温下放置 24～48h，恒温结束后测量每个浮子的高度，精确到 1mm。并绘制出密度 (ρ)-高度 (H) 曲线，至少需要 5 个浮子才能形成一条合理的标定曲线。

测定密度时，将 3 个橡胶试样用密度低的溶液浸润后轻轻放入密度梯度柱中，可以用细钢丝小心地除去附在试样表面的气泡。大约要经过 10min 或更长的时间，待试样稳定后根据其在柱中的位置用计算法或通过密度-高度曲线求出试样的密度。通常的密度梯度柱测定仪用线性编码器来标定柱的密度梯度。并用一个光学显微镜头将光线聚焦在已校准过的浮子的中心上，然后收集这个浮子的密度值，将信息输入微处理器内来完成。当一个未知密度的橡胶样品放入到梯度柱中并达到平衡时，线性编码器测量样品在梯度管中相对于标准浮子的位置，然后在液晶显示器上显示出它的密度。

密度梯度柱的底部放置一个带有提线的不锈钢丝网，可以通过提线将网缓慢地向上移动以便捞出试验后的试样，然后再放回柱的底部。这个操作应极其缓慢，大约为 10mm/min，以免破坏密度梯度，试样打捞后应重新放入玻璃浮子将密度梯度柱进行标定。

用密度梯度柱测定橡胶密度的方法一般仅在需要获得精确数据的情况下使用。

18.2.4　用滴定法测定橡胶密度

GB/T 1033.1 规定的测定固体塑料密度的 C 法（滴定法）同样也适用于测定橡胶试样的密度。用滴定法需要的试验仪器主要有：容量 250mL 的玻璃量筒、容量为 100mL 的容量瓶、平头玻璃搅拌棒以及滴定管等。试验还需要两种密度不同的液体，一种比试样的密度小，另一种比试样的密度大。这两种液体不能相互作用并且都不会对橡胶产生影响。

测定密度时用容量瓶准确称量 100mL 密度小的液体，倒入干燥的 250mL 的玻璃量筒中，并将装有液体的量筒放入到液浴中调节温度，温度达到标准温度（23℃±0.5℃或27℃±0.5℃）后将试样放入到量筒中，试样便会沉到底部，除去附在试样表面的气泡。将液体搅拌几次，保持温度计始终在浸渍液中，随时测量试验过程中液体的温度。当液体的温度达到标准温度时，用滴定管每次取 1mL 密度大的液体加入量筒中，每次加入后，用玻璃棒竖直搅拌浸渍液，防止气泡产生。

　　每次加入密度大的液体并搅拌后，观察试样的状态，起初试样迅速沉底，当加入较多的密度大的液体后，试样下沉的速率逐渐减慢。这时，改为每次加入 0.1 mL 密度大的液体。同样每次加入后用玻璃棒竖直搅拌浸渍液，当最轻的试样在液体里悬浮，且能保持至少 1min 不做上下运动时，记录加入的重浸渍液的总量，这时混合液的密度相当于被测试样密度的最低值。继续滴加密度大的液体液，每次加入后用玻璃棒竖直搅拌浸渍液，当最重的试样在混合液中某一水平也能稳定至少 1min 时，记录所添加密度大的液体总量，这时混合液的密度相当于被测试样密度的最高值。对于每对液体（密度小的液体和密度大的液体），建立加入密度大的液体的量与混合液体密度两者之间的函数关系曲线，曲线上每点所对应混合液体的密度可用比重瓶法来测定。

18.3 测定密度时应注意的事项

（1）消除气泡的方法

　　由于气泡是测定密度时产生误差的主要原因，因此在试验时应设法去除试样上以及液体中的气泡。试样上面的裂纹和针孔等缺陷中容易存有空气，此外试样表面凹凸不平容易附着气泡。因此标准规定试样应表面光滑，无裂纹和灰尘。样品表面或内部粘有织物的纤维应在裁切前清除干净，清除纤维时不得使试样受到拉伸，并打磨掉试样表面留有的纤维痕迹，使试样具有光滑的表面。为消除试样上的气泡，可在蒸馏水中添加微量（如 0.01%）的表面活性剂，也可迅速将试样蘸上甲醇或工业甲醇与水的混合物等不会使橡胶产生溶胀的合适的液体后，再放入水中，采用后一种方法应设法使酒精的影响降至最小。也可以采用用试验液体将试样充分湿润的方法消除气泡。若试样浸入液体中仍在表面附有气泡，可用细钢丝仔细将气泡清除。

　　用密度瓶测定密度时，将瓶内的物体加热至 50℃ 可以使气泡逸出，但要在冷却后再称重。也可以采用将密度瓶放入真空干燥器的方法去除气泡，通过数次真空减压，直至瓶内没有气泡为止。

（2）悬挂试样的细丝

用分析天平和烧杯测定密度时，需要将试样用细丝吊在水中。尼龙材料的细丝，质量若不到 0.001g，可以认为不影响试验结果的精度，不必对细丝的质量进行修正。但称量的试样小于规定的尺寸（如小的 O 形密封圈）时，如果对细丝的质量不进行修正，称量的结果就会产生较大的误差。所以在最终计算结果时要考虑到细丝的质量。如果不是采用细丝悬挂试样，就必须在计算时将悬线的质量和体积考虑进去。细丝的质量单独称量时应在从天平称得的试样和细丝的总质量中减去细丝的质量。

此外，吊在水中的试样受水对流的影响，会使测定的结果产生误差。为了不产生对流，浸泡试样的水温应与天平箱内的空气温度一致。

为得到更加精确的试验结果，在用蒸馏水浸泡试样时，可以考虑用试验温度条件下水的密度精确值，将计算公式用适当的系数修正。

18.4　用直读法密度计测定橡胶密度

由于各个批次胶料的质量控制经常需要进行密度试验，按照标准规定的基本方法进行测定，速度较慢有时不能满足需要。于是出现了各种机械式和电子式密度测定仪，这些仪器的基本方法都是将试样浸入蒸馏水中，利用浮力的原理，经过转换直接显示试样的密度。HG/T 2728 规定的测定橡胶密度的"直读法"，在原理上与标准规定的几种测定方法相同，只是在使用方法上对两种密度测定仪进行了比较规范的说明，实际上不能算一种测定密度的方法。

（1）机械直读式密度计

HG/T 2728 规定的 A 法是用机械直读式密度计测定试样密度的方法，这种密度计的结构如图 18-4 所示。测定时在容量 500mL 烧杯中倒入 2/3 的蒸馏水，将长臂的两个砝码移动到长臂的底端。调整短臂上的砝码使指针准确地指在密度刻度线的 1.00 位置，将插针垂直插入试样，并一直保持插针垂直。调整长臂上砝码的位置，使指针水平，指到图中 A 的位置。转动转臂将试样抬高，将烧杯放到可升降的托盘上，然后再转动转臂使试样降低。调整升降托盘的高度使试样浸入水中 15～20mm，试样不得与烧杯的侧壁和底面接触，插针座不得进入水中。试样的密度大，在水中的位置就下沉一些，密度小就会浮起一些。试样在水中上下浮动就会通过插针和转臂带动指针转动，待试样在水中稳定后，通过指针读取密度值。

（2）电子直读式密度计

HG/T 2728 规定的 B 法是用电子直读式密度计测定试样密度的方法，这种密度计如图 18-5 所示。试验前调整底座水平,按下 ON/OFF 键,仪器开始自检,当显示屏幕中显示正常时方能进行下一步测定。按清零键打开防风罩,用镊子将试样放到称量座上,关好防风罩,待显示屏上显示的质量值稳定后,按下储存键,仪器自动记录试样在空气中的质量。打开防风罩,用镊子将试样取出,按清零键。用蒸馏水将试样表面充分浸润,再将试样放到装有蒸馏水的烧杯中的钢丝网内,关好防风罩。待显示屏上显示的质量值稳定后按下储存键,仪器自动记录下试样在水中的质量。按测试键,显示屏即显示出试样的密度。

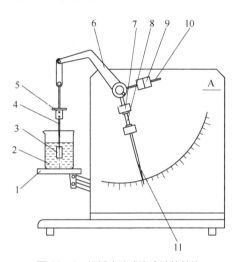

图 18-4 机械直读式密度计的结构

1—升降托盘;2—烧杯;3—试样;4—插针;5—插针座;6—转臂;7—长臂砝码;
8—长臂;9—短臂砝码;10—短臂;11—指针

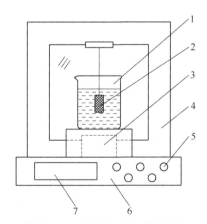

图 18-5 电子直读式密度计示意图

1—烧杯;2—钢丝网;3—称量座;4—防风罩;5—按钮;6—底座;7—显示屏

机械直读式密度计由于转臂的阻力，刻度盘的制作精度以及通过指针读取数值时的视觉误差等因素影响，试验结果的准确性不高，并且测定前还要两次调整砝码使指针指向正确的位置，操作并不十分方便。因此目前已经较少使用。电子直读式密度计利用了标准规定的采用分析天平与烧杯测定密度的原理和电子秤可以准确快捷称量的优点，调试方便，操作非常简单，测定时分别称出试样在空气中和在水中的质量，经过计算机按照公式（18-1）自动计算出密度值，在显示屏上显示，是一种应用十分广泛的密度计。

第 19 章 未硫化橡胶试验

未硫化橡胶是指加入了配合剂，经加工混炼均匀但还未经过硫化的橡胶，未硫化橡胶的诸多性能如可塑性、焦烧时间、可塑性保持率（PRI）等不仅决定着胶料的工艺性能，而且对制品的力学性能也有较大的影响。此外通过硫化曲线可掌握橡胶在硫化过程中相关的一些特性如正硫化时间、硫化速率、黏弹性模量以及硫化平坦期等性能指标，对于研制新产品、研究胶料配方具有重要的指导意义。正因为如此，人们想方设法制定了众多的试验方法测定未硫化橡胶的性能，各种新的试验仪器层出不穷，试验方法也不断更新，试验的自动化程度以及试验结果的可靠性也得到很大提高。

19.1 未硫化橡胶试验方法标准

关于未硫化橡胶试验方法的日本标准是 JIS K 6300，共分为 4 部分：JIS K 6300-1:2013《未硫化机械的物理特性 第 1 部分：用门尼黏度计测定黏度和焦烧时间的方法》、JIS K 6300-2:2001《未硫化橡胶的物理特性 第 2 部分：用振荡硫化仪测定硫化性能的方法》、JIS K 6300-3:2001《未硫化橡胶的物理特性 第 3 部分：用快速塑性计测定可塑性和可塑性保持率的方法》和 JIS K 6300-4:2018《未硫化橡胶的物理特性 第 4 部分：发泡点的测定方法》。

其中 JIS K 6300-1:2013 是在 2005 年第 2 次发布的 ISO 289-1《未硫化橡胶 用圆盘黏度计测定 第 1 部分：门尼黏度》、2009 发布的 1SO 289-1 修改单 1 和 1994 年第 1 次发布的 1SO 289-2《未硫化橡胶 用圆盘黏度计测定 第 2 部分：初期硫化性能的测定》两个标准的基础上做了技术性修改而编制的日本工业标准。目前这两个国际标准的最新版本是 ISO 289-1:2015 和 ISO 289-2:2016。

JIS K 6300-2:2001 修改采用 ISO 6502:1999《橡胶 硫化仪使用指南》，后来 ISO 6502 分成了 ISO 6502-1《橡胶 用硫化仪测定硫化性能 第 1 部分：指南》、ISO 6502-2《橡胶 用硫化仪测定硫化性能 第 2 部分：圆盘振荡硫化仪》和 ISO 6502-3《橡胶 用硫化仪测定硫化性能 第 3 部分：无转子硫化仪》3 个标准。目前这 3 个标准的最新版本分别是 ISO 6502-1:2018、ISO 6502-2:2018 和 ISO 6502-3:2018。并且用 ISO 6502-2:2018 替代了原来的 ISO 3417:2008《橡胶 用圆盘振荡硫化仪测定硫化性能》。最新版本的 ISO 6502-1 中仅介绍了硫化仪的测定原理以及圆盘振荡硫化仪和无转子硫化仪的区别，删去了旧版本中对于各种结构硫化仪的规定。而在 ISO 6502-2 中规定了圆盘振荡硫化仪，在 ISO 6502-3 中规定了无转子硫化仪。JIS K 6300-2 和 ISO 6502 一样也包括了这 3 个标准的内容。

JIS K 6300-3:2001 是在 1991 年第 3 次发布的 ISO 2007《未硫化橡胶 塑性测定 快速塑性计法》和 1995 年第 3 次发布的 1SO 2930《未硫化橡胶 塑性保持率（PRI）的测定》2 个国际标准译文的基础上做了技术性修改而编制的日本工业标准。JIS K 6300-4:2018 目前还没有相应的国际标准和国家标准。

关于门尼黏度试验的国家标准是 GB/T 1232.1—2016《未硫化橡胶 用圆盘剪切黏度计进行测定 第 1 部分：门尼黏度的测定》，该标准等效采用 ISO 289-1:2014。GB/T 1232 拟分为 4 个部分：第 1 部分，门尼黏度的测定；第 2 部分，初期硫化性能的测定；第 3 部分，无填料的充油乳液聚合型苯乙烯-丁二烯橡胶 Delta 门尼值的测定；第 4 部分，门尼应力松弛率的测定。

由于 GB/T 1232.2《未硫化橡胶 用圆盘剪切黏度计进行测定 第 2 部分：初期硫化特性的测定》还未制定，目前未硫化橡胶初期特性试验执行的标准是 GB/T 1233—2008《未硫化橡胶初期特性的测定 用圆盘剪切黏度计进行测定》，该国标与日本标准相同，均是修改采用 ISO 289-2:1994。

关于硫化试验的国家标准有 3 个，分别是 GB/T 25268—2010《橡胶 硫化仪使用指南》、GB/T 9869—2014《橡胶胶料 硫化特性的测定 圆盘振荡硫化仪法》和 GB/T 16584—1996《橡胶 用无转子硫化仪测定硫化性能》。此外还有化工行业标准 HG/T 3709—2017《无转子硫化仪》和 HG/T 3121—2017《圆盘振荡硫化仪》。其中 GB/T 25268—2010 等同采用 ISO 6502:1999，由于是 ISO 6502 修改以前的版本，其内容包括了硫化试验的原理和各种结构的硫化仪。GB/T 9869—2014 等同采用 ISO 3417:2008，对圆盘振荡硫化仪做了规定。但 ISO 3417 已被撤回而由 ISO 6502-2 所替代。GB/T 16584—1996 等效采用 ISO 6502:1991，规定了无转子硫化仪的种类和结构。这样，对于圆盘振荡硫化仪和无转子硫化仪来说就都有两个现行标准共存的情况。

关于快速可塑度试验和天然胶塑性保持率试验的国家标准是 GB/T 3510—2006《未硫化橡胶 塑性的测定 快速塑性计法》和 GB/T 3517—2014《天然生胶 塑性保持率（PRI）的测定》。前者等同采用 ISO 2007:1991，后者修改采用 ISO 2930:2009。

19.2 未硫化橡胶试验的原理和方法

19.2.1 门尼黏度试验

门尼黏度实际上是做门尼试验和门尼焦烧试验时所用的扭矩显示装置显示和记录的扭矩单位，门尼黏度计，在上、下模组成的圆形模腔中，装有金属制成的转子，试验时使转子在充满胶料的模腔中按规定的条件转动，由于胶料的阻力使转子受到的扭矩称为门尼黏度，用门尼单位表示。作用于转子轴上的扭矩 8.30N·m 相当于 100个门尼单位（即 100M），扭矩与门尼单位呈直线关系。从门尼黏度的大小，就可预先了解胶料塑性的大小、加工性能和物理性能的好坏。门尼黏度越高，分子量越高，胶料的塑性就越小，门尼黏度越低，塑性就越大。因此有人将门尼黏度计作为测定未硫化橡胶的可塑性仪器中的一种而称其为旋转型可塑度计。

由于试样的制备方法会影响门尼黏度的测定结果，因此生胶试样应严格按照GB/T 15340—2008《天然、合成生胶取样及其制样方法》（等同采用 ISO 1795:2000）的有关规定制备。对于天然胶试样，从胶包选取的试验室样品需要在开炼机上过辊10 次进行均匀化处理，过辊时辊距为 (1.3±0.15)mm，辊温保持在 (75±5)℃。对于合成胶试样，可以采用直接法直接从试验室样品剪取厚度适当的胶片进行试验，在某些情况下需要采用过辊法将胶料压实，不同的胶料在过辊时的辊距和辊温也不相同，必须按照标准的规定进行操作。但直接法和过辊法测出的门尼黏度值有所差异，过辊法的测定结果重现性较差。

门尼黏度试验应在试样制作后 24h 以内进行。一般情况下采用 L 型转子（大转子），试验黏度较高的试样时应采用 S 型转子（小转子）。试验温度为 (100±0.5)℃，也可与用户协商或根据相关胶料的标准加以规定。所谓试验温度，是指安装了转子的模具闭合之后，在温度控制装置的作用下温度处于稳定状态时的模具温度。

当装有转子的模具加热到试验温度并稳定之后。打开模具立即取出转子并将转子轴插入带有孔的一个试样中，将转子装入模具，把另一个试样准确地放到转子上面，迅速闭合模具。

采用黏度低或容易粘模的胶料进行试验时，为了在试验结束后能够使试样方便地从模具中取出，可在试样与模具的接触面之间垫一层热稳定性好的防护薄膜（聚酯薄膜）。由于使用薄膜会影响试验结果，所以必须在试验报告中注明是否使用了薄膜。模具闭合后开始计时，在试验温度下预热 1min，然后启动转子，一般条件下转子转动 4min 后读取门尼黏度值。

19.2.2 焦烧时间的测定

焦烧是指胶料在加工过程中产生的早期硫化现象，通常用焦烧时间来表示胶料发生焦烧的难易。焦烧时间越长越不容易早期硫化，焦烧时间越短就越容易早期硫化。一般情况下焦烧时间用门尼黏度计测定。试验时模具闭合后开始计时，预热 1min 后立即启动转子，整个试验就是门尼黏度从最低值上升到规定值的过程。采用 L 型转子（大转子）的试验结果如图 19-1 所示，从图中的曲线可以看出，门尼黏度的最低值为 V_m。模具闭合后，门尼黏度值上升到比 V_m 大 5 个门尼黏度值所对应的时间 t_5 即为 L 型转子的焦烧时间。同样，采用 S 型转子（小转子）时，门尼黏度值上升到比 V_m 大 3 个门尼值所对应的时间 t_3 即 S 型转子的焦烧时间。

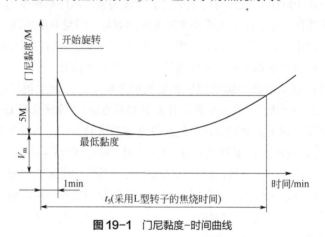

图 19-1 门尼黏度-时间曲线

19.2.3 硫化试验与硫化仪

（1）硫化试验原理

在硫化过程中胶料的各种性质会发生很大的变化，硫化试验就是通过分析、测定胶料的这些性质与时间和温度之间的函数关系从而求出一系列的硫化参数。通常硫化参数需要用硫化仪来测定。硫化仪可以将作用力反复施加于胶料，使其反复产生应力和应变，同时将应力和应变测量并记录下来。硫化试验在一定的温度下进行，连续记录下胶料的刚性（一般用扭矩和剪切力表示）与时间的函数关系，试验过程中扭矩随时间的变化曲线称为硫化曲线。如图 19-2 所示。

硫化曲线的纵轴为扭矩 M，水平轴为时间 t。最小扭矩和最大扭矩分别为 M_L 和 M_H，经过 M_L 和 M_H 作两条平行于时间轴的直线，这两条平行线的间距为 M_E。则

$M_E=M_H-M_L$。经过 $M_L+10\%M_E$、$M_L+50\%M_E$、$M_L+90\%M_E$ 3 点作平行于时间轴的 3 条直线，与硫化曲线交点所对应的时间分别为 t_c（10）、t_c（50）和 t_c（90）。t_c（10）为诱导时间（起始硫化时间），t_c（50）为 50%硫化时间（中间硫化时间），t_c（90）为经常采用的 90%硫化时间（正硫化时间）。某随机时间（t'_M）对应的扭矩为 M_t。

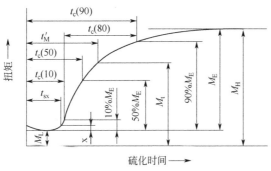

图19-2　硫化曲线的分析

胶料在一定的温度、时间和压力条件下硫化，达到正硫化时，其力学性能和综合性能均达到最佳值，欠硫或过硫阶段胶料的性能均不好。达到正硫化阶段的最短时间称为硫化点，但胶料的各项性能指标不可能在同一时间均达到最佳值，因此如何准确地选择正硫化点就成为确定硫化条件和获得制品最佳性能的重要因素。目前最常用的选取正硫化点的方法就是利用硫化仪绘制出硫化曲线，连续测出与硫化性能和加工性能有关的参数。一般情况下将硫化曲线上 $M=M_L+(M_H-M_L)\times10\%$ 对应的时间定为焦烧时间，将 $M=M_L+(M_H-M_L)\times90\%$ 对应的时间定为正硫化时间。

（2）硫化仪

进行硫化试验的设备称为硫化仪，硫化仪可分为圆盘振荡硫化仪（oscillating disc curemeter，ODC）和无转子硫化仪（rotorless curemeter，RCM）。前者带有双圆锥形圆盘转子，在控制温度的同时将胶料填入模腔中，模腔内的转子作微小的扭转振荡。该种硫化仪相对于无转子硫化仪又被称为有转子硫化仪。无转子硫化仪是在控制温度的同时将胶料填入模腔中，一个模腔相对于另一个模腔作微小的扭转或平移振荡，以此对胶料施加作用力使其产生相应的应力和应变。由于硫化仪的转子加温与温度控制比较困难，因此转子与上、下模具的温度存在一定的差别，在一定程度上影响测定精度，目前广泛使用的大都是无转子硫化仪。

用圆盘振荡硫化仪进行硫化试验时，标准扭转频率为（100±6）次/min，无负载时的标准摆动角为±1°，必要时可选择±3°的摆动角，但此时应注意胶料与模腔以及转子之间的滑动。原则上试验温度为 100～200℃，误差范围为±0.3℃，必要时也可以选择其他温度，试验温度是指模具的温度。试验前先将转子插入下模，闭合模具加热使模具上升到试验温度，待温度稳定后打开模具，将试样放到转子上，闭合模具。模具开闭的时间过程不得超过 20s。

黏度低或容易粘模的胶料进行试验时，为了试验结束后能够使试样方便地从模具中取出，可在试样与模具的接触面之间垫一层防护薄膜（聚酯薄膜等）。由于使用薄膜会影响试验结果，所以必须在试验报告中注明是否使用了薄膜。模具闭合之前或闭合的同时转子开始振荡，记录仪开始记录扭矩-时间曲线，按照标准规定的方法对曲线进行分析。

无转子和有转子硫化仪的试验方法基本相同，只是在操作过程中不需要插入转子，此外，振荡不是由转子产生，而是由上、下模的相对扭转或移动产生。

19.2.4 可塑性试验

快速可塑度计属于压缩型的可塑度计，也称为华莱氏可塑度计。试验时将两个平行的圆形热板加热到试验温度后，在两个热板之间放入试样并快速将试样压缩至 1mm，保持 15s 使试样的温度大体与热板一致，再给试样施加（100±1）N 的压力，15s 后读取试样的厚度值，即可得到该试样的可塑性值。由于该可塑度计可以在很短的时间内得到试验结果，而且重现性好，因此在橡胶制品的生产中得到广泛应用。

塑性保持率试验是采用快速塑性计测定天然橡胶试样在 140℃老化前、后的可塑性，用加热前、后的可塑性的百分比表示其塑性保持率。

试样为圆形，厚度不得超过 4mm，具体尺寸：体积为（0.4±0.04）cm³；厚度为（3.4±0.4）mm；直径约为 13mm。试验温度为 100℃。测定可塑性需要用垫纸，标准垫纸约为 17～22g/cm²，裁成 35mm×35mm 大小两块。垫纸的大小和种类对试验结果有很大影响，应充分予以注意，在进行对比试验时，必须使用相同的垫纸。

试验时用两片垫纸放在试样的上、下两面夹住试样，将试样和垫纸一起放置在下热板的中间位置，迅速移动热板压缩试样至（1.00±0.01）mm，预热（15±1.0）s。预热结束后立即给试样施加（100±1）N 的压缩力，（15±0.2）s 后由位移传感器测出试样的厚度，显示至 0.01mm。将显示的毫米值乘以 100 即为可塑性值。

19.2.5 天然胶的塑性保持率试验

天然胶的塑性保持率试验是通过对天然橡胶的老化程度测试来测定其塑性保持

率，试验设备包括可塑度仪、老化箱和将试样放入老化箱加热的容器。试样加热容器可采用轻质的铝合金托盘和试样碟，铝合金托盘直径 40~50mm，托盘和试样碟均应采用厚度为 0.2mm 的热容量低的板材制作，全部质量不得超过 35g，并且体积总和不得超过老化箱容积的 5%。

试验之始先测定试样的可塑度，试样加热前在标准状态下放置 30min，确认老化箱内温度达到（140±0.2）℃后，迅速将装有试样的铝合金托盘放入老化箱内，老化箱门关闭开始计时，加热（30.00±0.25）min 后将试样取出冷却至室温。在 2h 之内测定试样的可塑性，加热前、后的可塑性应连续进行测定并且必须采用同一种垫纸。

天然胶的塑性保持率按照公式（19-1）计算，取三组试样的三个计算结果的中间值作为塑性保持率。

$$\text{PRI} = \frac{P_{30}}{P_0} \times 100\% \qquad (19\text{-}1)$$

式中　PRI——塑性保持率；

P_0——加热前的可塑性；

P_{30}——加热后的可塑性。

19.3　测定发泡点的试验

JIS K 6300-4 规定的发泡点测定方法是国际标准和国标中都没有的内容，因此将这个方法做一介绍。

19.3.1　橡胶硫化时的发泡点

所有橡胶制品都要经过成型和硫化的过程，原本存在于胶料中的气体和硫化反应产生的气体，在硫化的高温和高压的条件下会溶解于橡胶中。开模时气体在橡胶中的溶解度降低，若此时硫化不足就会在制品中产生气泡。适当延长硫化时间则不会产生气泡。

实际硫化过程中，制品厚度较大的情况下，橡胶内部的各部分到加热源（模具）的距离并不相同，温度上升的快慢也有一定的差异。由于各部分接受的总热量不同，即使硫化时间一样，硫化效果也会不一致。因此必须将硫化进行到使热的最慢那一部分也不产生气泡的时间为止。所以发泡点的测定对于确定最短的等效硫化时间至关重要。发泡点通常也用等效硫化时间表示。因此发泡点的定义就是：采用模具硫化橡胶制品时，在开模后没有因为硫化不足而产生气泡的最短等效硫化时间。而等效硫化时间是指胶料在不同温度条件下达到相同硫化效果的时间。例如通过检查硫化制品的某些性能可知，如果缩短硫化时间而适当提高硫化温度，其性能值是相同的。

目前，通过计算等效硫化时间进而进一步对产品的硫化状态进行准确分析的方法已经在轮胎和输送带等厚度较大制品的生产中得到一定程度的应用，根据硫化过程热传导的模拟结果，在计算出厚度较大的制品各部位均达到正硫化状态时的等效硫化时间之后，就可以较准确地确定硫化时间。这对于轮胎和输送带结构设计、配方改进和硫化工艺优化等方面具有重要的指导作用，有助于在实际工业生产中更准确地预测产品的硫化情况，节省动力降低能耗及生产成本[43,44]。

19.3.2　发泡点的测定和计算方法

（1）不产生气泡临界位置的测定

JIS K 6300-4 规定的测定发泡点的方法实际上就是一种计算等效硫化时间的方法，该方法采用在长度方向具有一定斜度的楔形模腔的模具（如图 19-3 和表 19-1 所示），这可以使试样的厚度产生连续变化。硫化到一定时间后，开模减压，可以得到内部产生有大量气泡的试样。通过对这种楔形试样中的气泡分布情况进行分析，测定试样中不产生气泡的临界位置。同时用安装在模具中的温度传感器测定并记录下试样的温度上升曲线，将温度与时间的函数关系式进行积分运算，就可以求出相对于无气泡临界点的最短等效硫化时间，即所谓的发泡点。

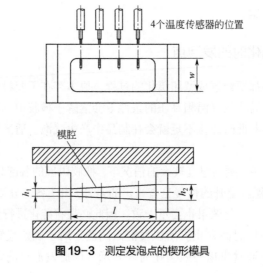

图 19-3　测定发泡点的楔形模具

表19-1　模腔尺寸

类型	厚度（$h_1 \sim h_2$）	长度（l）	宽度（w）
Ⅰ型	6~10mm 倾斜	140mm	30~55mm
Ⅱ型	6~20mm 倾斜	140mm	30~55mm
Ⅲ型	6~30mm 倾斜	140mm	30~55mm

测定发泡点的试验步骤如下：

① 将模具加热到试验温度，均匀地把试验胶片填充到模腔内。最好在加压合模、胶料的塑化完成后再将温度传感器插入。如果在加压合模之前插入，加压时就会使温度传感器产生变形。

② 胶料填充后，迅速合模加压，并将开始加压的时间定为试验开始时间（t_0）。

③ 达到规定的试验时间后，打开模具取出试样，将打开模具时的时间作为试验结束时间（t_1）。

④ 将取出的试样冷却至试验室标准温度，用试样切开装置将试样沿长度 A—A′ 和 B—B′ 方向切开（如图 19-4 所示）。

⑤ 试样截面上的无气泡临界距离用图 19-5 所示的方法进行测量，观察切开的试样截面，测量从试样厚度较小的一端至开始出现气泡位置的距离 L_B，必要时用放大倍数为 2~5 倍的放大镜进行观察。单位为 mm，圆整到整数位。

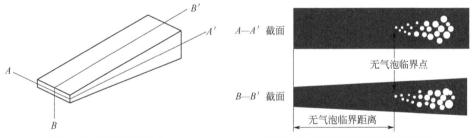

图 19-4　试样的切开方向　　图 19-5　无气泡临界距离的测量方法

（2）最短等效硫化时间（发泡点）计算

发泡点试验后用公式（19-2）计算发泡点 t_{ep}（T_0）。

$$t_{ep}(T_0) = \int_{t_1}^{t_2} \exp\left\{ \frac{E_a}{R}\left[\frac{1}{T_0} + \frac{1}{T(t)} \right] \right\} \mathrm{d}t \qquad (19\text{-}2)$$

式中　t_1——试验开始时间，min；

　　　t_2——试验结束时间，min；

E_a——活化能，J/(mol·K)；

R——摩尔气体常数，8.431J/(mol·K)；

$T(t)$——时间 t 时试样内部的温度，K；

T_0——基准温度，273K。

公式（19-2）为阿累尼乌斯方程定积分形式，求出了活化能 E_a 的值和 $T(t)$ 的函数关系后就可通过积分计算出发泡点。

反应速率与温度的关系，可用指数形式的阿累尼乌斯公式表达，如公式（19-3）所示。

$$k = A\exp\left(-\frac{E_a}{RT}\right) \tag{19-3}$$

式中　k——反应速率常数；

A——反应的频度系数；

E_a——活化能，J/(mol·K)；

R——摩尔气体常数，8.314J/(mol·K)；

T——反应温度，K。

公式（19-3）适用于许多种类型的反应，硫化反应是其中之一。

将公式（19-3）的两边取对数得到公式（19-4）：

$$\ln k = \ln A + \ln\left[\exp\left(-\frac{E_a}{RT}\right)\right] = \ln A - \frac{E_a}{RT} = \ln A - \frac{E_a}{R} \times \frac{1}{T} \tag{19-4}$$

从公式（19-4）可看出，随着反应温度的变化，反应速率的对数（$\ln k$）与反应温度的倒数（$1/T$）之间呈现直线关系，知道了直线的斜率（$-E_a/R$）就可以求出活化能（E_a）。橡胶制品在硫化过程中的反应速率可以从硫化仪的硫化时间得知，改变硫化温度后测定对应的硫化时间，绘制出硫化时间的对数与硫化温度倒数之间的关系曲线，用气体常数 R 除以曲线的斜率就可以求出活化能。温度曲线 $T(t)$可用以下方法求出。

无发泡临界点温度上升曲线 $T(t)$经过对数变换得到的温度上升不饱和度 $\alpha(t)$曲线近似直线（如图 19-6 所示），因此根据热扩散系数计算温度曲线的方法，无发泡临界点温度上升曲线可由公式（19-5）计算。

$$T(t) = T_0 - \alpha(t)/(T_0 - T_s) \tag{19-5}$$

式中　$\alpha(t)$——温度上升不饱和度；

T_0——基准温度，℃；

T_s——试验开始时的温度，℃。

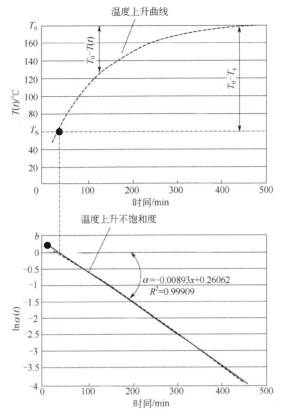

图 19-6 温度上升曲线与温度上升不饱和度曲线的对比

而经过对数变换后近似直线的温度不饱和公式如式（19-6）所示。

$$\ln\alpha(t) = at + b \tag{19-6}$$

式中　a——斜率；

　　　b——截距。

根据 JIS K 6300-4 的附录 B 给出的公式（19-7），得到公式（19-8）。

$$\ln\alpha(\mathrm{t}) = \ln\left(\frac{4}{\pi}\right) - \left(1 + \frac{h_\mathrm{B}}{W}\right)\left(\frac{\pi}{h_\mathrm{B}}\right)^2 xt \tag{19-7}$$

$$\alpha(t) = \left(\frac{4}{\pi}\right)\exp\left[-\left(1 + \frac{h_\mathrm{B}}{W}\right)\left(\frac{\pi}{h_\mathrm{B}}\right)^2 xt\right] \tag{19-8}$$

式中　x——橡胶的热扩散系数；

　　　h_B——试样在无气泡临界距离 L_B 处的厚度（如图 19-7 所示），mm；

　　　$h_\mathrm{B}(\mathrm{II})$型=6+$L_\mathrm{B}$/10；　$h_\mathrm{B}(\mathrm{III})$型=6+$L_\mathrm{B}$/15

W——试样宽度，mm。

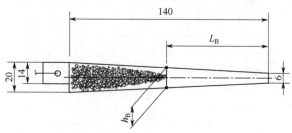

图 19-7　L_B 与 h_B（单位：mm）

由于温度上升不饱和度曲线 $\alpha(t)$ 近似直线，可以求出其斜率 a 和截距 b。根据 a、试样厚度 h 和宽度 W 就可利用公式（19-9）计算出橡胶的热扩散系数 x。

$$x = -\left(\frac{h}{\pi}\right)^2 \times a\left(1 + \frac{h}{W_{adj}}\right) \tag{19-9}$$

式中　h——试样在温度测定点处的厚度；

W_{adj}——温度测定点模腔宽度的修正值（模腔宽度 W 为 30mm 时，对于表 19-1 所示的 II 型试样 W_{adj} 为 21mm，III 型试样 W_{adj} 为 24mm）。

求出橡胶的热扩散系数 x 后，就可将公式（19-8）的 $\alpha(t)$ 代入公式（19-5）中求出 $T(t)$，得知了温度与时间的函数关系以及温度的边界条件后，就可以利用公式（19-2）通过定积分计算出发泡点 $t_{ep}(T_0)$。

发泡点可采用专用的发泡点分析仪（简称 PBA）进行测定，发泡点分析仪实际上由一个带有高精度温度测量装置的特殊平板硫化仪和楔形模具构成，保证了试样不等厚的特点。可以在试样中心等距离埋设四个热电偶热，检测时可直接反映试样不同位置的实时温度，依此绘制出每个温度测试点的温度上升曲线。该仪器还带有一套专用的数据分析软件，试验时分析仪可通过用无转子硫化仪测得的硫化参数计算出活化能 E_a、热扩散系数 x。胶料硫化后切开试样，根据测得的无气泡临界距离 L_B 计算出最短等效硫化时间（发泡点）。

发泡点分析仪是近几年出现的、对未硫化橡胶性能进行试验的新型仪器，在国内已有不少技术人员开始了这方面的尝试。有人以载重子午线轮胎胎面胶为例，探讨发泡点试验的测试原理以及硫化过程中胶料的温度不饱和度和热扩散系数的计算分析方法和影响因素。应用发泡点分析仪对胶料进行硫化分析，设计橡胶硫化工艺和控制生产[45]。

19.4 国标与日本标准的主要差别

日本标准中关于未硫化橡胶试验的标准序列号只有 JIS K 6300，分为四个部分：第 1 部分规定了门尼黏度和焦烧时间的测定方法；第 2 部分规定了硫化试验方法，对各种不同的硫化仪作了规定；第 3 部分规定了用快速可塑度计测定可塑度和天然胶的塑性保持率的测定方法；第 4 部分规定了发泡点的测定方法。国际标准也是如此，在门尼焦烧试验方面，ISO 289 分为两部分，第 1 部分规定了门尼黏度的测定方法，第 2 部分规定了焦烧时间的测定方法。在硫化试验方面，近年来做了一些改进，将 ISO 6502 分为三部分：第 1 部分 ISO 6502-1 为硫化试验指南，对硫化仪不做规定；第 2 部分 ISO 6502-2 规定了圆盘振荡硫化仪；第 3 部分 ISO 6502-3 规定了无转子硫化仪。国际标准和日本标准采用这种方法编制标准的序列，条理非常清晰，使人一目了然。

关于未硫化橡胶试验方法，国标与日本标准基本没有技术性的差异，主要不同有以下几处。

19.4.1 门尼黏度与初期硫化性能

关于橡胶门尼黏度和初期硫化性能测定的 GB/T 1232.1—2016、GB/T 1233—2008 和 JIS K 6300-1:2013，内容上的差别有以下几处：

① JIS K 6300-1:2013 中对天然橡胶均匀化操作以及合成橡胶过辊法的制样条件做了如下规定：从试样胶料上取 250g±5g 样品，按表 19-2 给出的条件过辊，GB/T 1232.1 无此规定。

表 19-2　天然橡胶均匀化操作以及合成橡胶过辊法的制样条件

胶料种类	辊温/℃	辊距/mm	过辊次数/次
NR	室温	1.7±0.1	6
BR、EPDM、EPM	35±5	1.4±0.1	10
NBR	50±5	1.0±0.1	10
其他合成橡胶	50±5	1.4±0.1	10

注：NR—天然橡胶；BR—顺丁橡胶；EPDM—三元乙丙橡胶；EPM—乙丙橡胶；NBR—丁腈橡胶。

② JIS K 6300-1:2013 在"试验步骤"中规定：门尼黏度值不能连续记录的情况下，应读取试验结束前 30s 内的刻度值，以这期间最低值作为门尼黏度值，精确到 0.5M。国标 GB/T 1232.1—2016 的第 7 章"试验程序"中规定：如果门尼黏度值不

是连续记录的，则在规定的读数时间前每隔 30s 观察标尺的数值，并将这期间的最低值作为该试样的门尼黏度值，精确到 0.5 门尼单位。两者的规定有所不同。

③ 由于 GB/T 1233—2008 规定的是未硫化橡胶的初期特性，试验结果包括焦烧时间和硫化指数 2 项内容，其中用大转子试验时，焦烧时间 t_5 是从试验开始到胶料黏度下降至最小值后再上升 5 门尼单位所对应的时间，硫化指数 Δt_{30} 是指从试验开始到胶料黏度下降至最小值后再上升 35 门尼单位所对应的时间，因此 $\Delta t_{30}=t_{35}-t_5$。用小转子试验时焦烧时间 t_3 是从试验开始到胶料黏度下降至最小值后再上升 3 门尼单位所对应的时间，硫化指数 Δt_{15} 是指从试验开始到胶料黏度下降至最小值后再上升 18 门尼单位所对应的时间，因此 $\Delta t_{15}=t_{18}-t_3$。而 JIS K 6300-1:2013 包括了门尼黏度和门尼焦烧两个试验，关于初期特性的试验结果的内容中仅有胶料的焦烧时间 1 项内容。

19.4.2　硫化试验

JIS K 6300-2:2001 中将无转子硫化试验分为 A、B、C、D 四种方法，其中 B 法又分为 B1 法和 B2 法。A 法又称为平板模转矩剪切硫化试验，采用硫化仪的上、下模板都是平板状。上、下模板直径不同，分别安装在上、下密封板上，密封板和模具之间由密封圈密封，密封圈的材质应具备适当的柔软性和强度，上密封圈要稍软一些，硬度应低于邵氏 A90。通常上密封圈为氟橡胶制作的 O 形密封圈，由于下模要做扭转振荡，为减少摩擦扭矩对试验造成的误差。下密封的 O 形圈应采用摩擦阻力较小的聚四氟乙烯制作。B1 法又称为非密封型锥形模转矩剪切硫化试验，硫化仪的上、下模板呈圆锥形，模板之间没有密封圈，上下模板周边的间隙在 0.05～0.2mm 之间，以此控制胶料的外溢。这种硫化仪的优点是下模做扭转振荡时没有密封圈造成的摩擦阻力的影响，但由于模具周边的间隙会造成试样周边出现海绵状现象，对试验结果的精度产生一定的影响。B2 法又称为密封型锥形模转矩剪切硫化试验，这种硫化仪的上、下模板分别安装在上、下密封板上，整个模腔的形状为近似圆锥形，此外密封圈的种类与 A 法不同。具有这种结构的硫化仪，除了要保证上、下模圆锥面的同心度外，还应在装配时进行调整，使合模后上、下模具锥面的锥顶重合，这样才能在试验中使试样得到均匀的变形。C 法又称为线性剪切硫化试验，试验时下模沿直线做往复振荡。D 法又称为凹形模腔转矩剪切硫化试验，这种试验的硫化仪合模后上、下模之间形成一个均匀的凹形空间，上模固定，下模做扭转振荡。

GB/T 25268—2010 中未对无转子硫化试验进行分类，只是将日本标准中 A 法的硫化仪称为密封式转矩剪切平板无转子硫化仪。将 B1 法的硫化仪称为无密封转矩剪切硫化仪，将 B2 法的硫化仪称为具有双锥形模结构的密封转矩剪切无转子硫化仪。将 C 法的硫化仪称为线性剪切硫化仪，将 D 法的硫化仪称为具有顶盖部件的无转子硫化仪。

目前 JIS K 6300-2:2001 中规定的 C 法和 D 法试验已经较少使用，ISO 6502-3:2018 中仅规定了目前应用较多的 A 法、B1 法、B2 法试验使用的 3 种无转子硫化仪。

GB/T 25268 和 ISO 6500-1 都在附录 A 中详细分析了热量参数对测量硫化特性的影响，但 JIS K 6300-2 没有这部分内容。

19.4.3 可塑性和塑性保持率

关于可塑性和天然胶的塑性保持率的测定方法，国标与日本标准基本相同，差别有以下几处：

① JIS K 6300-3 对快速可塑度计的加热板采用了如图 19-8 所示的方法做了说明，同时也采用了如图 19-9 所示的方法对试样冲裁器进行了说明，GB/T 3510—2006 仅有文字说明。

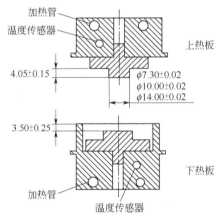

图 19-8 快速可塑度计的上、下加热板（单位：mm）

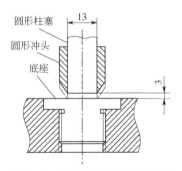

图 19-9 可塑度试验试样冲裁器的主要部分（单位：mm）

② JIS K 6300-3:2001 的第 5.4 条 "试样的选取和制备" 中将胶片的压出工艺做了以下规定：

从经过均匀化的胶料中切取 (20±2) g 胶，调整开炼机的辊距，使压出胶片的厚度约为 1.7mm，将胶片对折，在辊温为 (27±3)℃ 条件下过辊（薄通）两次。如果胶片厚度达不到要求应将其废弃，再重复以上操作，直至胶片厚度达到要求。过辊（薄通）后达到规定厚度的胶片手感均匀、无气泡后，应立即将胶片对折并轻轻压紧，采用试样冲裁器从中间部位冲裁试样，开炼机的技术参数如下：

辊筒直径	150～250mm
高速辊（后辊）线速度	14.6m/min
辊筒速比	1∶1.4
辊温	（27±3）℃
挡胶板间距	（265±15）mm

使用旧胶料时，若胶片表面不够平滑，允许过辊（薄通）3 次，但必须在试验报告中加以说明。GB/T 3510—2006 未规定试样的压片工艺。

③ 天然胶塑性保持率试验的实验室间试验（ITP）是国际标准化组织在 2007 年实施的，而 JIS K 6300-3 关于天然胶塑性保持率试验的规定采用的是 ISO 2930:1995，因此没有这方面的内容。而 GB/T 3517—2014 采用的是 ISO 2930:2009，所以国标中给出了天然胶塑性保持率（PRI）的精密度。

序号	国家标准		日本标准		目前国际标准的最新版本
	标准名称	采用的国际标准	标准名称	采用的国际标准	
1	GB/T 2941—2006《橡胶物理试验方法试样制备和通用调节程序》	ISO 23529:2004（IDT）	JIS K 6250:2006《橡胶物理试验方法通则》	ISO 23529:2004（MOD）	ISO 23529:2016
2	GB/T 528—2009《硫化橡胶或热塑性橡胶 拉伸应力应变性能的测定》	ISO 37:2005（IDT）	JIS K 6251:2017《硫化橡胶或热塑性橡胶 拉伸性能的测定方法》	ISO 37:2011（MOD）	ISO 37:2017
3	GB/T 529—2008《硫化橡胶或热塑性橡胶撕裂强度的测定（裤形、直角形和新月形试样）》	ISO 34-1:2004（MOD）	JIS K 6252-1:2015《硫化橡胶或热塑性橡胶撕裂强度的测定方法 第1部分：裤形、直角形和新月形试样》	ISO 34-1:2010（MOD）	SO 34-1:2015
4	GB/T 12829—2006《硫化橡胶或热塑性橡胶小试样（德尔夫特试样）撕裂强度的测定》	ISO 34-2:1996（IDT）	JIS K 6252-2:2015《硫化橡胶或热塑性橡胶撕裂强度的测定方法 第2部分：小试样（德尔夫特试样）》	ISO 34-2:2011（MOD）	ISO 34-2:2015
5	GB/T 23651—2009《硫化橡胶或热塑性橡胶 硬度测试 介绍与指南》	ISO 18517:2005（IDT）	JIS K 6253-1:2012《硫化橡胶或热塑性橡胶硬度的测定方法 第1部分：通则》	ISO 18517:2005（MOD）	ISO 48-1:2018
6	GB/T 6031—2017《硫化橡胶或热塑性橡胶 硬度的测定（10IRHD～100IRHD）》	ISO 48:2010（IDT）	JIS K 6253-2:2012《硫化橡胶或热塑性橡胶硬度的测定方法 第2部分：橡胶国际硬度（10IRHD～100IRHD）》	ISO 48:2010（MOD）	ISO 48-2:2018

序号	国家标准		日本标准		目前国际标准的最新版本
	标准名称	采用的国际标准	标准名称	采用的国际标准	
7	GB/T 531.1—2008《硫化橡胶或热塑性橡胶 压入硬度试验方法 第1部分：邵氏硬度计法（邵尔硬度）》	ISO 7619-1:2004（IDT）	JIS K 6253-3:2012《硫化橡胶或热塑性橡胶硬度的测定方法 第3部分：邵氏硬度》	ISO 7619-1:2010（MOD）	ISO 48-4:2018
8	GB/T 531.2—2009《硫化橡胶或热塑性橡胶 压入硬度试验方法 第2部分：便携式橡胶国际硬度计法》	ISO 7619-2:2004（IDT）	JIS K 6253-4:2012《硫化橡胶或热塑性橡胶硬度的测定方法 第4部分：便携式橡胶国际硬度计法》	ISO 7619-2:2010（MOD）	ISO 48-5:2018
9	GB/T 38243—2019《橡胶硬度计的检验与校准》	ISO 18898:2016（IDT）	JIS K 6253-5:2012《硫化橡胶或热塑性橡胶硬度的测定方法 第5部分：硬度计的校准和检验》	ISO 18898:2006（MOD）	ISO 48-9:2018
10	GB/T 7757—2009《硫化橡胶或热塑性橡胶 压缩应力应变性能的测定》	ISO 7743:2007（IDT）	JIS K 6254:2016《硫化橡胶或热塑性橡胶 应力-应变性能的测定方法》	ISO 7743:2011（MOD）	ISO 7743:2017
11	GB/T 1681—2009《硫化橡胶回弹性的测定》	ISO 4662:1986（IDT）	JIS K 6255:2013《硫化橡胶或热塑性橡胶 回弹性的测定方法》	ISO 4662:2009, Cor1:2010（MOD）	ISO 4662:2017
12	GB/T 532—2008《硫化橡胶或热塑性橡胶与织物黏合强度的测定》	ISO 36:2005（IDT）	JIS K 6256-1:2013《硫化橡胶或热塑性橡胶 黏合性能的测定方法 第1部分：与织物的剥离强度》	ISO 36:2011（MOD）	ISO 36:2020
13	GB/T 7760—2003《硫化橡胶或热塑性橡胶与硬质板材粘合强度的测定 90°剥离法》	ISO 813:1997（MOD）	JIS K 6256-2:2013《硫化橡胶或热塑性橡胶 黏合性能的测定方法 第2部分：与硬质板的90°剥离法》	ISO 813:2010（MOD）	ISO 813:2019
14	GB/T 11211—2009《硫化橡胶或热塑性橡胶 与金属粘合强度的测定 二板法》	ISO 814:2007（IDT）	JIS K 6256-3:2006《硫化橡胶或热塑性橡胶 黏合性能的测定方法 第3部分：与金属的黏合强度》	ISO 814:1996（MOD）	ISO 814:2017
15	GB/T 12830—2008《硫化橡胶或热塑性橡胶 与刚性板剪切模量和粘合强度的测定 四板剪切法》	ISO 1827:2007（IDT）	—	—	ISO 1827:2016

橡胶物理试验方法
——中日标准比较及应用

序号	国家标准		日本标准		目前国际标准的最新版本
	标准名称	采用的国际标准	标准名称	采用的国际标准	
16	GB/T 3512—2014《硫化橡胶或热塑性橡胶 热空气加速老化和耐热试验》	ISO 188:2011（IDT）	JIS K 6257:2017《硫化橡胶或热塑性橡胶 热老化性能的测定方法》	ISO 188:2011（MOD）	ISO 188:2011
17	1. GB/T 7762—2014《硫化橡胶或热塑性橡胶 耐臭氧龟裂 静态拉伸试验》2. GB/T 13642—2015《硫化橡胶或热塑性橡胶 耐臭氧龟裂 动态拉伸试验》	ISO 1431-1:2004（NEQ）	JIS K 6259-1:2015《硫化橡胶或热塑性橡胶 耐臭氧性能测定方法 第1部分：静态臭氧老化试验和动态臭氧老化试验》	ISO 1431-1:2012（MOD）	ISO 1431-1:2012
18	GB/T 1690—2010《硫化橡胶或热塑性橡胶耐液体试验方法》	ISO 1817:2005（MOD）	JIS K 6258:2016《硫化橡胶或热塑性橡胶 耐液体性能测定方法》	ISO 1817:2015（MOD）	ISO 1817:2015
19	GB/T 35804—2018《硫化橡胶或热塑性橡胶 耐臭氧龟裂 测定试验箱中臭氧浓度的试验方法》	ISO 1431-3:2000（IDT）	JIS K 6259-2:2015《硫化橡胶或热塑性橡胶 耐臭氧性能测定方法 第2部分：臭氧浓度测定方法》	ISO 1431-3:2000（MOD）	ISO 1431-3:2017
20	GB/T 13934—2006《硫化橡胶或热塑性橡胶 屈挠龟裂和裂口增长的测定（德墨西亚型）》	ISO 132:1999（MOD）	JIS K 6260:2017《硫化橡胶或热塑性橡胶 耐屈挠龟裂和裂口增长的测定方法（德墨西亚型）》	ISO 132 2011（MOD）	ISO 132 2011
21	GB/T 39692—2020《硫化橡胶或热塑性橡胶 低温试验概述和指南》	ISO 18766:2014（IDT）	JIS K 6261-1:2017《硫化橡胶或热塑性橡胶 低温性能试验方法 第1部分：概述和指南》	ISO 18766:2014（MOD）	ISO 18766:2014
22	GB/T 15256—2014《硫化橡胶或热塑性橡胶 低温脆性的测定(多试样法)》	ISO 812:2011（IDT）	JIS K 6261-2:2017《硫化橡胶或热塑性橡胶 低温性能试验方法 第2部分:低温冲击脆性试验》	ISO 812:2011（MOD）	ISO 812:2017
23	GB/T 6036—2020《硫化橡胶或热塑性橡胶 低温刚性的测定（吉门试验）》	ISO 1432:2013（IDT）	JIS K 6261-3:2017《硫化橡胶或热塑性橡胶 低温性能试验方法 第3部分：低温扭转试验（吉门试验）》	ISO 1432:2013（MOD）	ISO 1432:2021

序号	国家标准		日本标准		目前国际标准的最新版本
	标准名称	采用的国际标准	标准名称	采用的国际标准	
24	GB/T 7758—2020《硫化橡胶 低温性能的测定 温度回缩程序（TR 试验）》	ISO 2921:2019（IDT）	JIS K 6261-4:2017《硫化橡胶或热塑性橡胶 低温性能试验方法 第 4 部分: 低温弹性恢复试验（TR 试验）》	ISO 2921:2011（MOD）	ISO 2921:2019
25	1. GB/T 7759.1—2014《硫化橡胶或热塑性橡胶 压缩永久变形的测定 第 1 部分: 在常温及高温条件下》 2. GB/T 7759.2—2015《硫化橡胶或热塑性橡胶 压缩永久变形的测定 第 2 部分: 在低温条件下》	1. ISO 815-1:2008（IDT） 2. ISO 815-2:2008（IDT）	JIS K 6262:2013《硫化橡胶或热塑性橡胶 常温、高温和低温条件下压缩永久变形的测定方法》	ISO 815-1:2008, ISO 815-2:2008（MOD）	ISO 815-1:2019 ISO 815-2:2019
26	GB/T 1685—2008《硫化橡胶或热塑性橡胶 在常温和高温下压缩应力松弛的测定》	ISO 3384:2005（MOD）	JIS K 6263:2015《硫化橡胶或热塑性橡胶 应力松弛试验方法 》	ISO 3384-1:2011（MOD）Amd.1:2013（MOD）	ISO 3384-1:2019
27	GB/T 25262—2010《硫化橡胶或热塑性橡胶 磨耗试验指南》	ISO 23794:2003（IDT）	JIS K 6264-1:2005《硫化橡胶或热塑性橡胶 磨耗性能试验 第 1 部分: 指南》	ISO 23794:2003（MOD）	ISO 23794:2015
28	1. GB/T 9867—2008《硫化橡胶或热塑性橡胶耐磨性能的测定(旋转辊筒式磨耗机法)》 2. GB/T 1689—2014《硫化橡胶 耐磨性能的测定(用阿克隆磨耗试验机)》 3. GB/T 30314—2013《橡胶或塑料涂覆织物 耐磨性的测定 泰伯法》 4. HG/T 3836—2008《硫化橡胶 滑动磨耗试验方法》	1. ISO 4649:2002（IDT） 2. ISO 5470-1:1999（IDT）	JIS K 6264-2:2005《硫化橡胶或热塑性橡胶 磨耗性能试验 第 2 部分: 试验方法》	ISO 4649:2002（MOD）	ISO 4649:2017 ISO 5470-1:2016

橡胶物理试验方法
——中日标准比较及应用

序号	国家标准		日本标准		目前国际标准的最新版本
	标准名称	采用的国际标准	标准名称	采用的国际标准	
29	1. GB/T 1687.1—2016《硫化橡胶 在屈挠试验中温升和耐疲劳性能的测定 第1部分：基本原理》 2. GB/T 1687.3—2016《硫化橡胶 在屈挠试验中温升和耐疲劳性能的测定 第3部分：压缩屈挠试验（恒应变型）》	1. ISO 4666-1:2010（IDT） 2. ISO 4666-3:2010（IDT）	JIS K 6265:2018《硫化橡胶或热塑性橡胶 在屈挠试验中温升和疲劳性能的测定方法》	ISO 4666-1:2010 ISO 4666-3:2016 ISO 4666-4:2007（MOD）	ISO 4666-1:2010 ISO 4666-3:2016 ISO 4666-4:2018
30	1. GB/T 533 2008《硫化橡胶或热塑性橡胶 密度的测定》 2. GB/T 1033.1—2008《塑料 非泡沫塑料密度的测定 第1部分：浸渍法、液体比重瓶法和滴定法》 3. GB/T 1033.2—2010《塑料 非泡沫塑料密度的测定 第2部分：密度梯度柱法》 4. GB/T 4472—2011《化工产品密度、相对密度的测定》	1. ISO 2781:2007（IDT） 2. ISO 1183-1:2004（IDT） 3. ISO 1183-2:2004（MOD）	JIS K 6268:1998《硫化橡胶 密度测定》	ISO 2781:1988（IDT）	ISO 2781:2018 ISO 1183-1:2019 ISO 1183-2:2019
31	GB/T 1688—2018《硫化橡胶 伸张疲劳的测定》	ISO 6943:2007（IDT）	JIS K 6270:2018《硫化橡胶或热塑性橡胶 拉伸疲劳性能的测定方法》	ISO 6943:2017（MOD）	ISO 6943:2017
32	—	—	JIS K 6273:2018《硫化橡胶或热塑性橡胶 拉伸永久变形、伸长率和蠕变的测定方法》	ISO 2285:2013（MOD）	ISO 2285:2019
33	1. GB/T 1232.1—2016《未硫化橡胶 用圆盘剪切黏度计进行测定 第1部分：门尼黏度的测定》 2. GB/T 1233—2008《未硫化橡胶初期硫化特性的测定 用圆盘剪切粘度计进行测定》	1. ISO 289-1:2014（IDT） 2. ISO 289-2:1994（MOD）	JIS K 6300-1:2013《未硫化橡胶的物理特性 第1部分 用门尼黏度计测定黏度和焦烧时间的方法》	ISO 289-1:2005, Cor.1:2009, ISO 289-2:1994（MOD）	ISO 289-1:2014 ISO 289-2:2020

序号	国家标准		日本标准		目前国际标准的最新版本
	标准名称	采用的国际标准	标准名称	采用的国际标准	
34	1. GB/T 25268—2010《橡胶 硫化仪使用指南》 2. GB/T 9869—2014《橡胶胶料 硫化特性的测定 圆盘振荡硫化仪法》 3. GB/T 16584—1996《橡胶 用无转子硫化仪测定硫化特性》	1. ISO 6502:1999 (IDT) 2. ISO 3417:2008 (IDT) 3. ISO 6502:1991 (eqv)	JIS K 6300-2:2001《未硫化橡胶的物理特性 第2部分 用振荡硫化仪测定硫化性能的方法》	ISO 6502:1999 (MOD)	ISO 6502-1:2018 ISO 6502-2:2018 ISO 6502-3:2018
35	1. GB/T 3510—2006《未硫化胶 塑性的测定 快速塑性计法》 2. GB/T 3517—2014《天然生胶 塑性保持率（PRI）的测定》	1. ISO 2007:1991 (IDT) 2. ISO 2930:2009 (MOD)	JIS K 6300-3:2001《未硫化橡胶的物理特性 第3部分 用快速塑性计测定可塑性和塑性保持率的方法》	ISO 2007:1991, ISO 2930:1995 (MOD)	ISO 2007:2018 ISO 2930:2017
36	—	—	JIS K 6300-4:2018《未硫化橡胶的物理特性 第4部分 发泡点的测定方法》	—	—
37	GB/T 9870.1—2006《硫化橡胶或热塑性橡胶动态性能的测定 第1部分：通则》	ISO 4664-1:2005 (IDT)	JIS K 6394:2007《硫化橡胶或热塑性橡胶 动态性能的测定 通则》	ISO 4664-1:2005 (MOD)	ISO 4664-1:2011

橡胶物理试验方法
——中日标准比较及应用

附录 2 日本橡胶物理试验方法目录

1．JIS K 6250:2006　橡胶物理试验方法通则

2．JIS K 6251:2017　硫化橡胶或热塑性橡胶　拉伸性能的测定方法

3．JIS K 6252-1:2015　硫化橡胶或热塑性橡胶　撕裂强度的测定方法　第 1 部分：裤形、直角形和新月形试样

4．JIS K 6252-2:2015　硫化橡胶或热塑性橡胶　撕裂强度的测定方法　第 2 部分：小试样（德尔夫特试样）

5．JIS K 6253-1:2012　硫化橡胶或热塑性橡胶　硬度的测定方法　第 1 部分通则

6．JIS K 6253-2:2012　硫化橡胶或热塑性橡胶　硬度的测定方法　第 2 部分：橡胶国际硬度（10IRHD～100IRHD）

7．JIS K 6253-3:2012　硫化橡胶或热塑性橡胶　硬度的测定方法　第 3 部分：邵尔硬度

8．JIS K 6253-4:2012　硫化橡胶或热塑性橡胶　硬度的测定方法　第 4 部分：便携式橡胶国际硬度计法

9．JIS K 6253-5:2012　硫化橡胶或热塑性橡胶　硬度的测定方法　第 5 部分：硬度计的校准和检验

10．JIS K 6254:2016　硫化橡胶或热塑性橡胶　应力-应变性能的测定方法

11．JIS K 6255:2013　硫化橡胶或热塑性橡胶　回弹性测定方法

12．JIS K 6256-1:2013　硫化橡胶或热塑性橡胶　黏合性能的测定方法　第 1 部分：与织物的剥离强度

13．JIS K 6256-2:2013 硫化橡胶或热塑性橡胶　黏合性能的测定方法　第 2 部分：与硬质板的 90°剥离法

14．JIS K 6256-3:2006 硫化橡胶或热塑性橡胶　黏合性能的测定方法　第 3 部分：橡胶在两枚金属板之间的黏合

15．JIS K 6257:2017　硫化橡胶或热塑性橡胶　热老化性能的测定方法

16．JIS K 6258:2016　硫化橡胶或热塑性橡胶　耐液体性能的测定方法

17．JIS K 6259-1:2015　硫化橡胶或热塑性橡胶　耐臭氧性能的测定方法　第 1

部分：静态臭氧老化试验和动态臭氧老化试验

18．JIS K 6259-2:2015　硫化橡胶或热塑性橡胶　耐臭氧性能的测定方法　第 2 部分：臭氧浓度测定方法

19．JIS K 6260:2017　硫化橡胶或热塑性橡胶　耐屈挠龟裂和裂口增长的测定方法（德墨西亚型）

20．JIS K 6261-1:2017　硫化橡胶或热塑性橡胶　低温性能试验方法　第 1 部分：概述和指南

21．JIS K 6261-2:2017　硫化橡胶或热塑性橡胶　低温性能试验方法　第 2 部分：低温冲击试验

22．JIS K 6261-3:2017　硫化橡胶或热塑性橡胶　低温性能试验方法　第 3 部分：低温扭转试验（吉门试验）

23．JIS K 6261-4:2017　硫化橡胶或热塑性橡胶　低温性能试验方法　第 4 部分：低温弹性恢复试验（TR 试验）

24．JIS K 6262:2013　硫化橡胶或热塑性橡胶　常温、高温和低温压缩永久变形测定方法

25．JIS K 6263:2015　硫化橡胶或热塑性橡胶　应力松弛试验方法

26．JIS K 6264-1:2005　硫化橡胶或热塑性橡胶　磨耗性能试验　第 1 部分：指南

27．JIS K 6264-2:2005　硫化橡胶或热塑性橡胶　磨耗性能试验　第 2 部分：试验方法

28．JIS K 6265:2018　硫化橡胶或热塑性橡胶　在屈挠试验中温升和疲劳性能测定方法

29．JIS K 6266:2007　硫化橡胶或热塑性橡胶　耐候性能测定方法

30．JIS K 6267:2006　硫化橡胶或热塑性橡胶　耐污染性能测定方法

31．JIS K 6267:2013　硫化橡胶或热塑性橡胶　耐污染性能测定方法（补充 1）

32．JIS K 6268:1998　硫化橡胶　密度测定

33．JIS K 6269:1998　硫化橡胶或热塑性橡胶　氧指数燃烧性能试验

34．JIS K 6269:2011　硫化橡胶或热塑性橡胶　氧指数燃烧性能试验（补充 1）

35．JIS K 6270:2018　硫化橡胶或热塑性橡胶　拉伸疲劳性能的测定方法（恒应变法）

36．JIS K 6271-1:2015　硫化橡胶或热塑性橡胶　电阻率测定方法　第 1 部分：双层电极法

37．JIS K 6271-2:2015　硫化橡胶或热塑性橡胶　电阻率测定方法　第 2 部分：平行端子电极法

38．JIS K 6272:2003　橡胶　拉伸、弯曲和压缩试验机（恒速驱动）

39．JIS K 6273:2018　硫化橡胶或热塑性橡胶　拉伸永久变形、伸长率和蠕变的测定方法

40．JIS K 6274:2018　橡胶和塑料　撕裂强度和黏合强度测定中多峰曲线的分析

41．JIS K 6275-1:2009　硫化橡胶或热塑性橡胶　透气性测定方法　第1部分：压差法

42．JIS K 6275-1:2009　硫化橡胶或热塑性橡胶　透气性测定方法　第2部分：等压法

43．JIS K 6300-1:2013　未硫化橡胶的物理特性　第1部分：用门尼黏度计测定黏度和焦烧时间的方法

44．JIS K 6300-2:2001　未硫化橡胶的物理特性　第2部分：用振荡硫化仪测定硫化性能的方法

45．JIS K 6300-3:2001　未硫化橡胶的物理特性　第3部分：用快速塑性计测定可塑性和塑性保持率的方法

46．JIS K 6300-4:2018　未硫化橡胶的物理特性　第4部分：发泡点的测定方法

47．JIS K 6394:2007　硫化橡胶或热塑性橡胶　动态性能的测定　通则

<table>
<tr><td>参考
文献</td><td>

[1] 隋国永. 浅析硫化橡胶拉伸应力应变性能试验结果的影响因素[J]. 重庆石油高等专科学校学报, 2004, 6(1): 37-38.

[2] 伍江涛. 橡胶物理试验方法标准实用手册[M]. 北京: 中国标准出版社, 2010: 98-99.

[3] 伍江涛. 橡胶物理试验方法标准实用手册[M]. 北京: 中国标准出版社, 2010: 141-145.

[4] 日本规格协会. ゴム試験法(第三版)[M]. 王作龄, 张卓亚, 译. 北京: 化学工业出版社, 2012: 240.

[5] 日本阪东化学(株), バンド—省エネ V ベルト [产品样本].

[6] 日本ベルト伝動技術懇話会. ベルト伝動·精密搬送の实用设计[M]. 东京: 養賢堂, 2018: 40-45.

[7] 伍江涛. 橡胶物理试验方法标准实用手册[M]. 北京: 中国标准出版社, 2010: 174.

[8] 高丹. 橡胶拉伸永久变形的测试[J]. 标准科学, 2012(6): 11-15.

[9] 潘广萍, 朱华. 造成橡胶直角形撕裂强度测试结果偏差的原因分析[J]. 有机硅材料, 2014, 28(1): 36-38.

[10] 沈国平, 万瑞宝. 试验方法对硫化橡胶撕裂强度的影响[J]. 特种橡胶制品, 1993, 14(4): 56-60.

[11] 霍柱辉. 评价大型工程机械轮胎胎面胶抗切割性能的裤形撕裂强度试验方法探讨[J]. 轮胎工业, 2016, 36(2): 119-123.

[12] 吴欣欣. 提高橡胶抗撕裂性能的方法和机理[J]. 轮胎工业, 2018, 38(7): 392-395.

[13] 李志超, 危银涛, 金状兵, 等. 基于裂纹形核理论的橡胶制品疲劳研究[J]. 弹性体, 2014, 24(6): 28-34.

[14] 王贵一. 裂口增长试验在橡胶胶料开发中的应用[J]. 橡胶参考资料, 2009, 39(6): 31-34.

[15] 孙学红, 刘从伟. 橡胶材料耐疲劳破坏性能因素的分析[J]. 特种橡胶制品, 2010, 31(3): 52-56.

[16] 伍江涛. 橡胶物理试验方法标准实用手册[M]. 北京: 中国标准出版社, 2010: 208.

[17] 方庆红, 谭惠丰, 张大山. 轮胎胎面胶耐磨性能研究[J]. 橡胶工业, 2002, 49(7): 397-399.

[18] 张英, 杜钧, 李秉超, 等. 橡胶皮克(Pico)磨耗试验机的研制和应用[J]. 轮胎工业, 2014, 34(10): 630-633.

[19] 日本规格协会. ゴム試験法: 第3版[M]. 王作龄, 张卓亚, 译. 北京: 化学工业出版社, 2012: 270-271.

[20] 王小莉, 上官文斌, 刘泰凯, 等. 填充橡胶材料单轴拉伸疲劳试验及疲劳寿命模型研究[J]. 机械工程学报, 2013, 49(14): 65-73.

[21] 姚宁, 尹东海, 张广泰, 等. 橡胶压缩疲劳性能的研究[J]. 橡胶科技, 2015, 7: 19-22.

[22] 谢富霞, 李拥军, 李吉宏. 用压缩疲劳试验来评估硫化胶的动态性能与耐热性能[J]. 弹性体, 1998, 8(2): 25-26.

[23] 日本规格协会. ゴム試験法: 第3版[M]. 王作龄, 张卓亚, 译. 北京: 化学工业出版社, 2012: 258.

[24] 胡文军, 刘占芳, 陈勇梅. 橡胶的热氧加速老化试验及寿命预测方法[J]. 橡胶工业, 2004, 51(4): 620-624.

[25] 张录平, 李晖, 刘亚平, 等. 橡胶材料老化试验的研究现状及发展趋势[J]. 弹性体,

</td></tr>
</table>

橡胶物理试验方法
——中日标准比较及应用

286

2009, 19(4): 60-63.

[26] 陈经盛. 橡胶臭氧老化标准试验方法(文献综述)[J]. 合成材料老化与应用, 1984(4): 29-39.

[27] 郑云中, 谢宇芳. 如何贯彻理解 GB/T 7762-200X《硫化橡胶或热可塑橡胶耐臭氧龟裂静态拉伸试验》[J]. 合成材料老化与应用, 2002(3): 40-45.

[28] 郑云中, 谢宇芳, 纪波. 最新国家标准 GB/T 7762-200X《硫化橡胶或热可塑橡胶耐臭氧龟裂静态拉伸试验相关技术问题》(下)[J]. 化工标准·计量·质量, 2002(10): 8-10.

[29] 张爱亮, 蔡泽仁, 施禅臻, 等. 臭氧老换箱中臭氧浓度的检测方法[J]. 上海计量测试, 2016, 252(2): 35-38.

[30] 郑华, 吴智强. 选择橡胶低温试验方法, 保证机车车辆橡胶制品的可靠性[J]. 铁道机车车辆, 2005,25(5): 16-18.

[31] 郑兆杰. 丁腈橡胶低温性能影响因素的研究[J]. 橡胶科技, 2019, 12: 675-678.

[32] 成大先. 机械设计手册: 第 2 卷[M]. 北京: 化学工业出版社, 2008: 5-70.

[33] 李斌, 于富盛, 郑旭, 等. 高温下应力松弛行为对封隔器密封性能的影响研究[J]. 应用力学学报, 2020, 37(5):2153-2159.

[34] 姜其斌, 贾德民, 杨军, 等. 橡胶材料在减震器中的应用[J]. 橡胶工业, 2004, 51(2): 114-118.

[35] 吴人洁, 沈静姝. 用化学应力松弛法快速估算橡皮材料的贮存保险期[J], 高分子通讯, 1965,7(2): 105-111.

[36] 吴贻珍. 传动带新产品研究进展[J]. 机械传动, 2013,37(8): 4-9.

[37] 黄自华, 李远, 董晶晶, 等. 丁腈橡胶耐液体腐蚀性能的研究[J]. 第 7 届全国橡胶制品技术研究会论文集, 2015: 91-94.

[38] 李敏. 氢化丁腈橡胶性能研究[J]. 世界橡胶工业, 2002, 29(1): 2-17.

[39] 庞艳凤, 于磊, 宋红光. SYS400C 型大水平变位空气弹簧的研究[J]. 铁道车辆, 2012, 50(10): 4-7.

[40] 崔红伟, 于晓东, 于磊, 等. 空气弹簧锥形橡胶堆鼓包故障性能分析研究[J]. 铁道车辆, 2020, 58(24): 4-7.

[41] 肖凤亮, 连晓磊, 向宇. 大型 FKM 骨架油封黏合问题研究[J]. 世界橡胶工业, 2014, 41(8): 4-8.

[42] 伍江涛. 橡胶物理试验方法标准实用手册[M]. 北京: 中国标准出版社, 2010: 76.

[43] 傅彦杰. 橡胶厚制品硫化温度与等效硫化时间的测定[J]. 橡胶工业, 1997, 44(9): 552-557.

[44] 邓涛, 齐军. 帆布芯输送带硫化过程热传导分析及等效硫化时间确定[J]. 橡胶工业, 2010, 57(11): 672-676.

[45] 李跃, 汪灵, 王朱遗, 等. 应用发泡点分析仪分析胎面胶硫化过程中的温度不饱和度与热扩散系数[J]. 轮胎工业, 2016, 36(9): 553-556.